U0378870

鸭鹅病鉴别诊断图谱与安全用药

主　编　孙卫东　李　银

副主编　吕英军　章国华　郭东春　甘少将

参　编　王玉燕　王　权　王希春　王秋生　叶佳欣　刘永旺
李玉峰　何成华　余祖功　张小杰　张　青　张忠海
张　勇　陈　甫　金耀忠　秦卓明　章　刚　程龙飞
雷庆满　瞿瑜萍　樊彦红

机械工业出版社

本书从编者积累的近万张图片中精选出养殖场常见的52种鸭、鹅病的典型图片，从养殖者如何通过临床症状和病理剖检变化认识鸭、鹅病，如何综合分析和鉴别诊断鸭、鹅病，如何针对鸭、鹅病安全用药等方面组织编写，让读者按图索骥，一看就懂，一学就会。本书内容共分为6章，包括被皮、运动、神经系统疾病的鉴别诊断与防治，消化系统疾病的鉴别诊断与防治，呼吸系统疾病的鉴别诊断与防治，泌尿生殖系统疾病的鉴别诊断与防治，心血管系统疾病的鉴别诊断与防治，免疫抑制和肿瘤性疾病的鉴别诊断与防治。

本书图文并茂，通俗易懂，科学性、先进性和实用性兼顾，可供基层兽医技术人员和养殖户使用，也可作为农业院校相关专业师生的参考（培训）用书。本书中编者的研究和技术服务工作得到了“江苏现代农业（水禽）产业技术体系·疾病防控岗位”的支持。

图书在版编目（CIP）数据

鸭鹅病鉴别诊断图谱与安全用药 / 孙卫东，李银主编. —北京：机械工业出版社，2022.9

ISBN 978-7-111-71167-4

Ⅰ. ①鸭…　Ⅱ. ①孙…②李…　Ⅲ. ①鸭病 – 诊疗 – 图解②鹅病 – 诊疗 – 图解　Ⅳ. ①S858.3-64

中国版本图书馆CIP数据核字（2022）第117757号

机械工业出版社（北京市百万庄大街22号　邮政编码100037）
策划编辑：周晓伟　高　伟　责任编辑：周晓伟　高　伟
责任校对：史静怡　王明欣　责任印制：常天培
北京宝隆世纪印刷有限公司印刷
2022年9月第1版第1次印刷
184mm × 260mm · 11.5印张 · 2插页 · 234千字
标准书号：ISBN 978-7-111-71167-4
定价：128.00元

电话服务	网络服务
客服电话：010-88361066	机　工　官　网：www.cmpbook.com
010-88379833	机　工　官　博：weibo.com/cmp1952
010-68326294	金　　书　　网：www.golden-book.com
封底无防伪标均为盗版	机工教育服务网：www.cmpedu.com

前　言

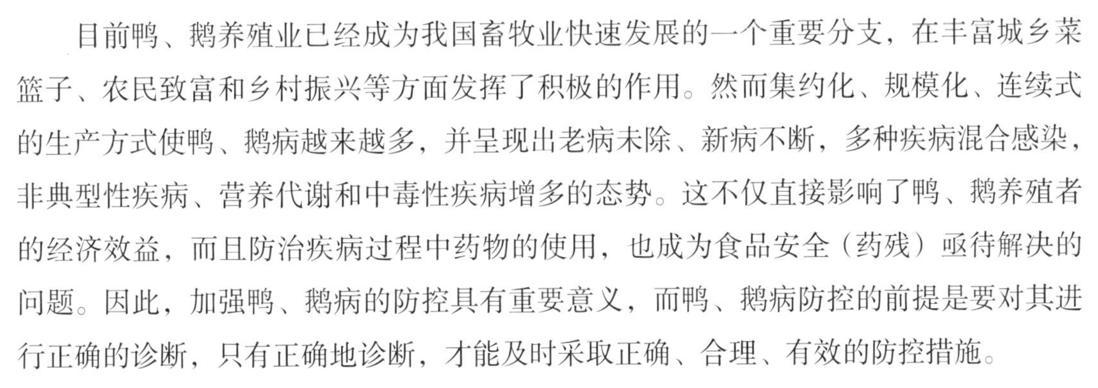

目前鸭、鹅养殖业已经成为我国畜牧业快速发展的一个重要分支，在丰富城乡菜篮子、农民致富和乡村振兴等方面发挥了积极的作用。然而集约化、规模化、连续式的生产方式使鸭、鹅病越来越多，并呈现出老病未除、新病不断，多种疾病混合感染，非典型性疾病、营养代谢和中毒性疾病增多的态势。这不仅直接影响了鸭、鹅养殖者的经济效益，而且防治疾病过程中药物的使用，也成为食品安全（药残）亟待解决的问题。因此，加强鸭、鹅病的防控具有重要意义，而鸭、鹅病防控的前提是要对其进行正确的诊断，只有正确地诊断，才能及时采取正确、合理、有效的防控措施。

目前广大鸭、鹅养殖者认识鸭、鹅病的专业技能和知识相对不足，导致鸭、鹅养殖场不能有效控制疾病，从而造成鸭、鹅养殖场生产水平不高，经济效益不佳，甚至亏损，给鸭、鹅养殖者的积极性带来了负面影响，阻碍了鸭、鹅养殖业的可持续发展。对此，我们组织了多年来一直在鸭、鹅养殖生产第一线为广大鸭、鹅养殖场（户）做疾病防治工作且具有丰富经验的多位专家和学者，从多位编者积累的近万张图片中精选出 52 种鸭、鹅养殖场常见疾病的典型图片，从养殖者如何通过症状和病理剖检变化认识鸭、鹅病，如何分析症状诊断鸭、鹅病，如何在饲养过程中对鸭、鹅病做出及时防治等方面入手，编写了本书，让养殖者按图索骥，做好鸭、鹅病的早期干预工作，克服鸭、鹅病防治的盲目性，降低养殖成本，从而获取最大的养殖效益。关注“农知富”公众号回复“71167”可以获取相关技术视频。

编者在编写过程中力求图文并茂，通俗易懂，科学性、先进性和实用性兼顾，力求做到内容系统、准确、深入浅出，治疗方案具有很强的操作性和合理性。让广大鸭、鹅养殖者一看就懂，一学就会。本书可供基层兽医技术人员和养殖户使用，也可作为农业院校相关专业师生的参考（培训）用书。

在此向为本书直接提供资料的赵孟孟、邓益锋、刘玉玲、郎应仁、杜林、赵广哲等，以及间接引用资料的作者表示最诚挚的谢意！

需要特别说明的是，本书所用药物及其使用剂量仅供读者参考，不可照搬。在生产实际中，所用药物学名、常用名和实际商品名称有差异，药物浓度也有所不同，建议读者在使用每一种药物之前，参阅厂家提供的产品说明以确认药物用量、用药方法、用药时间及禁忌等。购买兽药时，执业兽医有责任根据经验和对患病动物的了解决定用药量及选择最佳治疗方案。

由于编者水平有限，书中的缺点乃至错误在所难免，恳请广大读者和同仁批评指正，以便再版时改正。

编　者

目 录

前言

第一章　被皮、运动、神经系统疾病的鉴别诊断与防治

第一节　被皮、运动、神经系统疾病发生的因素及感染途径

一、疾病发生的因素

（1）生物性因素　包括病毒（如鸭病毒性肝炎病毒、鸭坦布苏病毒、副黏病毒、禽流感病毒等）、细菌（如鸭疫里默氏杆菌、脑炎性大肠杆菌、沙门菌等）等，除引起神经系统病变外，还引起鸭、鹅的运动障碍。此外，一些病毒（如鸭短喙 - 侏儒综合征引起的鸭喙变短，星状病毒引起的鹅痛风等）、细菌（如鸭疫里默氏杆菌、葡萄球菌、大肠杆菌、链球菌、巴氏杆菌等感染引起的关节炎或脚垫炎）、药物（如喹乙醇、痢菌净、喹诺酮类药物）或感光过敏等均可引起鸭、鹅被皮系统的损害及运动障碍；一些引起鸭、鹅呼吸困难的疾病或引起鸭、鹅贫血的疾病还可引起鸭、鹅皮肤颜色的变化。

（2）营养因素　如维生素 E、B 族维生素（维生素 B_1、维生素 B_2）缺乏等不仅可引起鸭、鹅神经系统的损害，也会引起运动障碍；维生素 D 缺乏、钙磷缺乏可引起雏鸭、鹅的佝偻病或成年鸭、鹅的骨软症；锰缺乏可引起鸭、鹅的骨短粗症；饲料中维生素 A 缺乏、蛋白质含量过高、高钙（或石粉中碎末含量过高）等引起的关节型痛风等也可引起鸭、鹅的运动障碍。

（3）饲养管理因素　垫料内含尖锐的异物（图 1-1），垫网或拦网边缘带刺（图 1-2）、网眼过小造成粪便堆积（图 1-3）、网眼带刺（图 1-4），垫网网眼大且不平整（图 1-5）等引起鸭、鹅脚垫或关节损伤；圈养鸭舍、鹅舍的水槽、水壶固定不好致水溢出或漏水（图 1-6），通风不良使鸭舍、鹅舍湿度加大致垫料潮湿（图 1-7），运动场积水（图 1-8）等使鸭、鹅脚掌长期浸泡在水中而引起脚垫被皮损害；运动场破损或有裂缝（图 1-9）、有带棱角的煤渣或碎砖块（图 1-10）、泥泞（图 1-11），运动场与水域之间的坡面破损

（图 1-12）等引起鸭、鹅脚垫或关节损伤（图 1-13）。这些均可能引起鸭、鹅的运动障碍。

图 1-1 垫料内的铁钉刺入鸭的腹部

图 1-2 垫网或拦网边缘带刺

图 1-3 垫网网眼过小造成粪便堆积

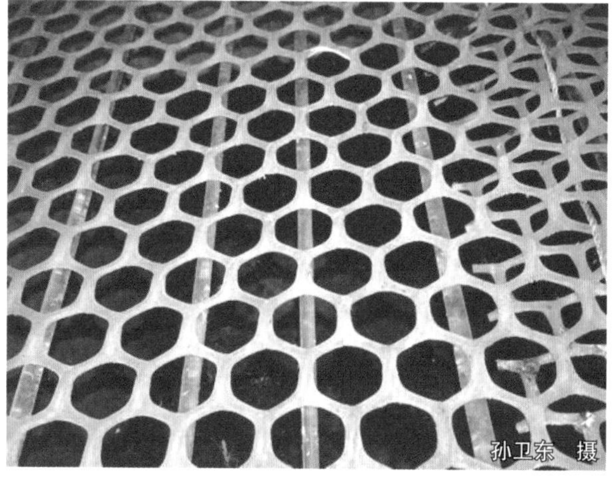

图 1-4 垫网网眼带刺

图 1-5 垫网网眼大且不平整

图 1-6 水槽的水溢出引起运动场潮湿

图 1-7 通风不良使鸭舍湿度加大致垫料潮湿

图 1-8 鸭运动场积水

图 1-9 运动场破损、有裂缝

图 1-10 鹅运动场上有带棱角的碎砖块

图 1-11 鹅运动场泥泞

图 1-12 鸭运动场与水域之间的坡面破损

图 1-13 鸭脚垫或跗（趾）关节损伤

（4）**中毒因素** 如食盐中毒，不仅会引起鸭、鹅脑水肿和颅内压升高，也会引起鸭、鹅的运动障碍等。

（5）**其他因素** 如夏季高温时，鸭舍、鹅舍遮阴设施不足、通风不良或突然停电等引起鸭、鹅中暑（热应激）等。

二、鸭、鹅关节炎的感染途径

鸭、鹅关节炎的感染途径示意图见图 1-14。

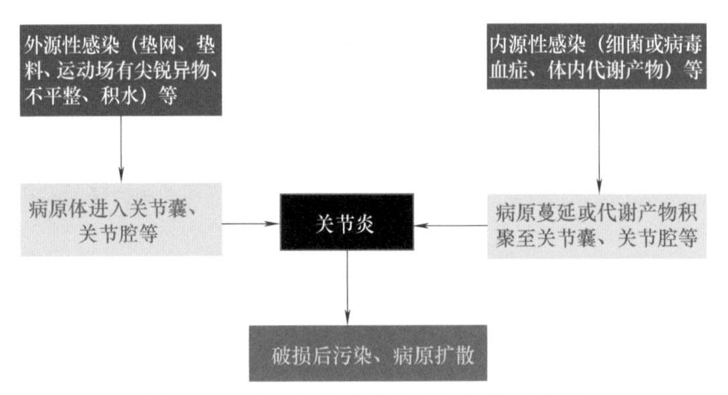

图 1-14 鸭、鹅关节炎的感染途径示意图

第二节 运动障碍的诊断思路及鉴别诊断要点

一、诊断思路

当发现鸭群、鹅群中出现运动障碍或跛行的病鸭、鹅时，首先应考虑的是引起运动系统损伤的疾病，其次要考虑被皮系统是否受到侵害、神经支配系统是否受到损伤，

最后还要考虑营养的平衡及其他因素。其诊断思路见表 1-1。

表 1-1 鸭、鹅运动障碍的诊断思路

所在系统	损伤部位	临床表现	初步诊断
运动系统	关节	感染、红肿、坏死、变形	异物损伤、细菌性关节炎
	骨骼	变形、有弹性、可弯曲	雏鸭、鹅佝偻病，钙磷代谢紊乱，维生素 D 缺乏症
		变形或畸形、断裂，明显跛行	骨折、骨软症、股骨头坏死、钙磷代谢紊乱、氟骨症
		骨髓发黑或形成小结节	骨髓炎、骨结核
	肌肉	肌肉（腱）断裂或损伤	外伤、外来生物（黄鼠狼、蛇）咬伤
	脚垫	表皮脱落	化学腐蚀药剂使用不当、湿度过大等
	脚趾	肿瘤	趾瘤病，鸭、鹅运动地面积水或泥泞
神经支配系统	中枢神经	脑充血、水肿，角弓反张	鸭病毒性肝炎、禽流感、鸭坦布苏病毒病、传染性浆膜炎、食盐中毒
		脑软化	硒缺乏症、维生素 E 缺乏症
		脑脓肿	大肠杆菌性脑炎、沙门菌性脑炎等
		迷走神经损伤，扭颈	副黏病毒病、禽流感
		颈神经损伤，软颈	肉毒梭菌毒素中毒
营养平衡系统	脚垫	粗糙	维生素 A 缺乏症
	关节	肿胀、变形	痛风、星状病毒感染
	肌肉	变性、坏死	硒缺乏症、维生素 E 缺乏症
	肌腱	滑脱	锰缺乏症
	神经	多发性神经炎，呈“观星”姿势	维生素 B_1 缺乏症
		趾呈向内蜷曲姿势	维生素 B_2 缺乏症
其他	眼	损伤	氨气灼伤、垫料或粉尘进入眼睛等
	肠道	消化吸收不良（障碍）	长期腹泻、消化吸收不良等
		慢性消耗性、免疫抑制性疾病	绦虫病、线虫病、黄曲霉毒素中毒、肿瘤病、恶病质等

二、鉴别诊断要点

引起鸭、鹅运动障碍的常见疾病的鉴别诊断要点见表 1-2。

表 1-2 引起鸭、鹅运动障碍的常见疾病的鉴别诊断要点

病名	鉴别诊断要点										
	易感日龄	流行季节	群内传播	发病率	病死率	典型症状	脑或神经	肌肉、肌腱	关节肿胀	关节腔	骨、关节软骨
鸭病毒性肝炎	3 周龄以内	冬、春季	迅速	很高	50%~90%	角弓反张姿态	脑充血，神经正常	正常	无	正常	正常
禽流感	10~70 日龄	冬、春季	迅速	60%~95%	40%~80%	间歇性转圈运动	脑充血，神经正常	正常	无	正常	正常

（续）

病名	鉴别诊断要点										
	易感日龄	流行季节	群内传播	发病率	病死率	典型症状	脑或神经	肌肉、肌腱	关节肿胀	关节腔	骨、关节软骨
鸭坦布苏病毒病	2~3 周龄	夏、秋季	较快	10%~40%	10%~30%	运动失调、仰翻或倒地不起	脑充血，神经正常	正常	无	正常	正常
传染性浆膜炎	10 天至 7 周龄	无	较快	5%~100%	5%~80%	间歇性转圈、倒地、不断滚动	脑充血、水肿，神经正常	正常	明显	有脓性或干酪样渗出物	有时有坏死
大肠杆菌性脑炎	10~50 日龄	无	较快	较高	>50%	转圈、倒地、两腿乱划动	脑脓肿，神经正常	正常	明显	有脓性或干酪样渗出物	有时有坏死
葡萄球菌性关节炎	10~60 日龄	无	较慢	较高	较高	跛行或跳跃步行	正常	正常	明显	有脓性或干酪样渗出物	有时有坏死
关节型痛风	全龄	无	无	较高	较高	跛行	正常	正常	明显	有白色黏稠的尿酸盐	有时有溃疡
维生素 B_1 缺乏症	无	无	无	较高	较高	呈“观星”姿势	神经退行性变化	正常	无	正常	正常
维生素 B_2 缺乏症	2~3 周龄	无	无	较高	较高	趾向内蜷曲	坐骨、臂神经肿大	正常	无	正常	正常
锰缺乏症	无	无	无	不高	不高	腿骨短粗、扭转	正常	腓肠肌腱滑脱	明显	正常	骨骺肥厚
雏鸭、鹅佝偻病	雏鸭、鹅	无	无	高	不高	橡皮喙、龙骨呈“S”状弯曲	正常	正常	无	正常	肋骨、跖骨变软
肉毒梭菌毒素中毒	无	夏季	无	不高	很高	软颈	正常	正常	无	正常	正常
食盐中毒	无	无	无	较高	较高	兴奋、奔跑、抽搐	脑水肿，神经正常	正常	无	正常	正常

第三节　常见疾病的鉴别诊断与防治

一、鸭短喙 - 侏儒综合征

鸭短喙 - 侏儒综合征又称为大（长）舌病、鸭短喙 - 长舌综合征，是由新型番鸭细小病毒或新型鹅细小病毒引起的一种病毒性传染病。临床上以生长迟缓、鸭喙变短变形、舌头外露下垂、跛行、瘫痪、腹泻及翅腿易折断为主要特征。出栏鸭残次率高（最高达 60%）及出栏体重小，对我国养鸭业造成了较大的经济损失。

【流行特点】 2015 年之前主要感染番鸭、半番鸭、台湾白鸭。2015 年 3 月以来，山东省高唐、新泰、邹城及江苏的沛县等地区的樱桃谷肉鸭养殖场陆续出现了短喙 - 侏儒综合征的特征性症状。发病初期，以 3 周龄以后的肉鸭感染最为严重，现多为 10~25 日龄，尤以 12~21 日龄发病最为严重，少数鸭场于进雏后 1 周左右即可发病。

刚开始发病率一般在 0.1%~0.5%，现阶段发病率一般在 5% 左右，高的能达到 20%~30%。出栏肉鸭体重较正常体重轻 20%~30%，严重者仅为正常肉鸭体重的 50%。发病日龄越小，大群的发病率越高。以每年 10 月到第二年 5 月发病较多。呈区域性散发，养鸭区域有一户发病，便会慢慢向周边蔓延。

图 1-15 鸭双脚向外岔开呈“八”字状

【临床症状】 病初，鸭体温正常，随着病情发展，病鸭表现出精神不振、站立不稳，双脚向外岔开呈“八”字状（图 1-15），严重者出现跛行、瘫痪和腹泻，部分病鸭因腹泻脱水导致卧地不起，病鸭背部着地，挣扎后难以站立（图 1-16），个别出现蹦高、翻跟头现象。随后病鸭的舌头伸出并露在喙的外面（图 1-17），眼圈周围羽毛湿润、流泪等，大群中出现呼噜、咳嗽声，呈蹲坐、瘫痪或侧卧姿势，采食困难或无法采食导致身体瘦弱。

图 1-16 鸭背部着地，挣扎后难以站立

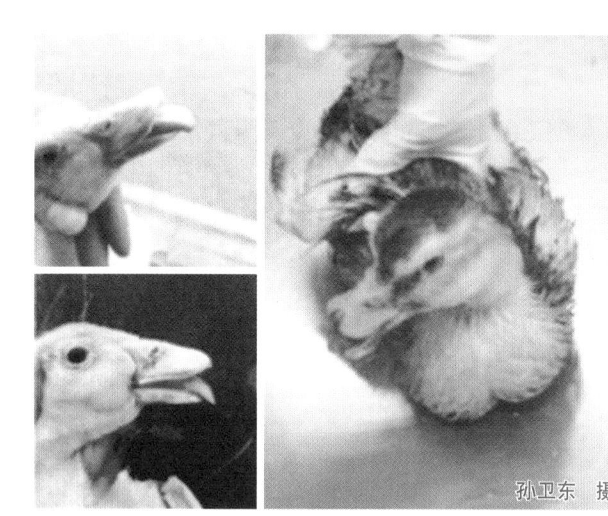

图 1-17 鸭的舌头常伸出并露在喙的外面

【病理剖检变化】 剖检时病鸭一般表现为上下喙较短，舌头凸出外翻 1~3 厘米，僵硬而不灵活，鸭喙发生器质性病变后很难恢复；全身骨质疏松，表现为骨质脆弱容易断裂。自然感染条件下 44 日龄肉鸭，感染组喙长 5.30 厘米，较正常组缩短 1.92 厘米；喙宽 2.17 厘米，较正常组缩短 0.63 厘米。实验室感染条件下 35 日龄肉鸭，喙长 4.13 厘米，较正常组缩短 2.57 厘米；喙宽 2.38 厘米，较正常组缩短 0.64 厘米。部分病鸭可见心包积液，心冠脂肪消失（图 1-18），胸肌、腿肌出血，胰腺肿大并伴有出血点，肺充血、出血，胸腺轻微出血。

【类症鉴别】本病呈现的短喙症状与肉鸭喹乙醇（或氟喹诺酮类药物）中毒、痢菌净中毒、鸭感光过敏等表现的临床症状相似，应注意区别。本病呈现的生长迟缓与鸭圆环病毒感染引起的鸭生长迟缓类似，应注意区别。

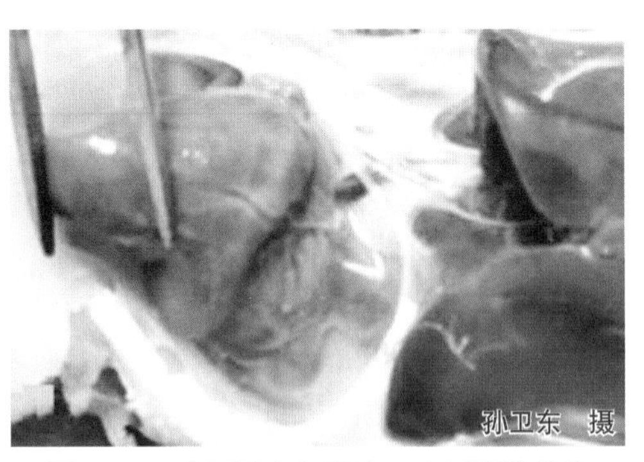

图 1-18　鸭可见心包积液，心冠脂肪消失

（1）与鸭喹乙醇（或氟喹诺酮类药物）中毒的鉴别　鸭喹乙醇（或氟喹诺酮类药物）中毒可发生在任何品种和年龄的鸭群，且有使用喹乙醇（或氟喹诺酮类药物）的病史，可作为鉴别之一。耐过或康复鸭一般不会出现严重的生长发育障碍，可作为鉴别之二。

（2）与痢菌净中毒的鉴别　鸭痢菌净中毒可发生在任何品种和年龄的鸭群，且有使用痢菌净的病史，可作为鉴别之一。耐过或康复鸭一般不会出现严重的生长发育障碍，可作为鉴别之二。

（3）与鸭感光过敏的鉴别　鸭感光过敏一般只在无毛的区域（如喙、脚蹼等）出现病变，且与饲料中含有光敏物质有关，同时在阳光的直射下才会发病，可作为鉴别之一。耐过或康复鸭一般不会出现生长发育不良及钙质沉着不良或骨质疏松现象，可作为鉴别之二。

【预防】可尝试用小鹅瘟鸭胚化弱毒疫苗免疫肉种鸭，即肉种鸭产蛋前 15~20 天，经肌内注射 2 头份 / 只，产蛋中期加强免疫接种 1 次，2~4 头份 / 只，可使雏鸭出生后获得一定的特异性抵抗力（天然被动免疫力）。另外，加强鸭舍及环境的卫生消毒工作（病毒对 0.2% 次氯酸钠溶液、2% 氢氧化钠溶液和 0.5% 甲醛溶液较为敏感），在鸭群的易感日龄，可适当添加抗病毒及提高免疫能力的中药制剂，从源头上控制病毒的数量和提高鸭自身的抗病力，有一定的效果。

【临床用药指南】患病鸭可尝试用抗病毒中药制剂治疗，选用敏感抗生素（氟喹诺酮类，但氟苯尼考等除外）防治细菌继发感染。

二、葡萄球菌病

葡萄球菌病是由金黄色葡萄球菌引起鸭、鹅的一种急性或慢性环境性传染病，是鸭、鹅中常见的一种细菌性疾病，特别是在饲养管理水平差时更容易发生。感染本病可引起增重减缓、产蛋率下降和屠宰酮体淘汰，并且不时有死亡发生，给鸭、鹅养殖业造成很大的经济损失。

【流行特点】各品种鸭、鹅均可感染，发病日龄从 10 日龄到 60 日龄不等，一般在 40 日龄以上。环境，病鸭、鹅，病愈鸭、鹅，健康带菌鸭、鹅都可能是传染源。伤口（皮肤、黏膜损伤）的接触性感染是本病传播的主要途径，本病也可通过直接接触和空气传播，还可通过种蛋传播。此外，在孵化环境中存在的大量细菌或免疫接种操作消毒不严也可造成本病的传播。本病一年四季均可发生。管理不善、垫料（草）粗糙（或含有尖锐异物）、笼具破旧且缺乏维修、运动场不平整或消毒药物（如生石灰）处置不当、舍内潮湿或污秽、环境卫生差、通风不良、饲养密度大、营养缺乏等因素均能促进本病的发生。

【临床症状】根据临床表现可将本病分为脐炎型、皮肤型和关节炎型 3 种。

（1）脐炎型 多发生在 1 周龄内的鸭、鹅，尤其是 3 日龄以内的雏鸭、鹅。病雏表现为体弱，精神委顿，食欲减退甚至废绝，怕冷、打堆，缩颈垂翅、眼半睁半闭，不愿活动，常蹲卧，腹围膨大，脐部发炎、肿胀、坏死，在几天内因败血症而死亡。

（2）皮肤型 多见于 2~8 周龄的鸭、鹅，以肉鸭多发。患病鸭、鹅局部皮肤发生坏死性炎症，或腹部皮肤和皮下炎性肿胀，患病皮肤呈蓝紫色（图 1-19）。翅膀皮肤发红，羽毛易脱落（图 1-20）。2 周龄以内的雏鸭、鹅，常因腹部感染呈急性败血症死亡；日龄稍大的、病程较长的鸭、鹅常见皮下化脓，引起全身感染，食欲废绝，衰竭而亡。有的病鸭、鹅脚垫皮肤受损、结痂（图 1-21），跛行。

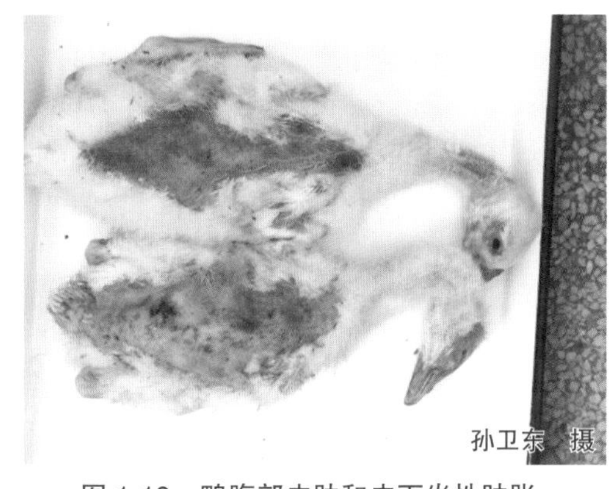

图 1-19 鸭腹部皮肤和皮下炎性肿胀，患病皮肤呈蓝紫色

图 1-20 鸭翅膀皮肤发红，羽毛易脱落

图 1-21 鸭（左）、鹅（右）脚垫皮肤受损、结痂

（3）关节炎型 多见于 1~2 周龄的鸭、鹅，偶见于青年和成年鸭、鹅。患病鸭、

鹅跗关节（图 1-22）和趾关节（图 1-23）肿胀，关节周围或局部皮肤发红。病程较长的，肿胀部位局部变软或破溃。患肢跛行，不能着地，触诊肿胀部位有波动感和热痛感。雏鸭、鹅病程为 3~7 天，青年和成年鸭、鹅的病程可达 10~15 天及以上。

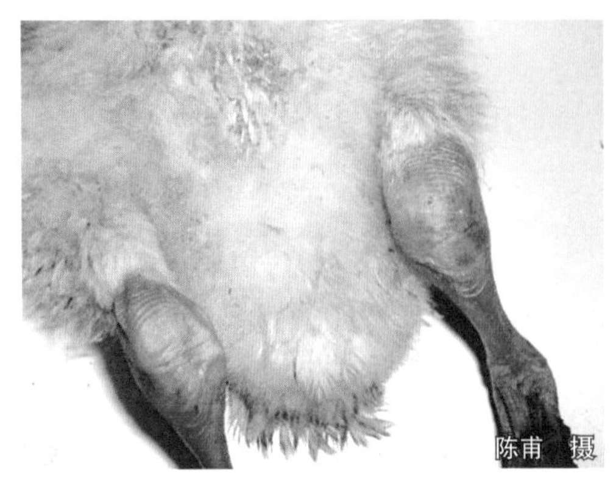

图 1-22 鸭跗关节肿胀

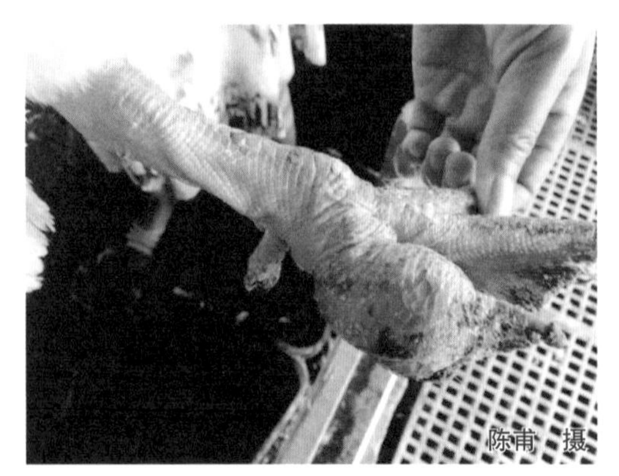

图 1-23 鸭趾关节肿胀

【病理剖检变化】死于脐炎型的雏鸭、鹅，腹部膨大，颜色青紫，皮肤较薄，脐部肿胀，脐孔破溃；卵黄囊水肿，卵黄稀薄，吸收不良。死于皮肤型的鸭、鹅，腹部皮肤外观呈紫黑色或棕褐色，皮下有出血性渗出液，病变皮肤常脱毛，有时发生破溃，出现坏死性病变（图 1-24）。死于关节炎型的鸭、鹅，病变关节肿胀，关节囊或关节腔内有浆液性渗出物或脓液蓄积；病程较长的青年和成年鸭、鹅，关节囊或关节腔内常有干酪样渗出物（图 1-25）。

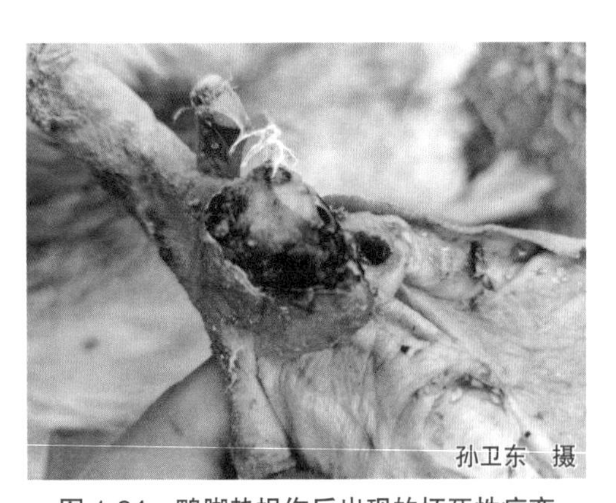

图 1-24 鸭脚垫损伤后出现的坏死性病变

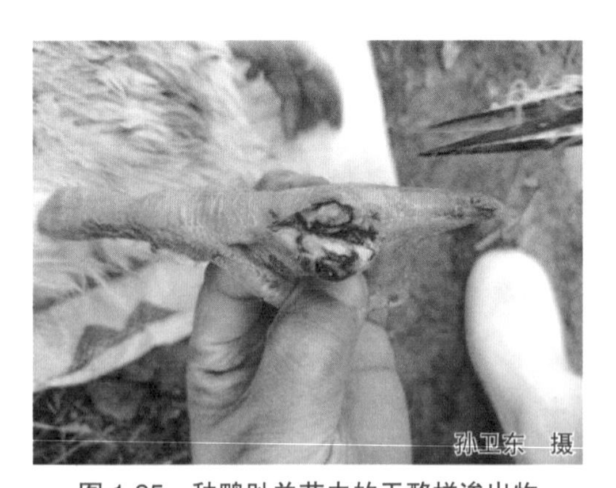

图 1-25 种鸭趾关节内的干酪样渗出物

【类症鉴别】临床上可引起鸭、鹅跛行及腿部疾病的病因较多，其中包括鸭疫里默氏杆菌、大肠杆菌、多杀性巴氏杆菌及链球菌等引起的关节炎，还有腱断裂及营养缺乏，应注意区别。

【预防】

（1）疫苗接种 针对发病率较高的养殖场可考虑使用多价葡萄球菌铝胶灭活疫苗或自家苗进行免疫，14 天后产生免疫力，免疫期可达 2~3 个月。

（2）综合预防措施 做好鸭舍、鹅舍及周围环境的消毒工作，减少环境中的含菌量，降低感染机会；做好种蛋、孵化器、垫料（草）及孵化全过程的消毒工作，对防止本病的发生有重要意义。彻底清除养殖场内的污物、运动场的尖锐杂物（包括小铁丝、碎玻璃、带棱角的碎砖石和煤渣等），及时更换或维修破旧的垫网、笼具，及时修补运动场地的破损，防止刺伤鸭、鹅的皮肤而感染。防止互相啄毛而引起外伤。合理使用生石灰，避免其对鸭、鹅脚垫皮肤的腐蚀。加强通风，保持舍内干燥；适时扩群，避免饲养密度过大；喂给足够的维生素和矿物质。

【临床用药指南】

（1）加强隔离和消毒 隔离病鸭、鹅，将死鸭、鹅掩埋或焚烧。清理的粪便应堆肥发酵处理后运出。应对舍、场地及各种用具进行彻底、严格的清洗和消毒。

（2）治疗 由于该菌对抗生素具有普遍耐受性，所以治疗前最好采集病料分离出病原菌，经药敏试验后，选择最敏感药物进行治疗。种鸭、鹅发病早期，可针对发病个体切开感染部位，清创治疗或局部注射庆大霉素等药物有一定的疗效，但费时、费力。

① 庆大霉素：按每千克体重 3000~5000 单位，肌内注射，每天 2 次，连用 3 天。

② 丁胺卡那霉素（阿米卡星）：按每千克体重 2.5 万 ~3 万单位，或 5~10 毫克，肌内注射，每天 1 次，连用 3 天；或配成 0.005%~0.01% 的溶液饮水，每天 3 次，连饮 3 天。

③ 红霉素：按 0.01%~0.02% 药量加入饲料中喂服，连用 3 天。

④ 氨苄青霉素（氨苄西林）：按每千克体重 5~20 毫克拌料，连用 5 天。

⑤ 妥布霉素注射液：用妥布霉素针剂，按每千克体重 0.5~1 毫升肌内注射，每天 1 次，连用 3 天。

⑥ 中草药防治方一：加减三黄加白汤，黄芩 100 克、黄檗 100 克、黄连 100 克、白头翁 100 克、陈皮 100 克、厚朴 100 克、香附 100 克、茯苓 100 克、甘草 100 克（500 只 1 千克以上鸭的 1 天量），煎汁供饮用，连用 2~3 天。

⑦ 中草药防治方二：雄连散，雄黄、黄连、黄芪、金银花、大青叶等适量，共研末，按每天每千克体重 1~2 克，拌料或饮水，连用 3 天。

三、维生素 B_1 缺乏症

维生素 B_1 缺乏症是指鸭、鹅体内维生素 B_1 的供应不能满足代谢的需要时发生的一种以外周神经和中枢神经细胞退行性变化为主要病变的营养代谢病。临床上以角弓反张、两脚无力、呈“观星”姿势等为特征。幼龄鸭、鹅多见。

【病因】饲料单一，尤其给幼龄鸭、鹅长期饲喂水浸米、泡饭、细磨谷物，饲料储存时间过长或虫蛀、霉败；高温焖煮饲料等情况下可引起维生素 B_1 的缺乏；鲜鱼虾、软体动物如白蚬、河蚌、螺蛳等含有可分解维生素 B_1 的硫胺素酶，长期饲喂可引发本病，故临床上维生素 B_1 缺乏症俗称“白蚬瘟”“蚌瘟”；饲料中添加的某些矿物质、碱性物质、防霉剂等也可破坏维生素 B_1；还有蕨类植物，棉籽、油菜籽等饼渣中含有的硫胺素拮抗因子，某些药物（如抗球虫药氨丙啉等）都可拮抗维生素 B_1 的体内作用；原发或继发性消化系统疾病，可引起维生素 B_1 吸收不足；某些原因引起的机体消耗过多等均可促进发病。

【临床症状】幼龄鸭、鹅多在 2 周龄内发生，发病突然，典型症状为多发性神经炎。病初表现食欲减退，精神差，生长不良，步态不稳，羽毛松乱、无光泽等。有的还表现消化不良，腹泻，贫血。随着病程的发展才表现有以伸肌麻痹为主的多发性神经炎症状，麻痹常从趾开始，向上发展到腿、翅、颈。病鸭两腿屈曲，不能行走和站立，一旦翅、颈伸肌麻痹，则可呈现典型的“观星”姿势（图 1-26）。病鸭、鹅的头向背后弯曲，屁股着地，也有的偏头、扭颈。若中枢受到影响，则出现打转、仰翻、奔跑、跳跃等阵发性神经症状（图 1-27），一天发作数次，最后抽搐，麻痹死亡。成年鸭、鹅病情发展较缓慢，呈渐进性的多发性神经炎，症状与幼龄鸭、鹅相似。种鸭、鹅所产种蛋在孵化中常有死胚或逾期不出壳现象，出壳雏的死亡率较高。

图 1-26　鸭两腿屈曲，不能行走和站立，呈现典型的“观星”姿势

图 1-27　鸭出现打转、仰翻

【病理剖检变化】胃肠壁严重萎缩，十二指肠有炎症或溃疡；肾上腺肥大（母鸭、鹅更明显），皮质变化范围大于髓质；心脏轻度萎缩，右侧心脏常扩张，心房较心室更明显；生殖器官（睾丸或卵巢）萎缩；雏鸭、鹅还可能有皮肤的广泛性水肿。

【预防】

（1）改变日粮配合　保证日粮中维生素 B_1 的含量充足，在生长发育期和产蛋季节，增加米糠、麦麸、酵母、青绿饲料等维生素 B_1 含量丰富的饲料。

（2）妥善保存饲料　防止因潮湿、霉变、受热或遇碱性物质等破坏维生素 B_1。

（3）加强饲养管理　雏鸭、鹅出壳后，逐只滴喂复合维生素 B 溶液 1~2 毫升，或在饮水和饲料中添加电解多维；在应用抗生素和磺胺类制剂治疗消化系统疾病、发热性疾病时，及时补充维生素 B_1 的供应量；因饲喂蚌肉、鱼、虾等引起本病时，应停止继续饲喂；禁止饲喂霉变、酸败的饲料或变质鱼粉。

【临床用药指南】

（1）增加饲料中维生素 B_1 的含量 出现可疑病鸭、鹅时，可在每千克饲料中加入10~20毫克维生素 B_1 粉剂，连用7~10天；在饮水中加复合维生素B溶液，每1000只雏鸭或雏鹅，每天加500毫升，或用250毫升拌料，每天2次，连用2~3天；用含有B族维生素的电解多维、水解多维、黄金搭档等拌料或饮水。

（2）肌内注射（或口服）维生素 B_1 制剂 对病情较重的鸭、鹅，可按成年鸭、鹅每只5毫克，雏鸭、鹅每只1~3毫克肌内注射维生素 B_1，每天1次，连用3~5天；或每只每次口服维生素 B_1 片（5毫克），每天3次，直至痊愈。

四、维生素 B_2 缺乏症

维生素 B_2 缺乏症常因饲料中缺乏维生素 B_2 所引起，临床上以生长发育阻滞、羽毛卷曲、蹼趾向内蜷曲、飞节着地、瘫痪等为特征。临床上主要见于15日龄以内的鸭、鹅。

【病因】笼养或圈养条件下，青绿饲料缺乏，长期单纯饲喂谷粒、碎大米、米饭等，或是配合饲料配合不当，如禾谷类、豆类及其副产品、块根类饲料比例过高（这些饲料维生素 B_2 含量少），或被紫外线、碱及重金属破坏。药物的拮抗作用，如氯丙嗪等能影响维生素 B_2 的利用。动物处于低温等应激状态，维生素 B_2 需要量增加；胃肠道疾病会影响维生素 B_2 的转化吸收；饲喂高脂肪、低蛋白质饲料时维生素 B_2 的需要量增加。

【临床症状】幼龄鸭、鹅主要表现为消化功能紊乱，生长缓慢，消瘦，精神不振，羽毛蓬松、无光泽，翅膀下垂，常排出带气泡的稀粪（图1-28）。随着病情的发展，出现蹼趾向内蜷曲（图1-29），表面干燥，两脚不能站立，病雏以飞节着地，两翅展开。驱赶时，以两翅扑打地面，飞节着地，行走困难（图1-30）等。成年鸭、鹅一般可表现为产蛋率下降，蛋清稀薄，蛋黄颜色浅淡、可在蛋内迅速转动。种蛋受精率降低，孵化后期死胚率增加，死胚羽毛萎缩、脑膜水肿、蹼趾向内弯曲；初生雏中弱雏较多，脚麻痹，绒毛卷起成团，卵黄吸收迟缓。

图1-28 鸭排出带气泡的稀粪

图1-29 鸭蹼趾向内蜷曲

【病理剖检变化】内脏器官无明显异常变化。可见胃肠道黏膜萎缩，肠道内有大量泡沫状内容物（图 1-31）。少数重症者可见坐骨神经和臂神经显著变粗，尤其是坐骨神经比正常的粗 4~5 倍。

图 1-30 鸭两翅扑打垫网，行走困难

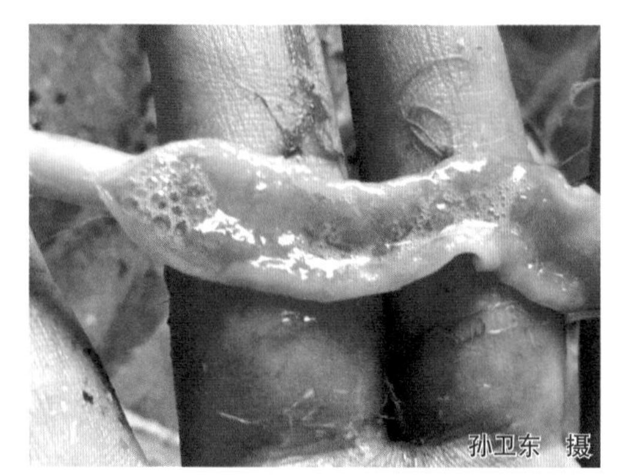

图 1-31 肠道内有大量泡沫状内容物

【预防】

（1）**改变日粮配合** 保证日粮中维生素 B_2 的含量充足，在生长发育期和产蛋季节，在饲料搭配时适当多添加蚕蛹粉、干燥肝脏粉、干酵母、干草粉、乳制品和各种新鲜青绿饲料或在日粮中按每千克饲料添加 10~20 毫克维生素 B_2。

（2）**妥善保存饲料** 防止潮湿、霉变，避免饲料暴晒或被碱性处理后破坏维生素 B_2。

（3）**加强饲养管理** 雏鸭、鹅出壳后，逐只滴喂复合维生素 B 溶液 1~2 毫升，或在饮水和饲料中添加电解多维。

【临床用药指南】

（1）**增加饲料中维生素 B_2 的含量** 出现可疑病鸭、鹅时，可在每千克饲料中加入 10~20 毫克维生素 B_2 粉剂，连用 7~10 天；在饮水中加复合维生素 B 溶液，每 1000 只雏鸭或雏鹅，每天加 500 毫升，或用 250 毫升拌料，每天 2 次，连用 2~3 天；用含有 B 族维生素的电解多维、水解多维、黄金搭档等拌料或饮水。

（2）**肌内注射（或口服）维生素 B_2 制剂** 对病情较重的鸭、鹅，可按成年鸭、鹅 5 毫克，雏鸭、鹅 1~3 毫克肌内注射维生素 B_2，每天 1 次，连用 3~5 天；或每只每天口服维生素 B_2 片，雏鸭、鹅 0.2~0.5 毫克，成年鸭、鹅 5~6 毫克、种鸭、鹅 10 毫克，连用 7 天。

（3）**蛋内注射维生素 B_2 制剂** 种鸭、鹅缺乏维生素 B_2 时，为减少胚胎死亡，可在孵化前向蛋气室注入一定量的维生素 B_2 针剂（0.1 毫克 / 只）。

五、维生素 D 缺乏症

维生素 D 缺乏症是因日粮中维生素 D 缺乏或光照不足等引起的一种钙、磷代谢障碍性疾病。临床上以生长发育迟缓，骨骼变软、变形，运动障碍，产蛋率下降，产软壳蛋和薄壳蛋为特征。临床上各日龄鸭、鹅均可发生，多见于1~6周龄的鸭、鹅和产蛋高峰期的母鸭、鹅。幼龄鸭、鹅表现为佝偻病、软脚病，成年鸭、鹅表现为软骨症、产软壳蛋和薄壳蛋等。

【病因】体内合成量和饲料供给不足；机体消化吸收功能障碍，患有肝肾疾病、脂肪性腹泻的鸭、鹅也会发生；饲料中维生素A、硫酸锰添加量太多，或饲料中脂肪含量不足，会影响维生素D的吸收；有些霉菌和它们的毒素都能干扰鸭、鹅对维生素D的吸收；鸭、鹅皮肤受日光紫外线照射不足，降低了维生素D原转化为维生素D的能力；育雏期及产蛋高峰期鸭、鹅对维生素D的需求未得到满足等。

【临床症状】幼龄鸭、鹅病初步态不稳，步态僵硬，喙（图1-32）、跖骨（图1-33）和趾爪变软，逐渐两腿软弱无力，支撑不住身体，常以跗关节着地，呈蹲伏状，有时甚至不能蹲伏，两腿后伸，脚底朝上或两腿呈劈叉状张开（图1-34）。重症病例身体倒向一侧，两腿划动，若不及时治疗，常衰竭死亡。产蛋鸭、鹅可见产蛋率下降，蛋壳变薄、易破（图1-35），时而产软壳蛋或无壳蛋；种蛋孵化率降低。患病母鸭、鹅腿部虚弱无力，步态异常，重症者瘫痪，常双翅展开，不能站立，或拍动双翅向前移动身体。

图1-32 雏鹅的喙变软

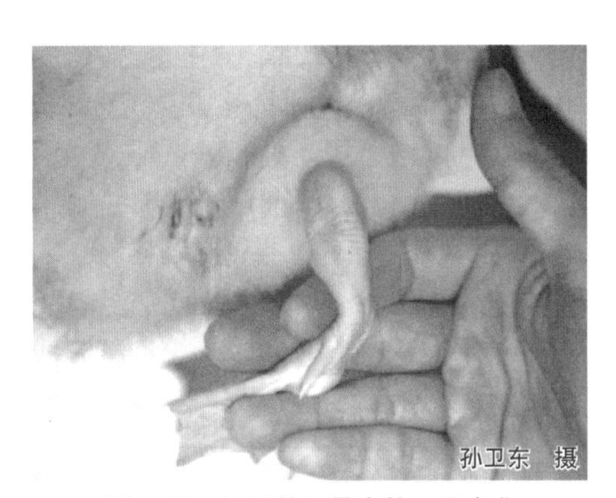

图1-33 雏鹅的跖骨变软、易弯曲

图1-34 鸭两腿呈劈叉状张开

图1-35 蛋鸭所产蛋的蛋壳变薄、易破

【病理剖检变化】见甲状旁腺增大；胸骨（龙骨）变软、呈“S”状弯曲（图1-36），长骨变形、骨质软，骨髓腔增大；胸部肋骨与肋软骨的接合间隙变宽，严重者其结合部可出现明显球形肿大，排列成“串珠”状（图1-37）；飞节肿大。成年产蛋母鸭、鹅可见骨质疏松，胸骨变软，肋骨与胸骨、椎骨接合处内陷，所有肋骨沿胸廓呈向内弧形特征，跖骨易骨折。早期死亡的胚胎，可见胚胎肢体弯曲、腿短，多数死胚皮下水肿，肾脏肿大。

图1-36　鸭龙骨变软、呈“S”状弯曲

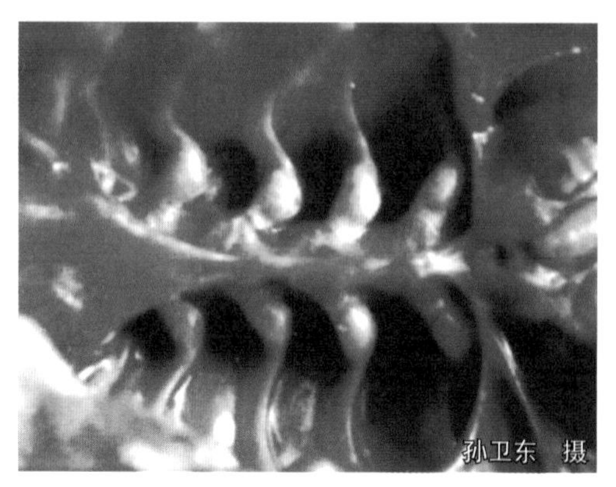

图1-37　鸭肋骨弯曲，在与脊柱相连处呈球形肿大

【预防】

（1）保证饲料中维生素D充足　一般在每千克饲料中添加维生素D的剂量为育雏期和育成期1200国际单位、产蛋期1400国际单位。并注意调配其中钙、磷的比例［一般钙、磷应保持在2∶1，产蛋期为（5~6）∶1］。喂给磷多钙少的饲料（如糠麸、谷类）时，应补充骨粉。应注意保持维生素A∶维生素D为5∶1的比例。

（2）多晒太阳　因为维生素D合成需要紫外线。要适当放牧，尤其是舍饲季节应保证鸭、鹅有足够的时间在运动场活动，梅雨季节可在鸭舍、鹅舍内安装紫外线灯照射。对于缺少阳光照射的雏鸭、鹅，必要时可每只喂给维生素D 2万国际单位。种禽在久雨多阴天气所产的蛋最好不要用于孵化。

【临床用药指南】

（1）补充维生素D　出现可疑病鸭、鹅时，每只雏鸭、鹅每次喂给维生素D_3 1.5万国际单位；也可用浓缩鱼肝油，每只每次口服2~3滴，每天1~2次，连用2天；也可用维生素AD粉或浓缩鱼肝油粉拌料，500千克饲料加250克，连用7~10天。

（2）肌内注射维生素D制剂　重症鸭、鹅肌内注射维生素AD注射液（每毫升含有维生素A 2.5万国际单位、维生素D 2500国际单位），每次0.25~0.5毫升，或维丁胶性钙注射液（含维生素D 5000国际单位），每次1毫升，每天1次，连用2天。

六、锰缺乏症

锰缺乏症是由锰缺乏引起的以脱腱症、生长发育受阻、脂肪肝综合征和蛋的孵化率明显下降为特征的一种营养代谢病。

【病因】饲料单一，特别是长期以玉米等锰含量较低的饲料饲喂，而饲料中又不补充含锰的添加剂；饲料中钙、磷、铁及植酸盐含量过多或比例不恰当，可抑制锰的吸收及利用；日粮中锌、硒、胆碱、维生素 B_3、维生素 B_9、维生素 B_7 或维生素 B_6 等缺乏可导致发病；日粮中蛋白质含量过高，可使本病和其他腿部异常的发病率上升；赖氨酸等的含量过高或甘氨酸的含量过低，会诱发本病。

图 1-38 鸭两腿外翻，不能站立，以跗关节着地，行走困难

【临床症状】跗关节异常增粗，并变扁平，胫骨下端与跖骨上端向外弯转，使腓肠肌腱向关节一侧滑动、滑脱，腿部弯曲或扭曲而向外伸长，比正常腿骨短而粗，无法支持体重，不能直立，行走困难（图 1-38），从而影响采食和饮水，致使其生长不良。产蛋鸭、鹅产蛋率和孵化率显著降低，种蛋孵化出的胚胎多发育异常，死胚增多，孵出的雏鸭、鹅往往生长发育停滞。

【病理剖检变化】跗跖骨弯曲、短粗、近端粗大变宽，胫跖骨、跗跖骨关节处皮下有一灰白色较厚的结缔组织（图 1-39）。腓肠肌腱移位，从胫跖骨远端两踝滑出，移向关节内侧。因关节长期着地负重，该处皮肤增厚、粗糙。内脏器官无特征性肉眼可见变化。胚胎多发生畸形，腿粗短、翅膀短。

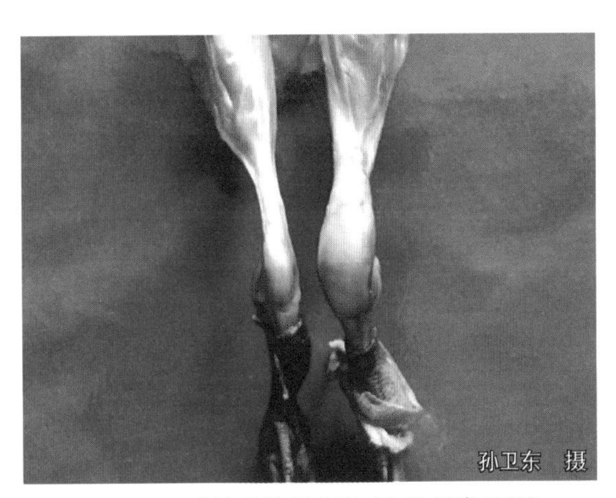

图 1-39 鸭的跗关节肿胀（左为健康对照）

【预防】提供满足鸭、鹅各种必需营养物质的饲料，特别是含锰（每千克饲料中应含有锰 50 毫克）、胆碱（每千克饲料中应含有胆碱 200 毫克）和 B 族维生素（每千克饲料中应含有维生素 B_3 40~50 毫克、维生素 B_7 40~100 毫克、维生素 B_1 2.6 毫克、维生素 B_6 10~20 毫克、维生素 B_9 0.5~1.0 毫克）的饲料是防止本病发生的有效措施。同时，要注意保持饲料中蛋白质和氨基酸的适当含量；要多喂新鲜青绿饲料；钙和磷的补充，切忌过量；在产蛋季节，尤其要提高饲料中的锰含量。

【临床用药指南】用 0.005%~0.01% 高锰酸钾溶液饮水，连饮 2~3 天，间隔 1~2 天再饮 2~3 天，饮用期间，每天要更换新配溶液 2~3 次；或在每千克粉料中添加硫酸锰 0.1~0.2 克，同时配合使用氯化胆碱（每千克粉料中添加 1 克），连续饲喂，效果较好。

七、食盐中毒

食盐中毒是由于鸭、鹅采食了过多的食盐，同时饮水不足所引起的一种以神经症状为主，伴有肠道炎症的中毒病。以雏鸭、鹅对食盐最敏感，当饲料中含盐量达3%、饮水中含盐量达到0.5%以上，或每千克体重一次摄入1.5~2克食盐时即可引起鸭、鹅中毒，甚至死亡。

【病因】饲料中食盐含量计算错误，混入过量食盐；鱼粉含盐标识不清，饲料中配量过多或拌料不均匀；摄食含盐多的残羹及咸鱼、酱渣、腌制食品卤汁等；在沿海、盐湖周围放牧；长期缺盐的鸭、鹅，突然补饲食盐或饮含盐饮水不加限制等均可引起中毒。此外，饲料中维生素E和含硫氨基酸不足可促进本病的发生。

【临床症状】

（1）**雏鸭、鹅** 表现为鸣叫，食欲废绝，饮水量增加，口、鼻流黏液，常排出水样或带有泡沫的稀粪（图1-40），盲目运动，站立不稳，惊厥；常不断旋转头颈或头向后仰，以脚蹬地，突然身体向后翻转，胸腹朝天（图1-41），两脚前后做游泳状摆动，很快死亡。

图1-40 鸭不停鸣叫，排出白色水样稀粪

图1-41 鸭突然身体向后翻转，胸腹朝天

（2）**青年或成年鸭、鹅** 可出现食欲减退，饮欲极盛，口流浅黄色黏液，排出水样稀粪等症状。有的则极度兴奋，运动失调，阵发性惊厥，不抽搐时则两脚无力，腿麻痹，最后拍翅、头颈弯曲，死亡。有些病例出现显著的皮下水肿。病程为1~3天。

【病理剖检变化】急性死亡的鸭、鹅可见皮下组织水肿，颅骨瘀血，脑膜表面有出血斑，脑血管扩张、充血，脑水肿（图1-42）；食道及腺胃黏膜充血、出血，肌胃角质膜呈黑褐色，易脱落（图1-43）；肠管充血、出血（图1-44），肠系膜水肿；胰腺轻度肿大、充血；心包积液，心外膜和心内膜充血、出血（图1-45）；肝脏肿大，有出血斑；肾脏略肿、色浅，输尿管有尿酸盐沉积。病程稍长的还可见肺瘀血、水肿，腹水增多。慢性食盐中毒者，胃肠道病变不明显，主要表现为大脑皮层软化、坏死。

图 1-42 鸭小脑膜下出血，大脑水肿

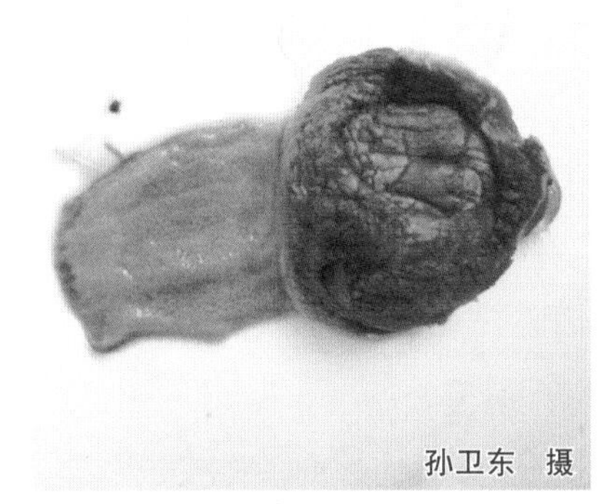

图 1-43 鸭腺胃黏膜充血，肌胃角质膜呈黑褐色、易脱落

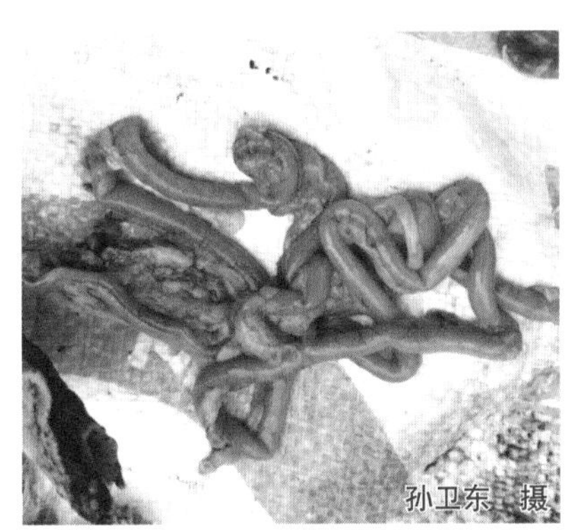

图 1-44 鸭肠管充血、出血

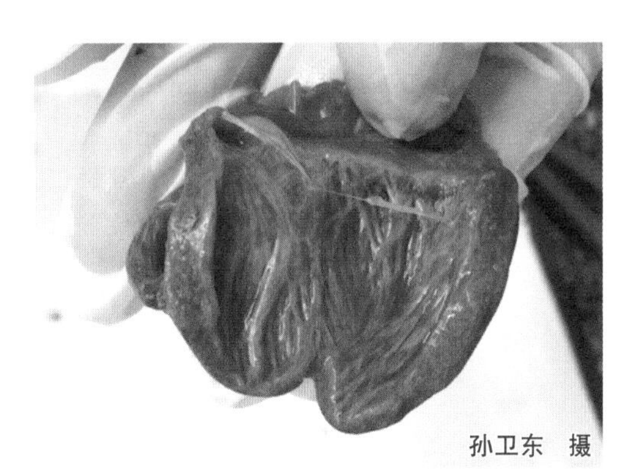

图 1-45 鸭心内膜充血、出血

【预防】 对鸭、鹅日粮中的食盐用量应准确计算和称量，如果饲料中配有鱼粉等含食盐较多的成分，在添加时应扣除其食盐含量（特别是雏鸭、鹅，其食盐含量不能超过 0.5%，以 0.3% 为宜），同时应搅拌均匀，平时要给以充足、清洁的饮水。

【临床用药指南】 目前尚无特效解毒剂。一旦发生中毒，应立即停喂含盐量高的饲料和饮水。

（1）**中毒较轻者** 可采用排钠利尿、对症治疗，如饮用 5% 葡萄糖溶液，连用 3~4 天，可以利尿、解毒和消除心包、腹腔内的积液。也可在饲料中添加适量的利尿剂，如双氢克尿塞（氢氯噻嗪），以促进氯化钠的排泄。或病初每只灌服食用油（或牛奶、豆浆、淀粉）5~10 毫升或口服小苏打（碳酸氢钠）0.3 克，然后饮用 5% 葡萄糖溶液。

（2）**中毒较重者** 可在上述葡萄糖溶液中再加入 0.5% 醋酸钾溶液作为饮用水；或用生葛根 500 克、茶叶 100 克，加水 2 升，煮沸 30 分钟，待冷却后作为饮用水，供 400~500 只鸭或鹅饮服。

（3）**中毒停食者** 每只可灌服 5~10 毫升 5% 葡萄糖溶液或上述中草药煎剂，早晚各 1 次。

八、肉毒梭菌毒素中毒

肉毒梭菌毒素中毒又称为软颈病，是由于鸭、鹅采食了含有肉毒梭菌产生的外毒素而引起的一种急性中毒病。临床上以全身肌肉麻痹、头下垂、软颈、共济失调、皮肤松弛、被毛脱落为特征。多发于夏、秋季放牧的鸭鹅。

【病因】常因吃了腐败的死鱼、烂虾、蛙、虫等食物后，食物中所含的肉毒梭菌毒素被胃肠吸收后中毒。鸭、鹅采食了被大量肉毒梭菌污染的饲料或在放牧途中采食了腐败动物尸体上的蛆而发生中毒。肉毒梭菌毒素中毒是由肉毒梭菌在厌氧条件下产生的毒素引起的，肉毒梭菌可产生 7 种毒素，鸭、鹅肉毒梭菌毒素中毒常常由 C 型毒素引起。

【临床症状】本病潜伏期的长短取决于摄食毒素的量，通常在几小时至 1~2 天，在临床上可分急性和慢性 2 种。急性中毒表现为全身痉挛、抽搐，很快死亡。慢性中毒表现为迟钝，嗜睡，衰弱，两腿麻痹，羽毛逆立，翅下垂，头颈呈痉挛性抽搐或下垂，不能抬起（软颈病）（图 1-46）。有的病鸭、鹅呼吸困难、喙发绀（图 1-47），常于 1~3 天后死亡。轻微中毒者，仅见步态不稳，若给予良好护理，几天后则可恢复健康。

图 1-46 鸭两腿麻痹，软颈

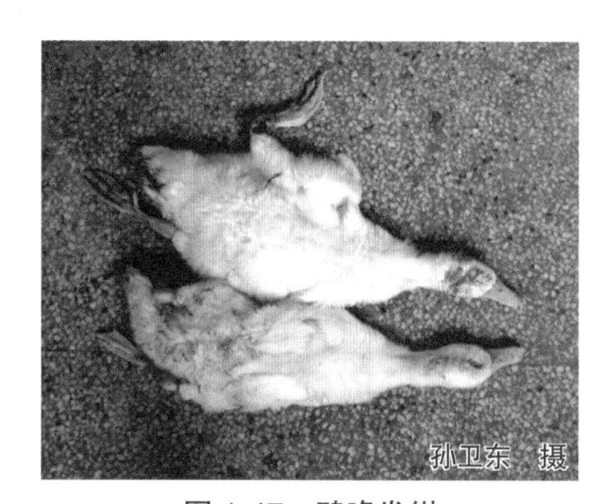

图 1-47 鸭喙发绀

【病理剖检变化】无明显的特征性病理变化，仅见肠道充血、出血，以十二指肠最为严重。有时心脏（图 1-48）、肾脏、肺及脑组织出现小点出血，泄殖腔中可见尿酸盐沉积。有时可见嗉囊有摄入的蛆虫（图 1-49）。

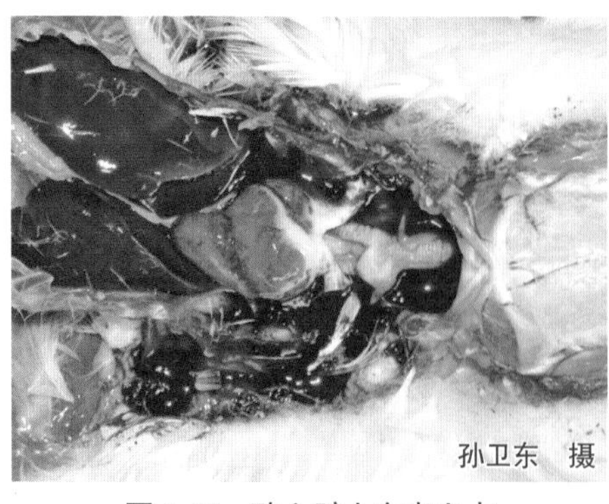

图 1-48 鸭心脏上有出血点

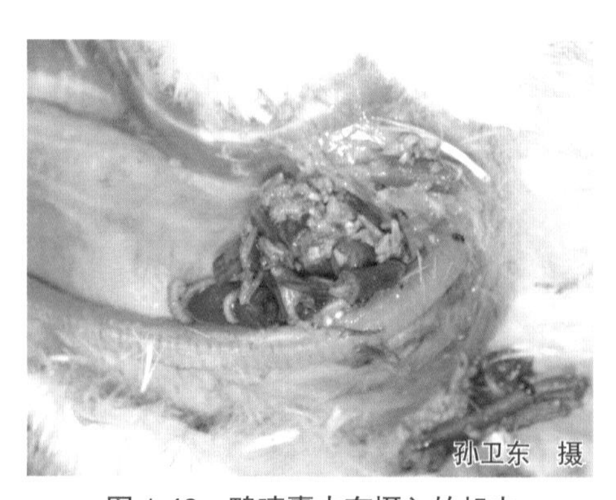

图 1-49 鸭嗉囊内有摄入的蛆虫

【预防】应加强饲养管理，严禁饲喂腐败变质的鱼粉、肉骨粉等饲料；注意消除放牧路线上的腐败动物尸体；不到污水池或泥塘中放牧；夏季鱼鸭共养的池塘若发生鱼的死亡，应及时清除。

【临床用药指南】一旦发病，应更换放牧地或水塘，及时处理池塘或湖泊边的动物死尸。对病鸭、鹅可用肉毒梭菌 C 型抗毒素，每只肌内注射 2~4 毫升，常可奏效。此外，采取对症治疗，补充维生素 E、硒、维生素 A、维生素 D_3 等，也可用链霉素（1 克 / 升）混饮，可降低死亡率；也可用胶管投服硫酸镁（2~3 克，加水配成 5% 的溶液）或蓖麻油等轻泻剂，排除毒素，并喂葡萄糖溶液或百毒解，可降低死亡率；也可取仙人掌洗净切碎，并按 100 克仙人掌加入 5 克白糖，捣烂成泥，每只每次灌服仙人掌泥 3 克（可根据体重大小增加用量），每天 2 次，连服 2 天。

九、喹乙醇中毒

喹乙醇又称为快育灵，具有较强的抗菌和杀菌作用，被广泛用于鸭、鹅的饲料添加剂和防治某些细菌性疾病。但该药的安全剂量范围较窄，使用不当常引起鸭、鹅中毒。

【病因】未按喹乙醇的添加剂量应用，而是盲目地加大剂量；添加的喹乙醇在饲料中搅拌不均匀；重复添加喹乙醇；使用喹乙醇的时间持续过长，使喹乙醇在体内蓄积而导致中毒；个别养殖户计量概念没有搞清，将克和毫克混淆，或将 5% 预混剂与 98% 原粉混淆，造成用量过大而中毒。

【临床症状】病鸭、鹅精神沉郁，缩颈，蹲伏少动，食欲减退甚至废绝。雏鸭、鹅畏寒打堆，排出带血色或白绿色稀粪。有的病鸭、鹅低头，双翅下垂，羽毛松乱，时时摇头，呼吸困难。死前出现腿麻痹，脚软，痉挛，角弓反张，最后因极度衰竭死亡。随着病程的延长，鸭、鹅的上喙出现水疱，水疱破裂，脱皮结痂，上喙变短且喙边缘上翘卷起（图 1-50），形成严重的畸形喙（图 1-51）。产蛋鸭、鹅产蛋率明显下降，种蛋受精率和孵化率降低。鸭、鹅一般在中毒后 3~6 天出现死亡高峰，病程与中毒的程度有关，最短的 2~3 天，最长的为几周或 50 天以上。

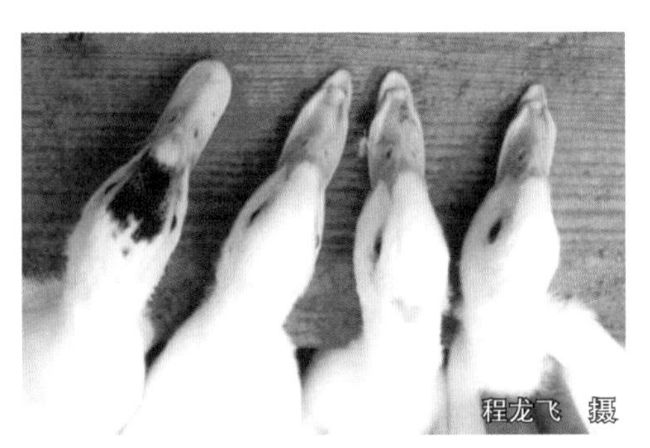

图 1-50 鸭上喙边缘上翘卷起，变短（左一为健康对照）

图 1-51 鸭上喙严重畸形（左为健康对照）

【病理剖检变化】口腔有黏液，肌胃角质层下有出血点，十二指肠黏膜有弥漫性出血，腺胃及肠道内容物呈浅黄色，黏膜表面呈糜烂糊状。肝脏肿大、质脆易碎，肾脏肿大、呈紫黑色、有大量出血点。

【类症鉴别】本病呈现的短喙症状与鸭短喙 - 侏儒综合征、痢菌净中毒、鸭感光过敏等表现的临床症状相似，其鉴别诊断的叙述见鸭短喙 - 侏儒综合征类症鉴别部分。

【预防】要求做到准确计算用药量。作为添加剂，每千克饲料拌入 25~35 毫克原粉，而用于治疗时可适当加量，每千克饲料拌入 80~100 毫克原粉，连用 1 周后，停药 3~5 天；或按每千克体重用 20~30 毫克，每天 1 次，连用 2~3 天。防止重复添加，混入饲料时要搅拌均匀。

【临床用药指南】目前尚无有效的解毒药，发现中毒时应立即停药或停喂含药的饲料。重度中毒时常解救无效，轻症时可饮用 5% 硫酸钠溶液解毒。

十、痢菌净中毒

痢菌净的学名为乙酰甲喹，为鲜黄色结晶或黄白色针状粉末，味微苦，遇光色变深，微溶于水，易溶于氯仿、苯、丙酮中。水温 30℃以上搅拌可溶解。广谱抗菌药，对革兰阴性菌强于革兰阳性菌，对密螺旋体也有较强作用。其抗菌机理为抑制菌体的脱氧核糖核酸合成，对大多数细菌具有很强的抑制作用。当使用剂量高于临床治疗量 3~5 倍时或长时间应用会引起不良反应，甚至死亡。家禽（尤其是鸭）对此敏感。

【病因】①搅拌不均匀：没有按照逐渐扩大法而随便搅拌使药粉在饲料中分布不均匀而发生中毒；在用原粉饮水时，由于该药在水中的溶解度较低、易沉淀，导致最后饮水中药物浓度太高而发生中毒。②用药时间太长：由于该药价格比较低廉，杀菌效果也比较好，所以使用时间有的达 5 天甚至更长，造成蓄积性中毒。③计量不准确。

【临床症状】病鸭初期表现出精神委顿，站立不稳，体温下降、拒食、消瘦、呆滞，排黄白色或黄绿色稀便。有的病鸭羽毛蓬松无光，上喙溃烂、结痂，揭开痂皮后出血（图 1-52），早期眼圈周围羽毛湿润、流泪，后期眼圈周围掉毛（图 1-53）。重症鸭上喙严重短于下喙（图 1-54），上喙只有下喙的 1/3~1/2 长度，上喙向上翘起，严重者影响采食，导致病鸭偏瘦，精神不振；有的病鸭脚垫损伤（图 1-55），脚蹼干燥，伴随跛行，站立不稳甚至倒地不起，死亡率高。

图 1-52 鸭上喙溃烂、结痂，揭开痂皮后出血

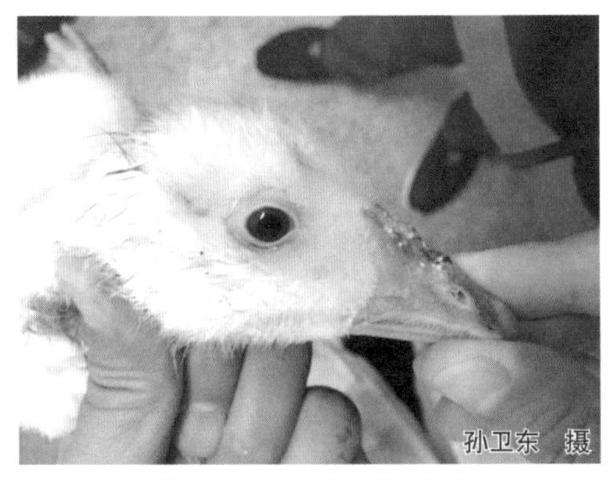

图 1-53　鸭眼圈周围掉毛

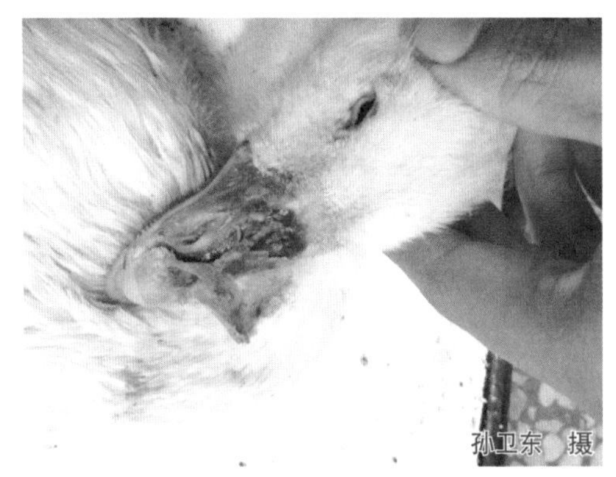

图 1-54　重症鸭上喙变形且短于下喙

【病理剖检变化】病死鸭肌肉呈暗红色；肝脏肿大，质脆易碎；腺胃肿胀、糜烂、出血，腺胃肌胃交界处有陈旧性溃疡面；肠道黏膜弥漫性出血，肠腔空虚；泄殖腔严重充血；肾脏出血；心脏松弛，心内膜及心肌有散在的出血点；脾脏肿大，有弥漫性出血（图 1-56）；胰腺有弥漫性出血（图 1-57）。有的病鸭伴有轻度浆膜炎。

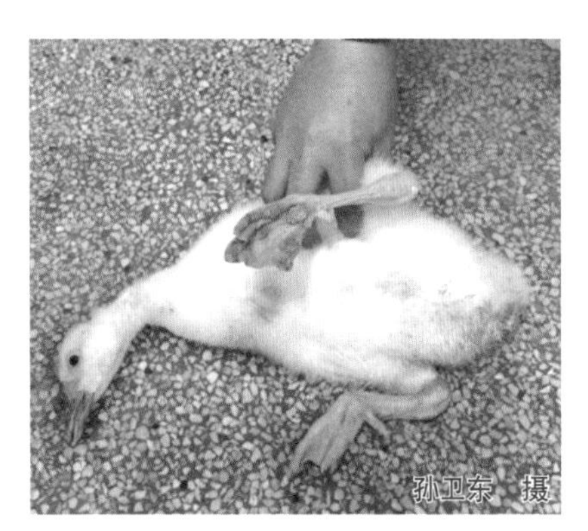

图 1-55　鸭脚垫损伤

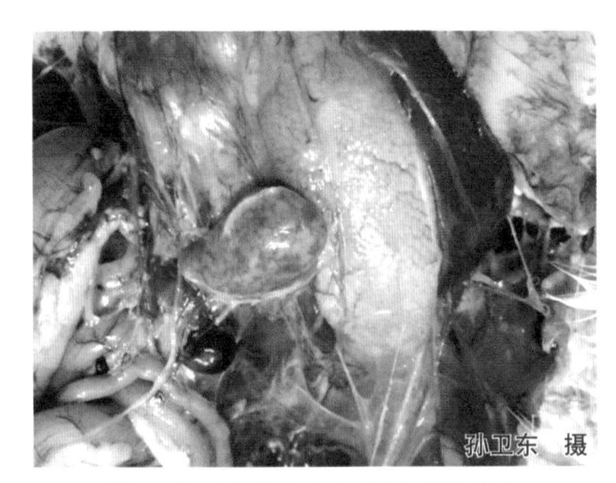

图 1-56　脾脏肿大且有弥漫性出血

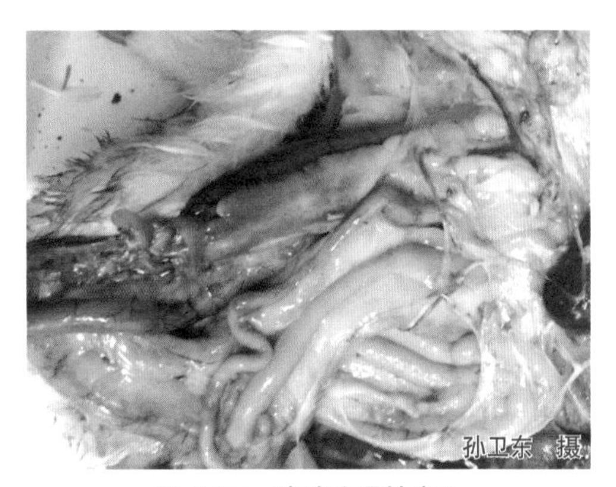

图 1-57　胰腺弥漫性出血

【类症鉴别】本病呈现的短喙症状与鸭短喙 - 侏儒综合征、喹乙醇中毒、鸭感光过敏等表现的临床症状相似，其鉴别诊断的叙述见鸭短喙 - 侏儒综合征类症鉴别部分。

【预防】因痢菌净中毒没有特效解毒药，鸭、鹅一旦中毒，死亡率高，病程较长，损失大。停药后仍然陆续死亡。因此，临床上使用该药时一定要慎重。

【临床用药指南】①立即停止使用痢菌净（更换含痢菌净药物的饲料）。②在饲料中加入5%葡萄糖、0.14%维生素C、多种矿物质及复合氨基酸等；在饮水中加入阿莫西林可溶性粉集中饮水，连用3天。③用10%五苓散，每包100克加水100千克自由饮水，连用3~5天。

十一、鸭感光过敏

鸭感光过敏是由于鸭采食了含有光过敏物质的饲料、野草及某些药物，经阳光照射一段时间后发生的一种疾病。临床上以无羽毛部位的上喙、脚蹼出现水疱和溃疡，上喙的前端和两侧向上翻卷、缩短为特征。白羽肉鸭（樱桃谷鸭、北京鸭），尤其是3~8周龄的幼龄鸭较为多见，危害也最严重。

【病因】采食了含有光敏源性的植物（如灰灰菜、野胡萝卜、大阿米草、多年生黑麦草等），或采食含有大软骨草草籽的进口小麦的加工副产品（如麦渣或麦麸），经阳光直接照射而发病；鸭饲养在化学物质严重污染的水环境中，有时也可诱发本病。

【临床症状】本病以上喙、脚蹼等无羽毛处出现水疱和炎症为主要特征。病初，上喙失去原有的光泽和颜色，局部发红，形成红斑，1~2天后红斑通常发展成黄豆至蚕豆大的水疱，水疱液呈半透明浅黄色并混有纤维素样物，数天后水疱破裂，形成结痂（图1-58），经过10天左右痂皮脱落后留有暗红色出血斑，上喙缩短、变形（图1-59），严重的向上翻转，舌尖外露（图1-60）、发生坏死，影响采食。头部部分羽毛脱落，皮肤发红。病鸭脚蹼皮肤上也出现水疱，水疱破裂后形成结痂（图1-61），痂皮脱落后留下红色的糜烂面。有些病例初期一侧或两侧眼睛发生结膜炎，流泪，眼眶周围羽毛湿润或脱毛，后期眼睑黏合，失明。本病发病率为20%~60%，严重者高达100%，死亡率不高，但病后遗留下的病痕会形成大批残次鸭，造成较大的经济损失。

图1-58　鸭上喙结痂，眼结膜炎

图1-59　鸭上喙缩短、变形，头部部分羽毛脱落、皮肤发红

图 1-60 鸭上喙缩短，舌尖外露

图 1-61 鸭脚蹼皮肤形成结痂

【病理剖检变化】 病死鸭剖检可见，在上喙和脚蹼上有弥漫性炎症、结痂，以及变色或变形。有时可见舌尖部坏死，肝脏有散在的坏死点，十二指肠呈卡他性炎症。

【类症鉴别】 本病呈现的短喙症状与鸭短喙 - 侏儒综合征、喹乙醇中毒、痢菌净中毒等表现的临床症状相似，其鉴别诊断的叙述见鸭短喙 - 侏儒综合征类症鉴别部分。

【预防】 避免选购混有含光敏源性植物草籽的饲料，禁止饲喂含光敏源性植物的饲草，不让鸭群过度接触强烈阳光的直射。

【临床用药指南】 本病目前尚无特效疗法，一旦发病，可采取下列措施：立即更换不含光敏物质的饲料（饲草），并禁止鸭群在烈日下放牧；在预防继发感染的治疗过程中，不用喹乙醇或氟喹诺酮类药物；补充足量维生素 A、维生素 D、维生素 E、维生素 C 与维生素 B_3，提高饲料的营养水平，特别是赖氨酸和蛋氨酸的水平，以加强机体抵抗能力和解毒功能，同时添加青饲料；对上喙背面、脚蹼表面溃疡灶进行清洗消毒，涂擦紫药水或碘甘油，对伴有眼结膜炎的可用利福平眼药水或 2% 硼酸溶液定期冲洗，或用金霉素眼膏涂擦，1 天数次，以减轻症状。此外，患病鸭群可试用抗组胺类药物及肾上腺皮质激素治疗。

十二、异食癖

异食癖又称为恶食癖，是鸭、鹅的一种异常行为，是一种由多种因素引起的代谢机能紊乱综合征。临床上可见啄羽、啄肛、啄蛋、啄肉、啄头等，导致鸭、鹅的等级下降、蛋品的损耗增加、淘汰率增加。幼龄及成年鸭、鹅均可发生，一旦发病，若不及时采取措施，常造成较大损失。

【病因】 较为复杂，一般认为以下情况是造成本病的原因或诱因。

（1）饲养管理不当 如饲养密度过高，光线过强，噪声过大，环境温度、湿度过高或过低，混群饲养，外伤，过于饥饿等。

（2）日粮营养成分缺乏或其比例失调 日粮中蛋白质和某些必需氨基酸（如赖氨酸、蛋氨酸、色氨酸等）缺乏或不足，日粮中缺乏某些矿物质或矿物质不平衡（如钠、钙、磷、硫、锌、锰、铜等不足或比例不平衡，尤其钠、锌等缺乏可引起味觉异常，出现异食癖)，饲料中某些维生素的缺乏与不足（如维生素 A、维生素 D 及 B 族维生素的缺乏，维生素 B_{12}、维生素 B_9 不足可引起食粪癖)。

（3）**疾病** 继发于一些慢性消耗性疾病（如寄生虫病)，皮肤外伤感染，或其他疾病（如泄殖腔炎、脱肛、长期腹泻等)。

【临床症状】异食癖开始往往是个别鸭、鹅发生，之后迅速蔓延。

（1）**啄羽癖** 啄羽癖是最常见的一种异食癖。在雏鸭、鹅开始生长新羽毛和青年鸭、鹅换羽时或产蛋鸭、鹅在换羽期和高产期均易发生。表现为相互啄食羽毛，或多只集中啄食一只的头部、背部、尾部及泄殖腔周围的羽毛，有的背部羽毛几乎被啄光，裸露的皮肤充血、发红（图 1-62)。幼龄鸭、鹅的皮肤常被啄破，出血、结痂（图 1-63)；成年母鸭、鹅产蛋量减少或产蛋停止。

图 1-62 鹅啄羽，裸露的皮肤充血、发红

图 1-63 鸭翅膀羽毛被啄处出血、结痂

（2）**啄肛癖** 常见于母鸭、鹅产蛋初期，因所产蛋的体积过大引起泄殖腔出血，或公鸭、鹅与母鸭、鹅配种时，啄破肛门括约肌后流血，引起啄肛（图 1-64)，严重病例的肠道或输卵管可被拖出泄殖腔外，导致死亡。

图 1-64 鸭啄肛

（3）**啄趾癖、啄头癖** 幼龄鸭、鹅在饥饿时，因找不到饲料和水，就会啄自己的或身旁鸭、鹅的脚趾；较大的则会发生啄头、啄肩、啄背等。

（4）**食蛋癖** 多发生在产蛋旺盛期，表现为啄食蛋。

（5）**异食** 表现为采食异物，如啄食墙面上的石灰渣、地面上的水泥、碎砖瓦砾、陶瓷碎块、垫草，或吞食被粪尿污染的羽毛、垫料等，有时因食破布、头发和棉线等引起肌胃、肠管机械性堵塞。患病鸭、鹅消化不良，羽毛无光，机体消瘦。常见于青年或成年鸭、鹅。

【病理剖检变化】内脏器官大多无明显肉眼可见病变，死于啄肛的鸭、鹅可见直肠或输卵管被撕断，断端周围有出血凝块。

【预防】

（1）**切实完善饲养管理水平** 消除各种不良因素或应激原的刺激，合理安排光照的时间和强度，按鸭、鹅的不同发育阶段及时调整饲养密度，按照舍内环境的情况做好保温、控湿、通风等日常工作。产蛋旺盛期，产蛋箱要充足，放蛋箱的地方要比较僻静，光线要暗，平时要及时拣蛋。

（2）**供给全价饲料** 饲料要配比适当，不能饲喂单一饲料，特别要注意补充一些重要的氨基酸、维生素、微量元素和食盐等，定时饲喂。

【临床用药指南】一旦发现鸭群、鹅群发生异食癖，立即隔离“发起者”和“受害者”，尽快调查引起异食癖的具体原因，有针对性地采取相应的措施。

（1）**加强饲养管理** 及时调整鸭群、鹅群的饲养密度，调节舍内的光照及光照强度、温度、湿度和通风，在饲料中添加多种微量元素、维生素，或止啄灵等药物。

（2）**治疗啄羽癖** 每只每天补饲5~10克羽毛粉或石膏粉（幼龄鸭、鹅每次给予0.5~1克，成年鸭、鹅每次给予1~3克），也可在日粮中加入0.2%蛋氨酸或1%硫酸钠，连喂5天，啄羽现象可消失。

（3）**治疗啄肛癖** 可在饲料中添加2%的食盐，并保证充足的饮水，连续使用2~3天；啄肛较严重时，可将舍门窗遮黑，待啄肛癖平息后再恢复正常饲养。

（4）**治疗食蛋癖** 若以食蛋壳为主，可在饲料中添加贝壳粉（每只每天内服3~5克）、骨粉或磷酸氢钙和维生素D，连喂7天；若以食蛋清为主，要增加蛋白质；若蛋壳和蛋清均食，同时添加蛋白质、钙和维生素D。

（5）**对症治疗** 在已被啄伤、啄破的地方涂上紫药水防止感染，但千万不能涂红药水，因为其他鸭、鹅见到红色，会啄得更厉害；若被啄鸭、鹅的泄殖腔轻度出血，应先用2%明矾水溶液洗患部后再涂擦磺胺软膏；患有体表寄生虫病时，应及时采取有效的措施进行治疗。

十三、皮下气肿

皮下气肿是由于气囊破裂致使空气进入疏松组织间隙，蓄积于皮下而形成的一种皮下臌气性疾病。临床上多见于1~2周龄鸭、鹅的颈部（俗称气嗉子或气脖子）。

【病因】在疫苗接种、给药时粗暴捕捉，致使颈部气囊或锁骨下气囊及腹部气囊破裂；啄斗造成体表损伤和气囊破裂；手术不当或其他尖锐异物刺破气囊；肱骨、乌喙骨和胸骨等含气骨发生骨折，均可使气体积聚于皮下，引起皮下气肿。此外，呼吸道的先天性缺陷也可使气体溢于皮下；罕见的某些气管寄生虫（如气管吸虫）寄生于气管、支气管或气囊内，导致气囊破损以致气体窜入皮下；多种疾病可导致气囊炎，受损后难以愈合，使吸入的空气外逸，常积聚于皮下疏松结缔组织内而形成气肿。

【临床症状】颈气囊破裂，可见颈部羽毛逆立，轻者气肿局限于颈的基部，重的可延伸到颈的上部（图1-65），并且在口腔的舌系带下部出现臌气泡。若胸腹部气囊破裂或由颈部蔓延到腹部皮下，则胸腹围增大（图1-66），手指下压富有弹性，气体窜向四周（图1-67），伴有捻发音，叩诊呈鼓音。如不及时治疗，气肿继续增大，病鸭表现精神沉郁、呆立，呼吸困难。

图1-65　鸭（左）、鹅（右）颈部气肿

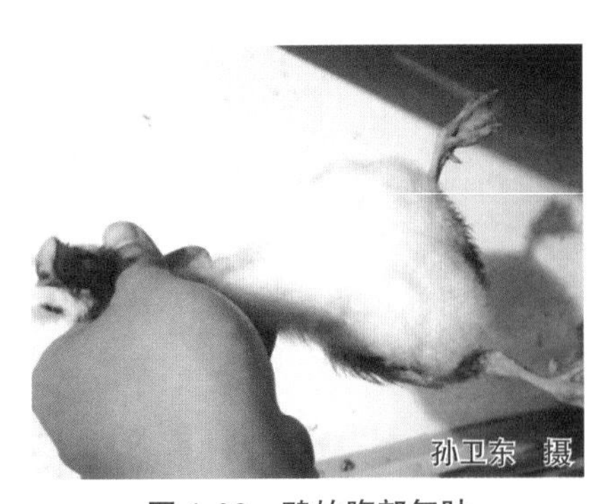

图1-66　鸭的腹部气肿

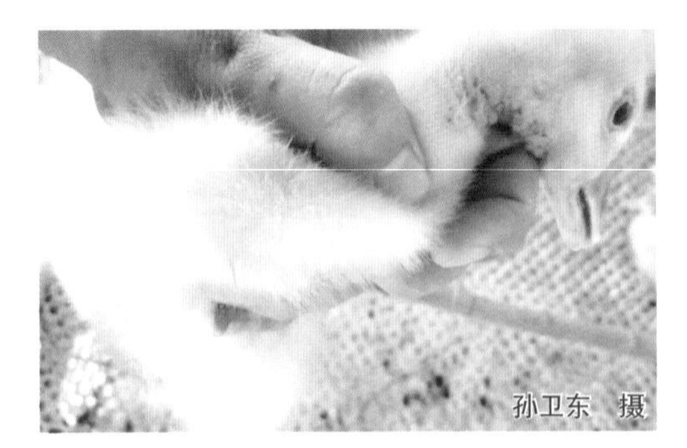

图1-67　手指下压气肿处下陷，而气体窜向四周

【病理剖检变化】剖检病死鸭、鹅可见皮下气肿或疏松结缔组织内充满气体（图1-68）。内脏器官一般无特征性肉眼病变，有时可见心脏衰弱的病例。

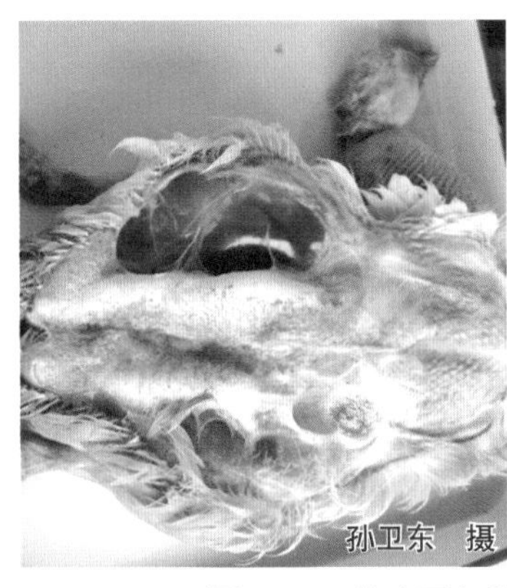

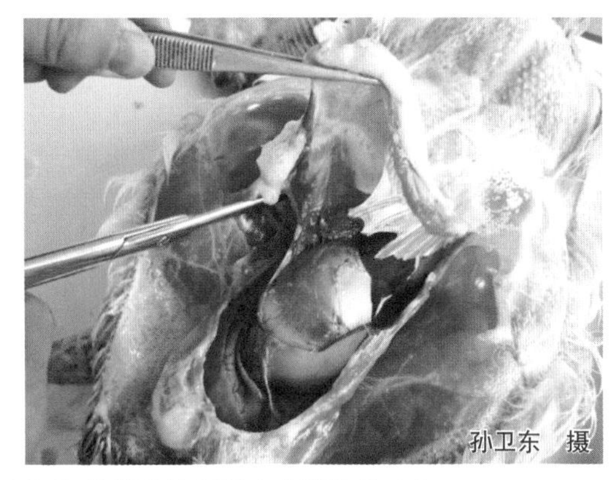

图 1-68　鹅皮下气肿（左）和疏松结缔组织内充满气体（右）

【预防】加强饲养管理，创造良好的饲养环境，避免鸭群、鹅群拥挤、争斗或刺伤，捕捉时切忌粗暴、摔碰，以免损伤气囊。

【临床用药指南】对于发生皮下气肿的鸭、鹅，最好用烧红的烙铁或较粗的针头刺破膨胀部皮肤，将气体放出，因烧烙的伤口暂时不易愈合，气体可随时排出，缓解症状，继而逐渐痊愈。也可用注射器抽出积气，但需要反复多次方可奏效。此外，因发生骨折或呼吸道先天性缺陷而引起的患病鸭、鹅，若无治疗价值，应及时淘汰。

十四、翻翅病

翻翅病是指鸭、鹅呈单侧或双侧翅膀外翻的一种疾病。该病对商品鸭、鹅的外观及自然抱孵有一定的影响。

【病因】精饲料单一，精饲料占日粮比例过大，日粮中矿物质不足，特别是钙质严重缺乏，且钙磷比例失调，极易引起骨骼生长不良，使鸭、鹅翅发生异常。有研究指出，如果单纯给鸭、鹅补饲瘪麦（其钙磷比例为 1：0.15），鸭、鹅翻翅的发生率可达 67%。

【临床症状】翻翅出现的时间一般为 40~90 日龄，正处于中雏阶段，为翅膀迅速生长时期，若有上述病因存在，容易发生翅关节移位，造成病鹅双翅或单翅（图 1-69）外翻。偶见番鸭单翅或双翅外翻（图 1-70）。

图 1-69　鹅双翅（左）和单翅（右）外翻

【预防】在鸭、鹅易发日龄期间要把握好日粮配合。一般雏鸭、鹅的日粮要供给0.8%~1.2%的钙和0.4%的有效磷。加强放牧，多晒太阳有利于预防本病。

【临床用药指南】发现翻翅病鸭、鹅，轻症者应尽早用绷带按正常位置固定，调整日粮的钙磷比例，同时每只每天喂给维生素D_3 1.5万国际单位，或用浓缩鱼肝油，每次每只口服2~3滴，每天1~2次，连用2天，可取得良好的矫正效果；重症者可根据情况淘汰。

图1-70　番鸭单（双）翅外翻

第二章　消化系统疾病的鉴别诊断与防治

第一节　消化系统疾病发生的因素及感染途径

一、疾病发生的因素

（1）**生物性因素**　包括病毒（如鸭瘟病毒、副黏病毒、小鹅瘟病毒、禽流感病毒等）、细菌（如沙门菌、大肠杆菌、产气荚膜梭状芽孢杆菌、白色念珠菌等）、霉菌和某些寄生虫（绦虫、球虫、蛔虫等）等。

（2）**饲养管理因素**　如鸭舍、鹅舍内的水槽、水壶、水线、戏水池未及时清洗、消毒（图 2-1~ 图 2-4），饮水被一些病原微生物污染；运动场内水槽中的水溢出或运动场积水，或排水沟排水不畅，鸭、鹅喝到被污染的污水（图 2-5）；料槽或料桶内的剩料清理不及时（图 2-6），饲料或饲料原料保存不当、发生霉变（图 2-7 和图 2-8）；给鸭、鹅补充一些含有毒植物的青绿饲料等。

图 2-1　水槽底长出青苔

图 2-2　水壶未及时清洗

图 2-3　鸭舍水线下的托盘未清洁

图 2-4　戏水池内的水未及时更换

图 2-5　鸭喝运动场积的污水

图 2-6　鹅填料器内的剩料处理不及时发生霉变

图 2-7　因饲料保存不当或料槽中剩料未及时清理而发生霉变

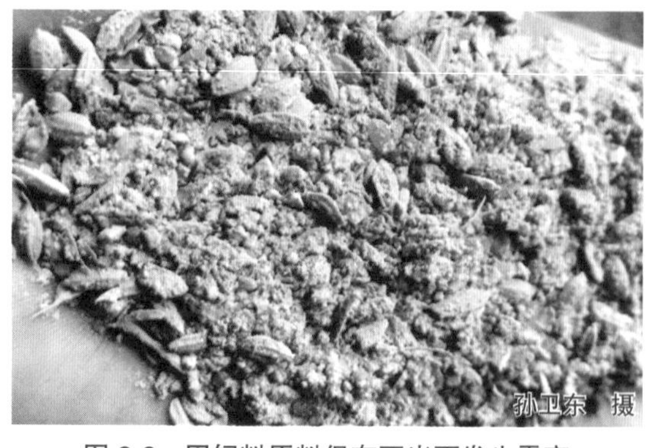

图 2-8　因饲料原料保存不当而发生霉变

（3）**营养因素** 如饲料配方不合理，饲料中使用的麦类比例太高且未添加酶制剂或酶制剂失效；饲料中蛋白质含量过高引起痛风。

（4）**中毒因素** 如饲料霉变引起的霉菌毒素中毒，药物使用不当等引起的肠道菌群失调或药物中毒等。

（5）**其他因素** 如未做好水塔或水箱的降温（夏季遮阴）和保温（冬季）措施（图 2-9），让鸭、鹅一直饮用烈日暴晒下高温水箱水或低温的井水等常可诱发消化系统疾病。

图 2-9 鸭舍外的水箱缺乏遮阴设施

二、疾病的感染途径

消化道黏膜表面是鸭鹅与环境间接触的重要部分，对各种微生物、化学毒物和物理刺激等有良好的防御机能。消化器官在生物性、物理性、化学性、机械性等因素的刺激下及其他器官疾病的影响下，削弱或降低消化道黏膜屏障的防御作用和机体的抵抗能力，导致外源性的病原菌、消化道常在病原（内源性）的侵入和大量繁殖，引起消化系统的炎症等病理反应，进而造成消化系统疾病的发生和传播，见图 2-10。

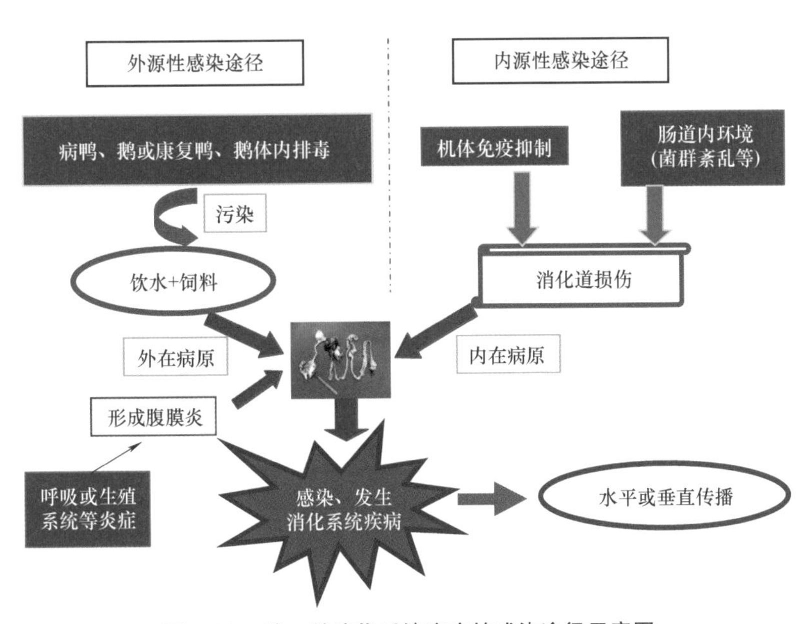

图 2-10 鸭、鹅消化系统疾病的感染途径示意图

第二节　腹泻的诊断思路及鉴别诊断要点

一、诊断思路

当发现鸭群、鹅群中出现以腹泻为主要临床表现的病鸭、鹅时，首先应考虑的是消化系统疾病，其次是与鸭、鹅腹泻相关的泌尿系统疾病及管理系统因素等引起的疾病，其诊断思路见表 2-1。

表 2-1　鸭、鹅腹泻的诊断思路

所在系统	损伤部位或病因		初步诊断
消化系统	消化器官	橡皮喙	雏鸭、鹅的佝偻病
		口腔炎症	鹅口疮
		食道上有小脓包、伪膜	维生素 A 缺乏症、白色念珠菌病、鸭瘟
		腺胃肿大	沙门菌病等
		腺胃乳头出血	副黏病毒感染、禽流感、急性禽霍乱等
		肌胃糜烂	变质蛋白质中毒、饲料中酸中毒
		肠道炎症	出血性肠炎、溃疡性肠炎、坏死性肠炎
		肠道寄生虫	绦虫、蛔虫、球虫等
	消化腺	肝脏肿瘤	网状内皮增生症、黄曲霉毒素中毒等
		肝炎	鸭病毒性肝炎、包涵体肝炎等
		肝脏上有点状坏死灶	禽霍乱、沙门菌病等
		肝脏破裂	脂肪肝综合征、胆碱缺乏症等
		肝脏表面有渗出物（肝周炎）	传染性浆膜炎、大肠杆菌病、痛风等
		胰腺出血和坏死	高致病性禽流感等
泌尿系统	肾脏尿酸盐沉积致肾脏功能异常		星状病毒感染、痛风、磺胺类药物中毒、维生素 A 缺乏症、饮水不足等。
	肾脏的水重吸收功能受阻引起多尿症		桔青霉毒素中毒、赭曲霉毒素中毒等
管理系统	饮水或饲料不洁或污染，饮水温度过高过低		大肠杆菌病、沙门菌病、肠毒综合征等
	冬季冷风直接吹到鸭鹅的身上		鸭、鹅受凉腹泻等

二、鉴别诊断要点

引起鸭、鹅腹泻的常见疾病的鉴别诊断要点见表 2-2。

表 2-2　引起鸭、鹅腹泻的常见疾病的鉴别诊断要点

病名	鉴别诊断要点										
	易感日龄	流行季节	群内传播	发病率	病死率	粪便	呼吸	神经症状	胃肠道	心脏、肺、气管和气囊	其他脏器
鸭瘟	大于1月龄	无	快	高	90%以上	绿色或灰白色稀粪	困难	无	有环状出血带	心肌、气管出血	食道黏膜有黄褐色溃疡灶或伪膜
鸭病毒性肝炎	3周龄以内	冬、春季	迅速	很高	1周龄以内高达95%，1~3周龄低于50%	黄白色或灰绿色稀粪	无	角弓反张姿态	直肠黏膜出血	正常	肝脏表面有明显的出血斑点
鸭呼肠孤病毒感染	10~25日龄	无	较快	60%~90%	50%~80%	白色或绿色稀粪	急促	无	肠壁有白色坏死点	心包炎	肝脏、脾脏表面密布针尖大坏死点
副黏病毒病	全龄	无	快	高	95%以上	白色或青绿色稀粪	困难	扭头、转圈等	严重出血	心冠出血、肺瘀血、气管出血	腺胃乳头出血
小鹅瘟	4~20日龄	无	快	高	高	灰白色或浅黄绿稀粪	用力	勾头、仰头等	肠管增粗2~3倍，质地坚实	伴发气囊炎	有“肠栓”
禽流感	全龄	无	快	高	高	黄褐色稀粪	困难	扭头、转圈等	严重出血	肺充血和水肿，气囊有灰黄色渗出物	腺胃乳头肿大、出血
禽霍乱	成年鸭、鹅	夏、秋季	较快	较高	较高	草绿色稀粪	急促	无	严重出血	心冠脂肪沟有刷状缘出血	肝脏、脾脏有点状坏死灶
沙门菌病	1~3周龄	无	快	较高	较高	白色如水	正常	无	出血	心包炎	铜绿肝等
大肠杆菌病	全龄	无	较慢	较高	较高	稀粪	困难	无	炎症	心包炎、气囊炎	肝周炎
球虫病	4~6周龄	春、夏季	较快	较高	较高	棕红色稀粪或鲜血便	正常	无	小肠、盲肠出血	正常	小肠有时有坏死灶
蛔虫病	小于3月龄	无	慢	不高	不高	有时粪便带血	正常	无	小肠后段出血	正常	小肠有时有蛔虫和坏死灶
绦虫病	全龄	无	慢	不高	不高	粪便稀薄或带血样黏液	正常	有时瘫痪	肠黏膜出血	正常	肠腔内有虫体
痛风	全龄	无	无	较高	较高	石灰水样稀粪	正常	有时瘫痪	正常	心包膜有尿酸盐沉着	肾脏肿大呈花斑样、浆膜有尿酸盐沉着

第三节　常见疾病的鉴别诊断与防治

一、鸭瘟

鸭瘟俗称“大头瘟”，又名鸭病毒性肠炎，是由鸭瘟病毒引起的鸭、鹅和其他雁形目禽类的一种急性、热性、败血性传染病。临床上以肿头、流泪、排绿色稀便、体温升高、两脚瘫软、口腔或食道黏膜有黄褐色坏死伪膜或溃疡、泄殖腔黏膜出血或坏死、肝脏有不规则的大小不等的坏死点和出血点等为特征。本病一旦发生，其发病迅速、传染性强，是目前严重威胁水禽养殖业的主要疫病之一。我国将其列为二类动物疫病。

【流行特点】不同品种、不同日龄的鸭均可感染，绍鸭、番鸭、绵鸭、麻鸭及其杂交鸭等更易感，而北京鸭、半番鸭（骡鸭）和樱桃谷鸭等易感性较差。在人工感染时雏鸭较成年鸭易感，死亡率也高。在自然流行中以成年鸭的发病和死亡较为严重，1 月龄以内的雏鸭发病较少。鹅在与病鸭密切接触时，也能感染致病，在有些地区甚至可引起流行，应引起广大养鹅户的高度重视。本病的传染源是病鸭、潜伏期感染鸭和病愈后带毒鸭（至少带毒 3 个月）。本病传播途径主要是消化道，其次是生殖道、眼结膜和呼吸道，吸血昆虫、针头也可成为传播媒介。本病一年四季均可发生，通常以春夏之际和购销旺季流行严重。

【临床症状】本病潜伏期 3~5 天，鸭病初精神委顿，缩颈垂翅，食欲减退甚至废绝，体温升高达 43℃以上，呈稽留热型。两脚麻痹无力，行走困难而静卧，不愿下水。病鸭的一个典型症状是流泪和眼睑水肿。病初为浆液性分泌物，沾湿周围羽毛，之后变成脓性，粘住上下眼睑使其不能张开。眼睑水肿或翻于眼眶外，眼结膜有充血、出血甚至溃疡。部分病例可见头颈肿胀（图 2-11）。鼻腔有浆液性或黏液性分泌物，呼吸困难，叫声嘶哑。发生腹泻，排绿色或灰白色稀粪（图 2-12），有的病鸭泄殖腔周围的羽毛沾有粪便并结块（图 2-13），泄殖腔黏膜可因水肿而外翻。病程一般为 2~5 天，慢性的可拖延 1 周以上。病死率高达 90% 以上（图 2-14）。自然条件下感染鸭瘟的鹅也有上述相似的症状。

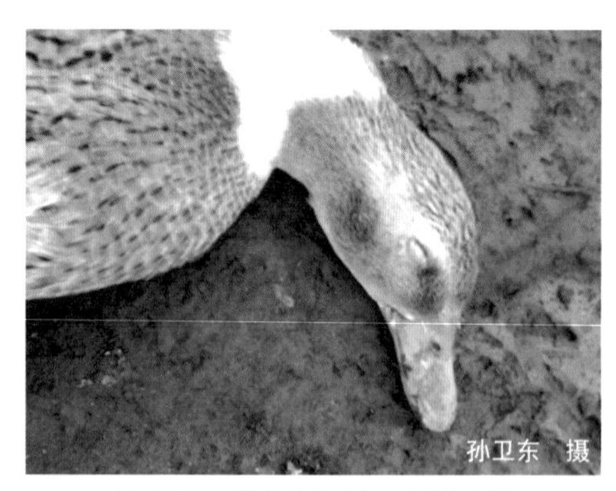

图 2-11　鸭头颈肿胀，眼睑水肿

图 2-12　鸭排绿色或灰白色稀粪

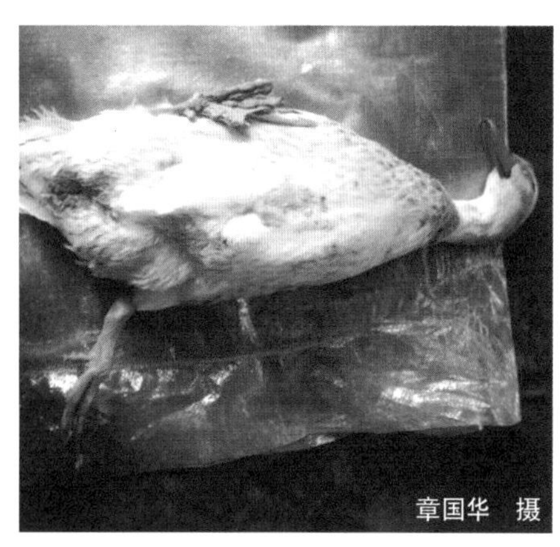

图 2-13　鸭泄殖腔周围的羽毛上沾有粪便

【病理剖检变化】病死鸭体表皮肤有散在出血斑点，皮下组织发生不同程度的炎性水肿。头颈肿胀的病例可见皮下有浅黄色胶冻样浸润。食道黏膜有纵行排列的散在的条纹状出血（图 2-15）或灰黄色溃疡灶或伪膜（图 2-16），伪膜易刮落，刮落后留下不规则形态的浅溃疡斑痕。有些病例腺胃与食道膨大部交界处或与肌胃交界处有灰黄色坏死带或出血带，腺胃黏膜与肌胃角质层下充血、出血。肠道外观可见明显的环状出血带（图 2-17），剪开可见肠道黏膜出血或有条状出血斑（图 2-18）；有的病例十二指肠黏膜弥漫性出血（图 2-19），空肠之后肠管出血，内容物呈血样（图 2-20）。直肠和泄殖腔黏膜弥漫性出血，有的直肠黏膜上有灰黄色伪膜（图 2-21）；有的病例泄殖腔黏膜出血、糜烂（图 2-22），甚至出现灰黄色坏死结痂（图 2-23）。胰腺有出血和坏死（图 2-24）。肝脏肿大，早期有不规则的出血点（图 2-25），后期出血严重时呈斑驳状（图 2-26）；有的病例肝脏出现大小不等的灰黄色坏死灶，中间有小出血点。胆囊充盈，有时可见黏膜出现小的溃疡。有的病例可见心肌（图 2-27）和气管（图 2-28）出血。产蛋母鸭卵泡萎缩、变性（图 2-29）、充血、出血或整个卵泡呈暗红色，有时形成卵黄性腹膜炎。

图 2-14　鸭大量死亡

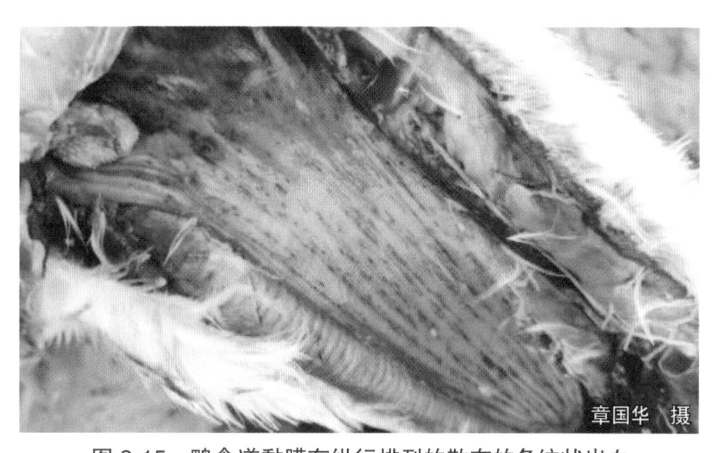

图 2-15　鸭食道黏膜有纵行排列的散在的条纹状出血

图 2-16 鸭食道黏膜有条纹状出血及灰黄色溃疡灶

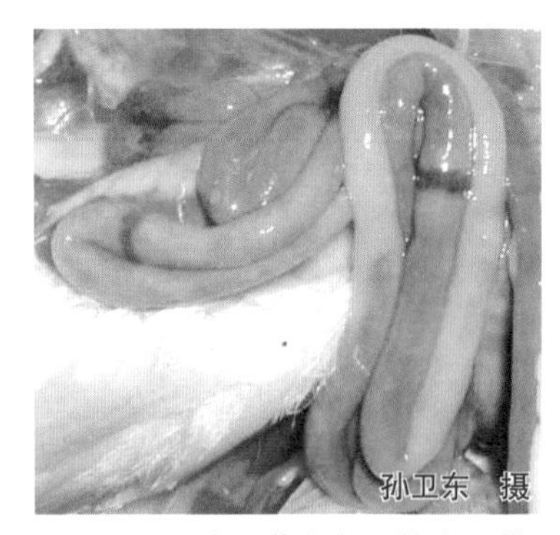

图 2-17 鸭肠道上有环状出血带

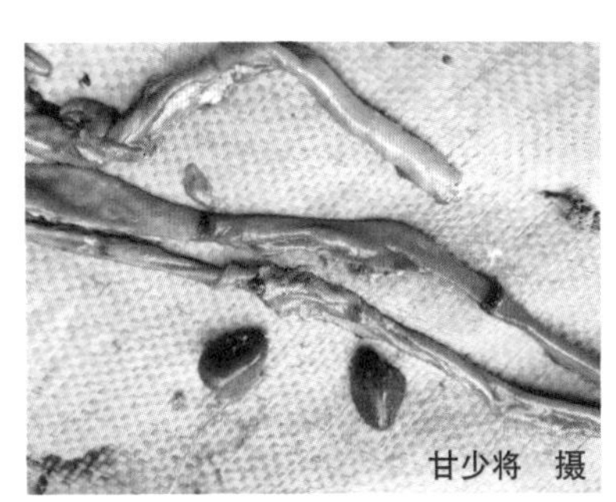

图 2-18 鸭肠道剪开后黏膜上的条状出血斑

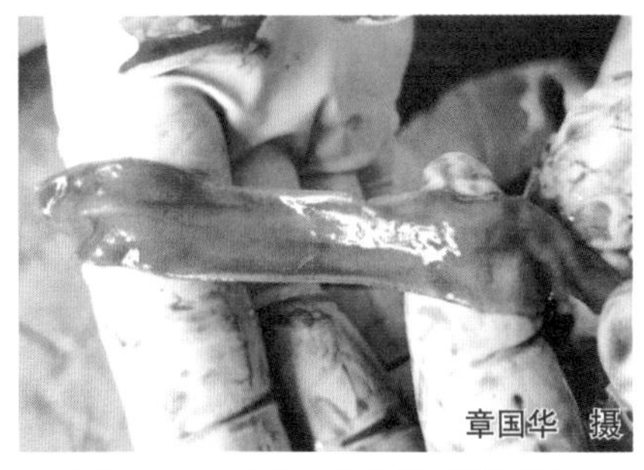

图 2-19 鸭十二指肠弥漫性出血

图 2-20 鸭肠管出血，内容物呈血样

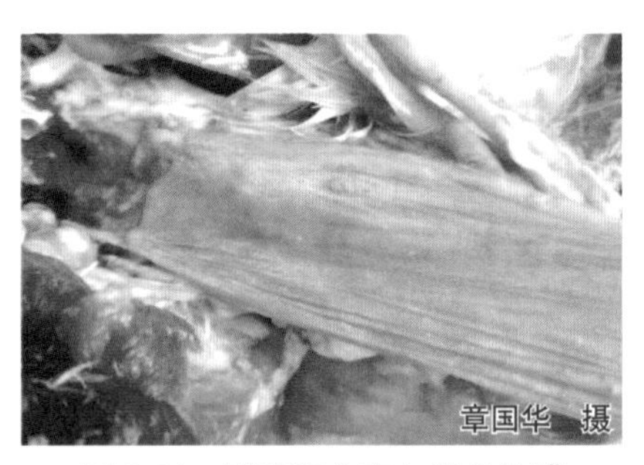

图 2-21 鸭直肠上有灰黄色伪膜

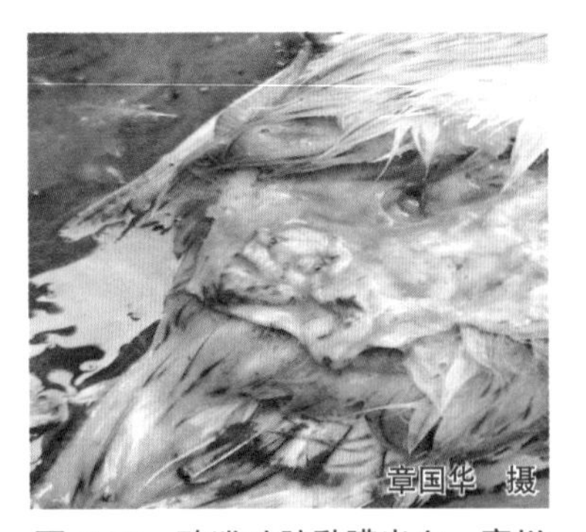

图 2-22 鸭泄殖腔黏膜出血、糜烂

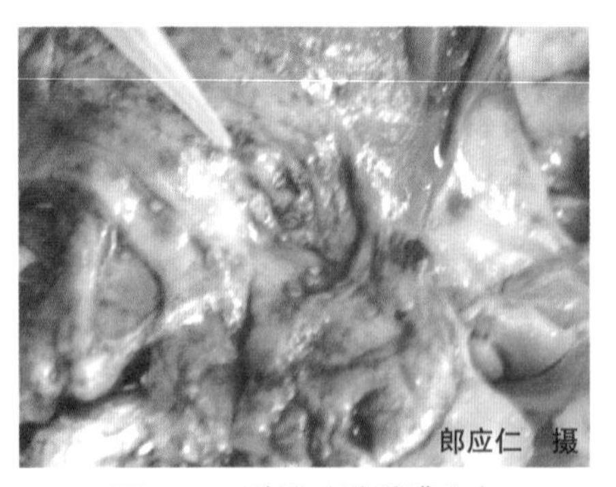

图 2-23 鸭泄殖腔黏膜上有灰黄色坏死结痂

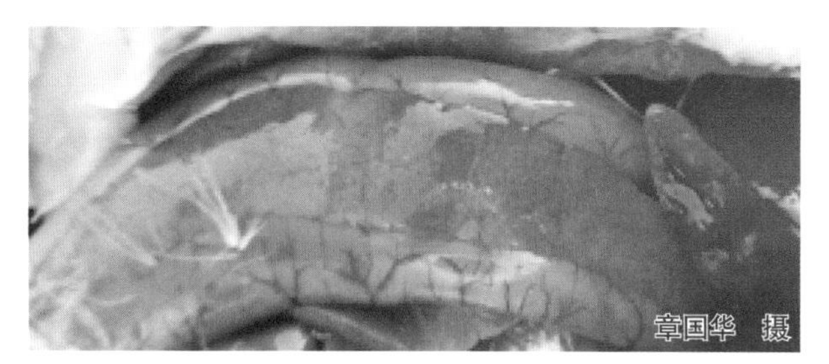

图 2-24 鸭胰腺出血、坏死

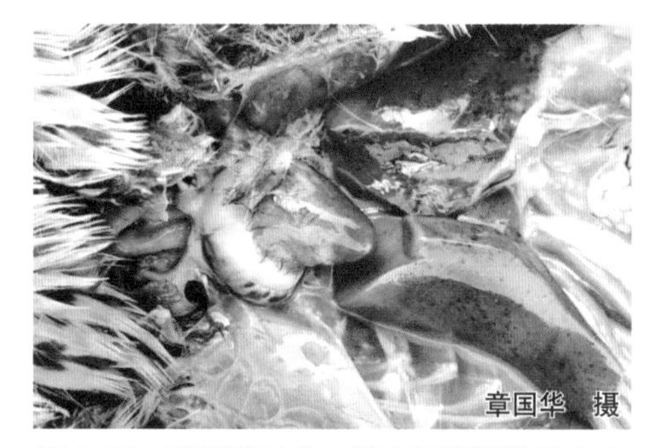

图 2-25 鸭肝脏肿大，伴有不规则的出血点

图 2-26 鸭的肝脏严重出血、呈斑驳状

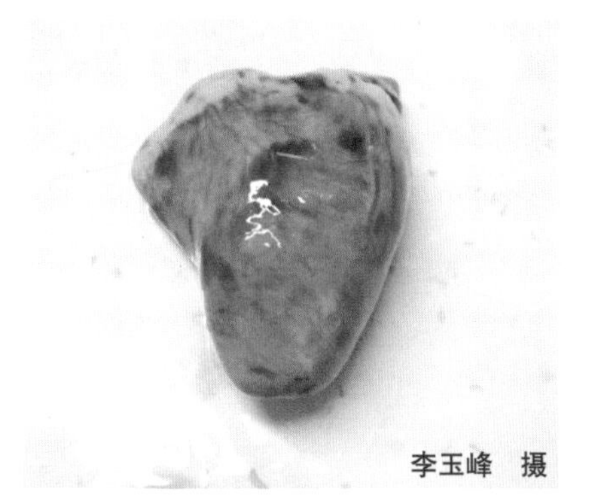

图 2-27 鸭的心肌出血

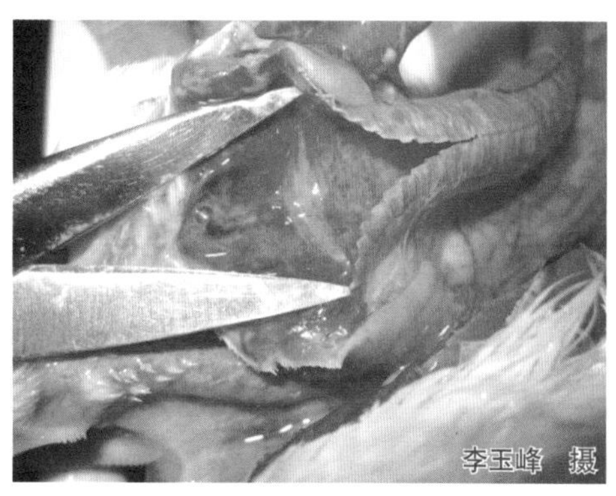

图 2-28 鸭的气管出血

鹅感染鸭瘟后的病变与鸭的病变基本相似，口腔、咽部及食道黏膜表面有浅黄色斑块状溃疡灶（图 2-30）或条纹状坏死性伪膜（图 2-31）。泄殖腔黏膜出血、伴有浅黄色坏死结痂（图 2-32）。肠道外观可见明显的环状出血带（图 2-33），剪开可见肠道黏膜出血或有大的出血斑。

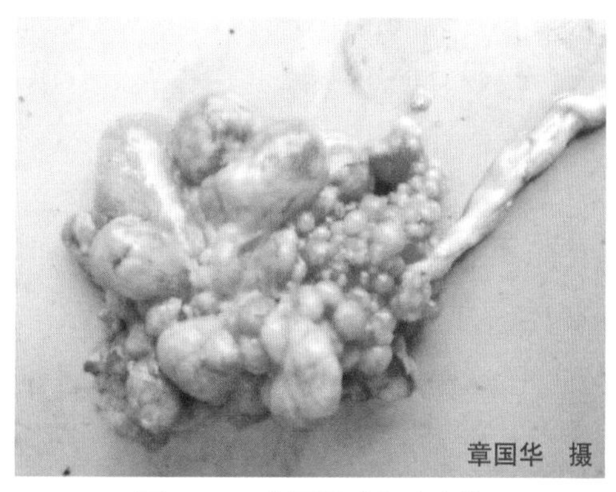

图 2-29 产蛋母鸭卵泡变性

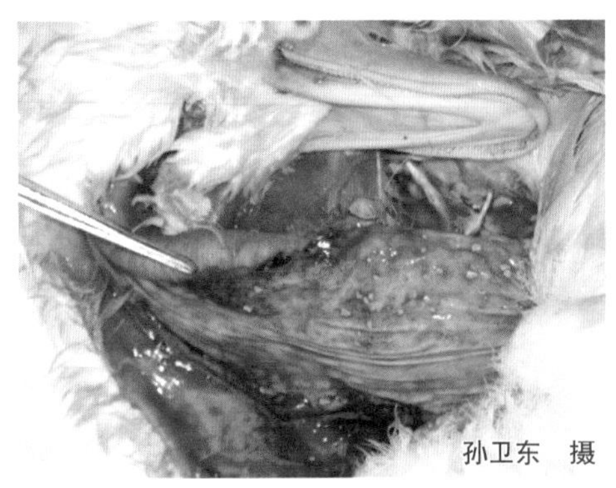

图 2-30　鹅食道黏膜有浅黄色斑块状溃疡灶

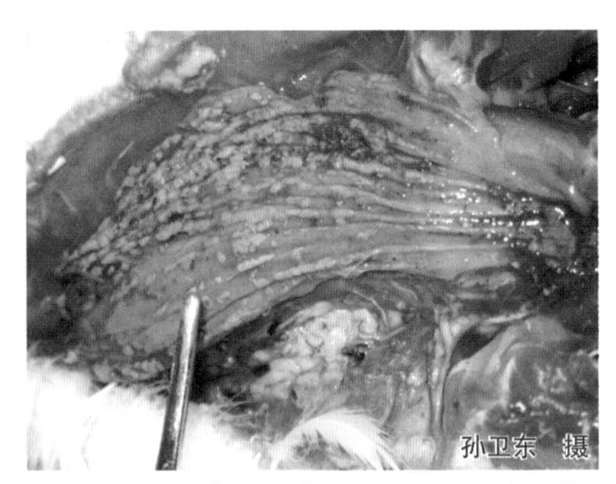

图 2-31　鹅食道黏膜有条纹状坏死性伪膜

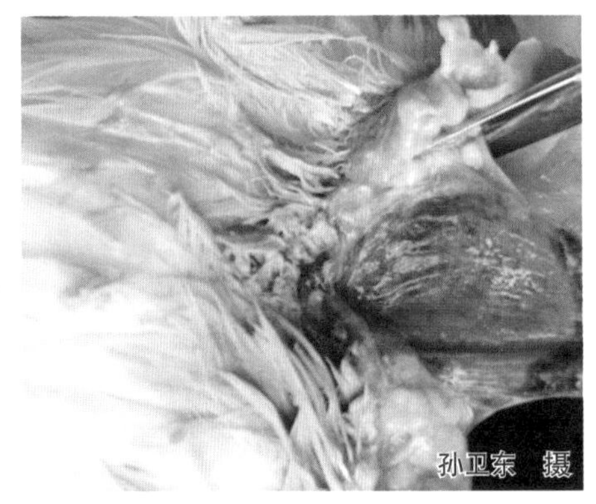

图 2-32　鹅泄殖腔黏膜出血、伴有浅黄色坏死结痂

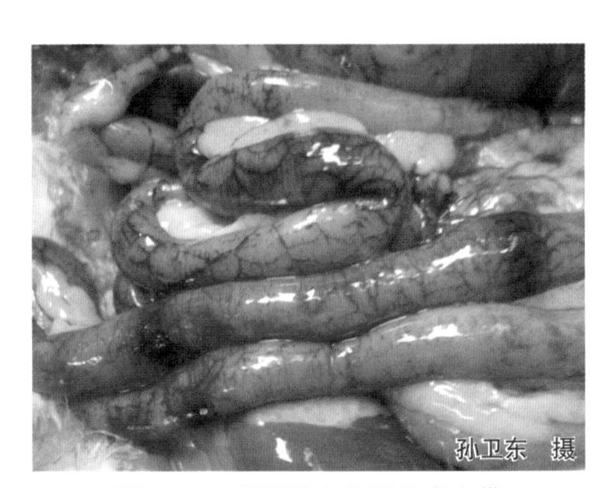

图 2-33　鹅肠道上有环状出血带

【类症鉴别】在临床诊断中，食道和肠道的病理变化应注意与念珠菌病、维生素 A 缺乏症、种鸭坏死性肠炎、球虫病等相区别。

（1）**与念珠菌病的鉴别**　念珠菌病病理变化中可见口腔或食道黏膜有坏死性伪膜和溃疡，而鸭瘟除此之外还可见泄殖腔黏膜出血或坏死、肝脏有不规则的大小不等的坏死点和出血点，可作为鉴别之一。念珠菌病多发生于雏鸭、鹅，而鸭瘟自然流行时多见于成年鸭，可作为鉴别之二。

（2）**与维生素 A 缺乏症的鉴别**　维生素 A 缺乏症病理变化中口腔或食道黏膜有灰黄白色伪膜，同时在肾脏、心脏、肝脏、脾脏等脏器的表面有尿酸盐沉积，而鸭瘟无此病理变化，可作为鉴别之一。维生素 A 缺乏症无传染性，而鸭瘟具有很强的传染性，可作为鉴别之二。

（3）**与种鸭坏死性肠炎的鉴别**　种鸭坏死性肠炎的肠道病变多集中于空肠和回肠，而鸭瘟的肠道病变多在十二指肠和直肠，可作为鉴别之一。鸭瘟病鸭的食道黏膜有灰黄色伪膜或溃疡，种鸭坏死性肠炎病鸭无此病变，可作为鉴别之二。

（4）**与球虫病的鉴别**　球虫病的肠内容物为浅红色或鲜红色黏液或胶冻状黏液，而鸭瘟无此病变，可作为鉴别之一。球虫病发生于高温高湿季节，而鸭瘟则多流行于春夏之际和购销旺季，可作为鉴别之二。鸭瘟病鸭的食道黏膜和泄殖腔黏膜有灰黄色伪膜或溃疡，球虫病无此病变，可作为鉴别之三。

【预防】

（1）**疫苗接种** 国内已成功地研制出鸭瘟鸡胚化弱毒疫苗和鸭瘟油乳剂灭活苗。鸭瘟鸡胚化弱毒疫苗：种（蛋）鸭于15~20日龄首免，每只肌内注射0.5~1羽份；30~35日龄时二免，每只肌内注射1.5~2羽份；产蛋前15~20天再加强免疫1次，每只肌内注射2~3羽份，以后每隔4~6个月免疫1次。种鸭也可注射鸭瘟油乳剂灭活苗，14~23日龄每只颈部皮下（腿内侧皮下）注射0.5毫升，免疫期可达8个月。肉鸭免疫参照种（蛋）鸭的前两次免疫即可。在鸭瘟流行地区，健康鹅群也应免疫接种鸭瘟疫苗，免疫程序参照鸭的免疫程序。

（2）**其他预防措施** 饲喂全价日粮；实行严格的环境卫生和消毒措施（0.3%过氧乙酸、2%氢氧化钠溶液、漂白粉水溶液等）；严格检疫，建立卫生检疫制度；不从疫区引进青年种鸭，如要引进，需要检疫无病后并至少隔离观察2周以上，确保无病后才可混群饲养；防止健康鸭、鹅到有鸭瘟病流行地区和野生水禽出没的区域放牧，避免其接触具有传染性的病鸭、鹅等；采取“全进全出”的饲养方式；坚持自繁自养，控制疫情发生。

【临床用药指南】

（1）**用疫苗紧急接种** 一旦暴发本病，必须对所有受到威胁的鸭群、鹅群进行详细观察和检查，对鸭、鹅进行2倍剂量的鸭瘟鸡胚化弱毒疫苗紧急接种，并及时更换针头。

（2）**加强隔离和消毒** 禁止病鸭、鹅向外流通和上市销售。隔离病鸭、鹅和同群鸭、鹅，禁止放牧。鸭舍、鹅舍及其活动场所、周围农户禽舍进行彻底消毒，可选用0.3%过氧乙酸、2%氢氧化钠溶液、漂白粉水溶液等对鸭鹅、过道、水源等每天消毒1次，连续消毒1周。对重症鸭、鹅应立即扑杀，并连同病死尸体、粪便、污水、羽毛及垫料等进行无害化处理。

（3）**治疗** 宜采取抗体疗法，同时配合抗病毒、抗感染辅助疗法。

① 立即注射鸭瘟高免血清或卵黄抗体，每只颈背皮下注射1~2毫升，严重病例可再注射1次。也可用高免蛋按每天每只鸭1个蛋黄，拌入料中，连用2次。

② 早期肌内注射禽用基因干扰素，每只0.01毫升，每天1次，连用2天，有一定疗效。

③ 早期成年鸭、鹅每只肌内注射聚肌胞，每只1毫克，每3天1次，连用2~3次，有一定疗效。此外，疹病毒还可选用舒维疗（按每千克体重0.4毫升肌内注射，每天1次，连用3天）或阿昔洛韦（按每千克饲料用100~200毫克，连用5天）。

④ 成年鸭、鹅每只肌内注射青霉素15万单位、链霉素10万单位、病毒唑（利巴韦林）3.5毫升，每天1次，连用3天。

⑤ 成年鸭、鹅每只按板蓝根注射液 1~4 毫升、维生素 C 注射液 1~3 毫升、地塞米松 1~2 毫升，1 次肌内注射，每天 2 次，连用 3~5 天。也可选择双黄连注射液或柴胡注射液等。

⑥ 成年鸭、鹅每只按三氮唑核苷 2~4 毫升、维生素 C 注射液 1~3 毫升、丁胺卡那霉素 0.5 毫升，1 次肌内注射，每天 2 次，连用 3~5 天。

⑦ 中草药防治方一：党参 50 克、车前子 50 克、朱砂 50 克、巴豆 50 克、白蜡 50 克、桑螵蛸 50 克、枳壳 50 克、乌药 50 克、甘草 50 克、蜈蚣 10 条、全蝎 10 条、生姜 250 克、滑石 250 克、神曲 200 克、桂枝 100 克、良姜 100 克、川芎 100 克、肉桂 150 克，白酒 0.5~1.0 升，小麦（或稻谷）10 千克。将药物用布包好，与小麦同时放入锅内，加水浸没小麦和药物为度。先用武火煮沸，后用文火煎煮，待小麦吸尽汁液后，再拌白酒喂鸭、鹅，喂后 4 小时内不可让鸭鹅下水。以上为 400 只鸭或鹅的剂量，也可根据鸭群、鹅群数量灵活掌握用量。

⑧ 中草药防治方二：射干 60 克、大蒜 2.5 千克、红糖 250 克、巴豆仁 60 克、乌梅 60 克、生大黄 90 克、良姜 120 克、车前子 120 克、甘草 90 克、蜈蚣 5 条，共研细末，加白酒 500 毫升和稻谷 25 千克，放在锅里煮熟，第 2 天上午再把药谷拌上 10 支 80 万单位青霉素和 100 片 0.25 克的土霉素（研细），喂鸭 2~3 天，吃完后休息 2 小时，再赶鸭下水。

其他治疗方法请参照低致病性禽流感防治措施部分的相关叙述。

二、鸭病毒性肝炎

鸭病毒性肝炎又称为雏鸭肝炎，是雏鸭的一种高度致死性病毒性传染病。临床上以发病急、传播快、病程短、出现角弓反张，肝炎和肝脏出血，死亡率高为特征。是目前鸭育雏阶段最为重要的传染病之一。

【流行特点】 在自然条件下，病毒性肝炎只发生于鸭，主要见于 1~3 周龄的雏鸭，临床上以 10 日龄前后为高发阶段，4~5 周龄的雏鸭很少发生，5 周龄以上的雏鸭及成年鸭即使在病原污染的环境中也不会发病，但可感染成为带毒者（传染源）。易感鸭群在野外或舍饲条件下，可通过消化道和呼吸道感染，一旦感染便迅速传播。种蛋无垂直传播。本病一年四季均有发生，但以冬、春季多见。鸭群一旦发病，疫情则迅速蔓延，雏鸭的发病率达 100%，1 周龄以内的雏鸭病死率高达 95%，而 1~3 周龄的雏鸭病死率则低于 50%。

【临床症状】 潜伏期为 1~2 天。临床上表现为发病急、死亡快。病鸭精神沉郁、行动迟缓、跟不上群，呆滞，打瞌睡，蹲伏或侧卧，食欲废绝。多数鸭在发病几小时后出现神经症状，即运动失调、头向后仰、呈角弓反张姿势（故有“背脖病”之称）（图 2-34），随后全身性抽搐，两脚呈痉挛性蹬踢，通常在出现抽搐症状后数分钟内死亡。鸭群往往表现尖峰式死亡，疾病暴发后，死亡率迅速上升，2~3 天内达到高峰，然后迅速下降，甚至停息。有少数病鸭腹泻，排黄白色或灰绿色稀粪（图 2-35）。严重病鸭的喙部和脚趾尖呈紫红色。

图 2-34　鸭呈角弓反张姿势

图 2-35　鸭排黄白色稀粪

【病理剖检变化】 病（死）鸭剖检时眼观变化主要表现为肝脏明显肿大，质地脆弱，色泽暗淡或稍黄（图 2-36），肝脏表面有明显的出血点（图 2-37）或出血斑（图 2-38），有时可见条状或刷状出血带（图 2-39）。胆囊肿胀呈长卵圆形，充满胆汁，胆汁显茶褐色或浅绿色。脾脏有时肿大，表面有斑驳状花纹。有相当一部分病例肾脏可见充血和肿胀。有时胰腺出现坏死小点。有的病例见直肠黏膜出血（图 2-40）。

图 2-36　鸭肝脏色黄、有出血斑点

图 2-37　鸭肝脏有密集的出血点

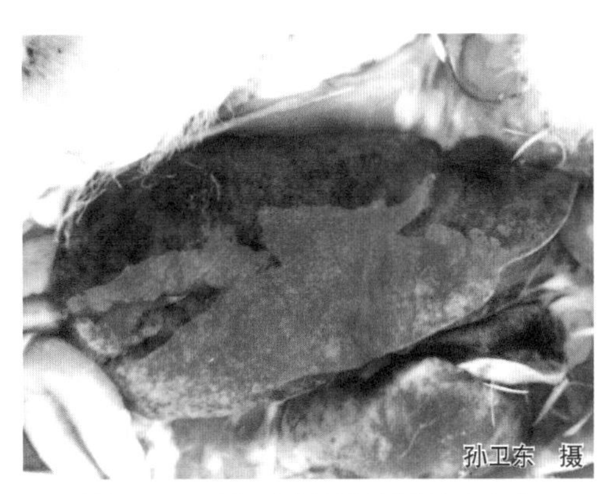

图 2-38　鸭肝脏表面有明显的出血斑

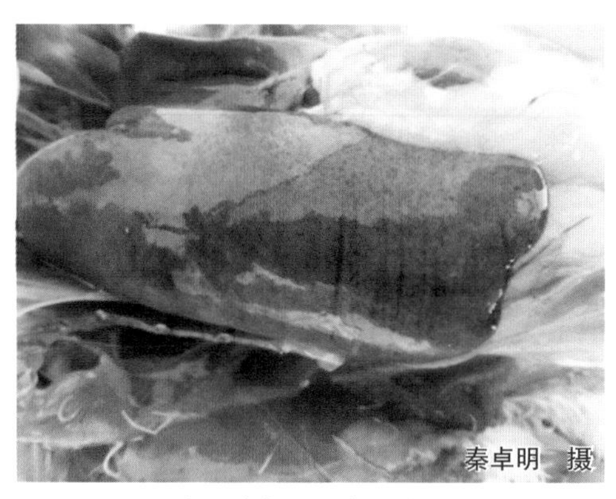

图 2-39 鸭肝脏表面有条状或刷状出血带

图 2-40 鸭直肠黏膜出血

【类症鉴别】临床上应注意与鸭瘟、禽巴氏杆菌病、禽流感、鹅副黏病毒病、传染性浆膜炎等类似疫病，以及黄曲霉毒素中毒、雏鸭煤气（一氧化碳）中毒、急性药物中毒等相区别。

与鸭瘟、禽巴氏杆菌病、禽流感、鹅副黏病毒病、传染性浆膜炎的鉴别诊断见本书禽流感类症鉴别部分的叙述。

【预防】

（1）疫苗接种 目前使用的疫苗有鸭肝炎鸡胚化弱毒疫苗（Ⅰ、Ⅲ型）和鸭胚组织灭活油剂苗，但生产实践中，一般使用弱毒疫苗。建议参考免疫程序为：

1）种鸭：

① 非流行地区，在产蛋前 30 天用鸭肝炎鸡胚化弱毒疫苗进行首次免疫，每只皮下或肌内注射 2 羽份，隔 14 天后进行二免，所产种蛋孵出的雏鸭 4 日龄时，母源抗体滴度最高，以后逐步下降，可维持 8~10 天。

② 严重流行地区，在产蛋前一个半月，隔 2 周注射 1 次鸭肝炎鸡胚化弱毒疫苗，共 2 次，然后在产蛋前 15 天用鸭胚组织灭活油剂苗加强免疫 1 次，9 个月内，所产种蛋孵出的雏鸭的母源抗体可维持 2~3 周。

2）雏鸭：

① 有母源抗体的雏鸭（即种鸭实施免疫接种后所产的蛋孵出的雏鸭），在 7~10 日龄时每只皮下接种 2~3 羽份。

② 无母源抗体的雏鸭（种鸭在开产前未接种过疫苗或从非疫区引入的种蛋或鸭苗），在 1~3 日龄（最好是在出壳后 24 小时之内）接种 1 次雏鸭肝炎鸡胚化弱毒疫苗；或在雏鸭出生 24 小时内先皮下注射抗鸭病毒性肝炎高免卵黄抗体或高免血清 0.5~1 毫升，到 7~10 日龄再用鸭肝炎鸡胚化弱毒疫苗接种。

（2）被动免疫 雏鸭在发病早期用鸭病毒性肝炎精制蛋黄抗体或自制的高免血清或高免卵黄可起到预防和治疗作用。

（3）加强饲养管理和卫生消毒 请参考“鸭瘟”预防部分的相关叙述。

【临床用药指南】宜采取抗体疗法，同时配合抗病毒、保肝和护肝等辅助疗法。

（1）抗体疗法 用鸭病毒性肝炎高免血清或卵黄抗体，5 日龄以下每只皮下注射 0.5~1 毫升，6~15 日龄每只注射 1~1.5 毫升，16 日龄以上每只注射 2 毫升。与此同时，若防止继发（并发）细菌性疾病（如禽巴氏杆菌病、传染性浆膜炎、大肠杆菌病等），可选用高敏感的抗菌药物（如丁胺卡那霉素，按每千克体重 2.5 万 ~3 万国际单位）混入卵黄抗体或血清中同时注射，可起到降低死亡率、控制疫情发展的作用。

（2）抗病毒 本病的发生往往是由于从疫区或疫场购入雏鸭或种蛋所致，因此要慎重对待引种。其他请参考禽流感和鸭瘟治疗部分的相关叙述。

（3）保肝和护肝

① 中药益肝汤：板蓝根 25 克、大青叶 25 克、栀子 50 克、黄芪 40 克、黄檗 30 克、龙胆草 30 克、当归 10 克、柴胡 10 克、钩藤 10 克、甘草 10 克，车前草适量为引，加 5500 毫升水，文火煎至 5000 毫升，分 2 次饮用，每只 2~5 毫升，每天 1 剂，连用 2~3 天。预防用量为每只每天 2 毫升，分 2 次饮用，连用 5 天。

② 茵陈大枣汤：茵陈 30 克、栀子 20 克、连翘 15 克、白术 20 克、粉葛根 15 克、广木香 20 克、薄荷 10 克、甘草 10 克、大枣 20 枚，水煎取汁供 100 只雏鸭 1 天饮用，每天分 2 次水煎，饮用 2 次，每天 1 剂，连用 3 天。

三、副黏病毒病

副黏病毒病是由副黏病毒侵害鹅、鸭的一种急性病毒性传染病。对鹅的危害更大，常引起大批死亡，尤其是雏鹅，死亡率可达 95% 以上，本病是目前水禽病防治的重点。

【流行特点】本病对各种年龄的鹅、鸭均具有较强的易感性，且日龄越小，发病率、死亡率越高。2 周龄以内的雏鹅、鸭发病率和死亡率可达 100%，随着日龄的增长，发病率和死亡率均有所下降。不同品种的鹅、鸭均可感染致病。产蛋鹅、鸭感染后可导致产蛋率下降。患病禽是本病的主要传染源，健康水禽通过接触病禽或其他污染物，经消化道和呼吸道传播。本病的发生无明显的季节性，但以冬、春季多见。

【临床症状】本病的潜伏期一般为 3~6 天。患病鹅、鸭精神委顿，缩头垂翅，头颈顾腹。食欲减退甚至废绝，饮水增多，随后排出白色（图 2-41）或青绿色（图 2-42）稀粪，个别带暗红色。行走无力，不愿下水，喜卧。少数病鹅、鸭有甩头、咳嗽等呼吸道症状。青年及成年鹅、鸭有时将头顾于翅下，或用喙尖抵地，严重者常见口腔流出水样液体。部分鹅、鸭出现扭头、转圈、勾头或仰头抽搐等神经症状（图 2-43）。雏鹅、鸭常在发病后 1~3 天内死亡，青年和成年鹅、鸭病程稍长，一般为 3~5 天。

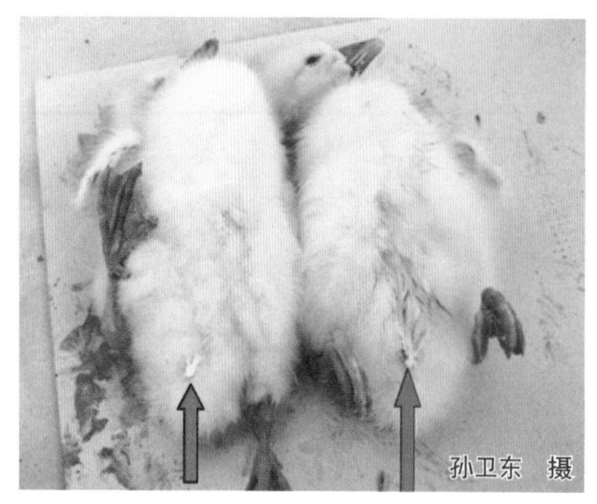

图 2-41 鹅排出白色稀粪

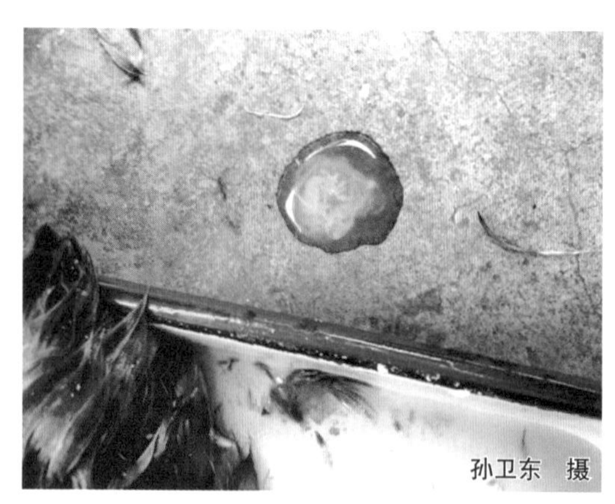

图 2-42 鹅排出青绿色稀粪

图 2-43 鸭（左）、鹅（右）出现扭头、勾头或仰头等神经症状

【病理剖检变化】病死鹅机体脱水，眼球下陷，脚蹼干燥。常见腺胃黏膜出血（图 2-44），腺胃与食道交界处常有出血（带）（图 2-45），肌胃内一般空虚，肌胃角质膜呈棕褐色或墨绿色（图 2-46），角质膜易脱落，角质膜下常有出血斑（图 2-47）或溃疡灶。肠道黏膜（尤其是十二指肠）有不同程度的出血（图 2-48）。有的病例外观肠道浆膜可见黄豆大小的出血性病灶（图 2-49），剪开肠管可见散在的浅黄色痂块，芝麻至黄豆大小，剥离后呈现出血面和溃疡灶（图 2-50）。肝脏轻度肿大、瘀血。脾脏肿大、出血，有大小不等的白色坏死灶（图 2-51）。部分病例胰腺肿大，有散在的灰白色坏死灶（图 2-52）。

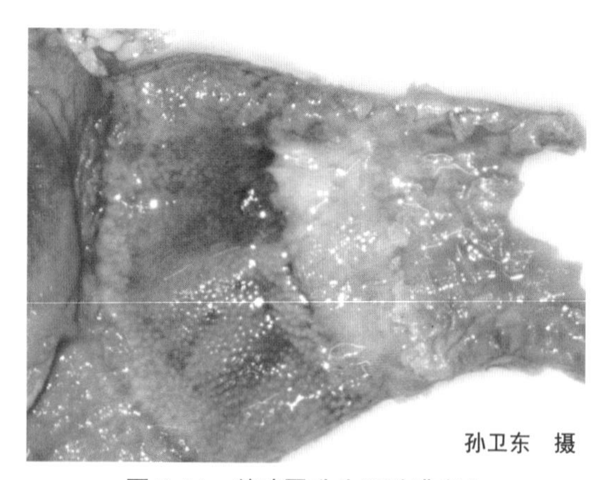

图 2-44 鹅腺胃乳头及黏膜出血

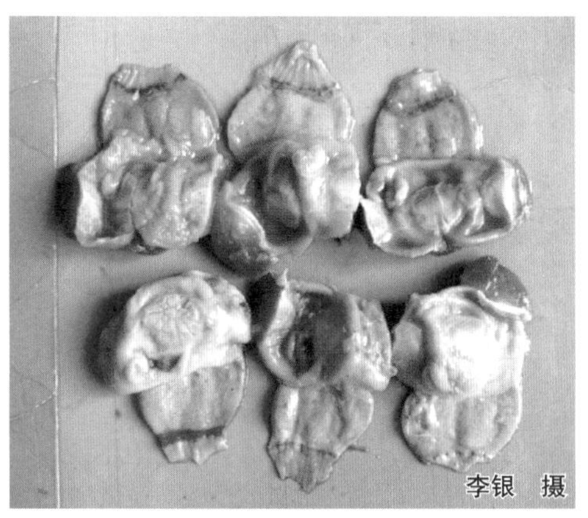

图 2-45 鹅腺胃与食道交界处有出血（带）

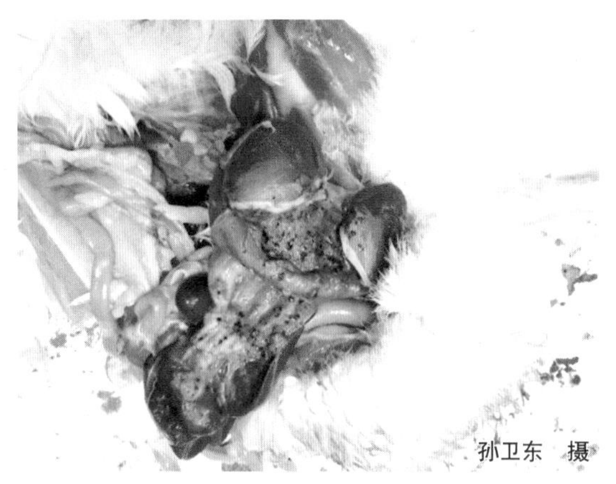

图 2-46 鸭肌胃空虚，角质膜呈墨绿色

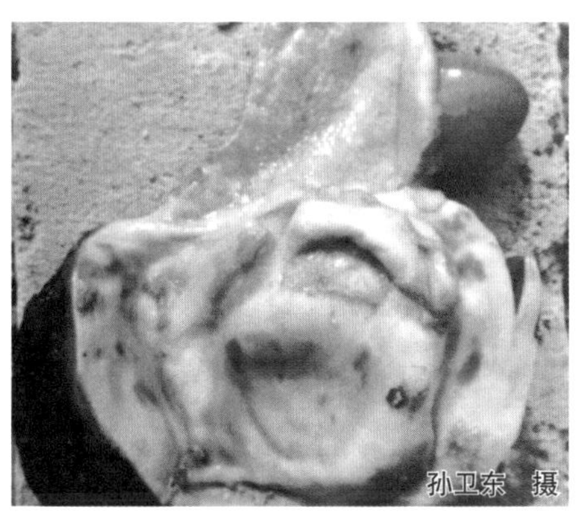

图 2-47 鸭肌胃角质膜易脱落，角质膜下常有出血斑

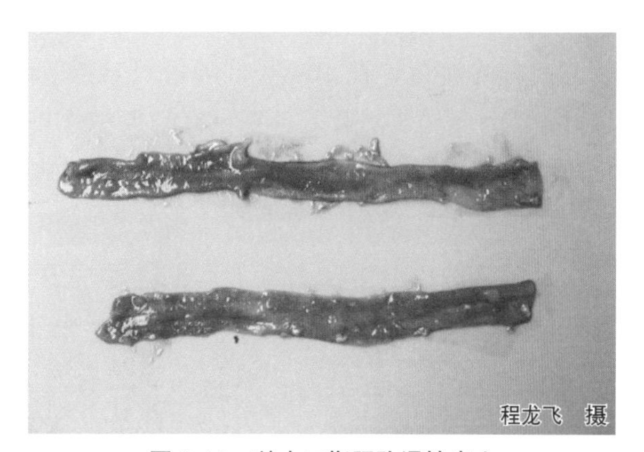

图 2-48 鹅十二指肠弥漫性出血

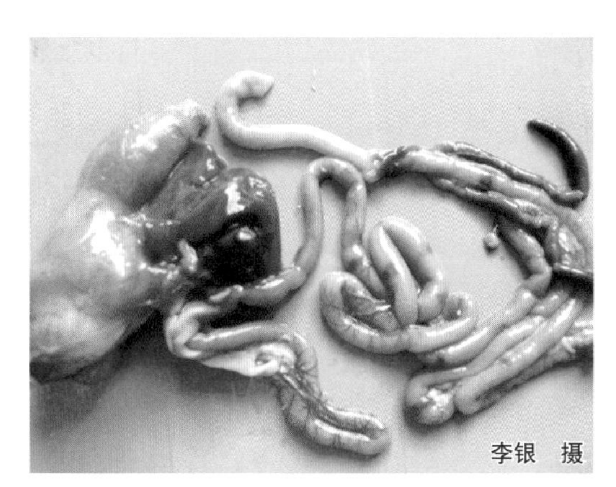

图 2-49 鹅肠道浆膜可见黄豆大小出血性溃疡灶外观

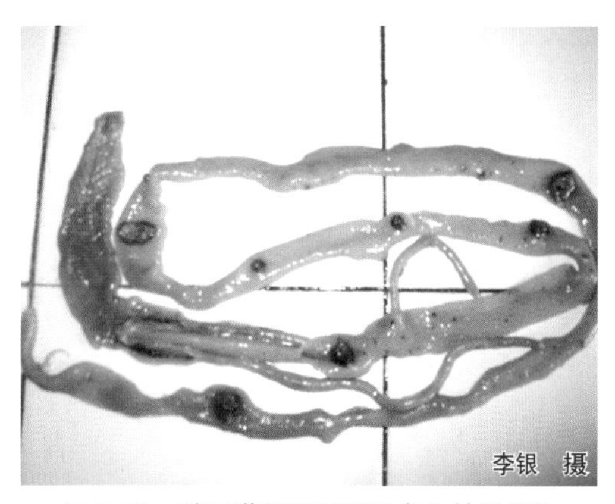

图 2-50 鹅肠道剖开后呈现出血性溃疡灶

李银　摄

图 2-51　鸭（左）、鹅（右）脾脏肿大、出血、坏死

李银　摄

图 2-52　鹅胰腺肿大，有散在的灰白色坏死灶

【类症鉴别】在临床上应注意与鸭病毒性肝炎、禽流感和传染性浆膜炎相区别，具体内容请参考禽流感中类症鉴别部分的叙述。

【预防】

（1）疫苗接种　在本病流行地区，对健康鹅群、鸭群用鹅副黏病毒（含基因Ⅶ型）油佐剂灭活疫苗，在 10~14 日龄每只雏鹅、鸭肌内注射 0.3 毫升，青年或成年鹅、鸭每只肌内注射 0.5 毫升，具有良好的保护作用。

（2）平时做好饲养管理工作　避免鹅、鸭、鸡混养，因为高频率接触的饲养方式，有利于不同种属动物间的病原体相互传染和适应性进化。避免与野鸟接触。饲喂全价日粮。做好清洁卫生和消毒工作，尽量减少和避免病原的侵入。构建鸭群、鹅群的生物安全，是鹅群、鸭群防疫工作的关键。禁止到本病流行的地区引种。

【临床用药指南】本病目前尚无有效的治疗药物。鹅群、鸭群一旦发病，应立即将病鹅、鸭隔离、淘汰，死鹅、鸭实施无害化处理。鹅群、鸭群紧急接种副黏病毒油佐剂灭活苗。此外，对轻症病鹅、鸭在隔离的基础上，宜采取抗体疗法，同时配合抗病毒、抗感染等辅助疗法。

① 立即注射新城疫高免卵黄抗体，每只皮下或肌内注射 1 毫升，严重病例可再注射 1 次。若在卵黄液中加入利高霉素或干扰素，效果更好。

② 将病毒唑 10 克和阿米卡星 10 克混合拌入 40 千克饲料中饲喂。

③ 中草药防治：生石膏 200 克、生地 40 克、水牛角 40 克、栀子 20 克、黄芩 20 克、连翘 20 克、知母 20 克、丹皮 15 克、赤芍 15 克、玄参 20 克、淡竹叶 15 克、甘草 15 克、桔梗 15 克、大青叶 100 克，以上为 200 只雏鹅、鸭剂量，煎水饮服，每天 1 剂，连用 3 天。

其他治疗方案可参考低致病性禽流感、鸭瘟、鸭病毒性肝炎等的治疗方案。

四、小鹅瘟

小鹅瘟又称为鹅细小病毒病，是由鹅细小病毒引起的雏鹅和雏番鸭的一种急性、亚急性、高度接触性传染病。临床上以废食、传播快、发病率与病死率高、纤维素性坏死性肠炎等为特征。是当前危害养鹅业的重要传染病，我国将其列为二类动物疫病。

【流行特点】 在自然条件下，鹅细小病毒能感染出壳后3~4日龄至20日龄以下的各种鹅（包括白鹅、灰鹅、狮头鹅与雁鹅），其他动物（除番鸭外）均无易感性。1周龄以内的雏鹅死亡率可达100%，10~20日龄的雏鹅死亡率通常不超过60%，1月龄以上的雏鹅则极少发病。病雏鹅和带毒成年鹅是本病的传染源。病毒主要通过消化道感染。健康雏鹅通过与病鹅、带毒鹅的直接接触或采食被病鹅、带毒鹅排泄物污染的饲料、饮水，以及接触被污染的用具和环境（如鹅舍、孵化场等）都可以引起本病的传播。本病一年四季均有发生，但以冬、春季多见。

【临床症状】 本病的潜伏期为3~5天。根据病程长短可分为最急性型、急性型和亚急性型3种。

（1）**最急性型**　常发生于1周龄以内的雏鹅，通常无前驱症状而突然死亡，或一发现就已经精神沉郁、呆滞、极度虚弱，或倒地后两腿乱划，不久死亡。本病在雏鹅群中传播迅速，几天内即蔓延全群。

（2）**急性型**　发生于1周龄~15日龄的雏鹅，表现为精神不振，离群独居，嗜睡，食欲减退甚至废绝（图2-53），腹泻、排出灰白色或浅黄绿色混有气泡或纤维碎片的稀粪，泄殖腔周围羽毛常沾有稀粪（图2-54），喙端和蹼的色泽变深发绀。病初饮欲增强，继而拒饮，甩头，呼吸用力，病程为1~2天。濒死前头颈伏地、两肢麻痹，或出现扭颈抽搐，或出现勾头、仰头、角弓反张等神经症状。

（3）**亚急性型**　常发生于15日龄以上的雏鹅，表现为精神委顿，缩头垂翅，行动迟缓，食欲减退，腹泻。病程通常为3~7天。少数幸存者能自行康复，但在一段时间内生长不良、消瘦。

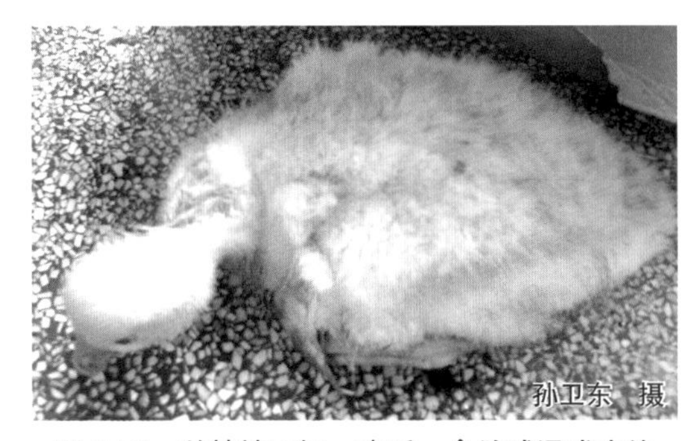

图2-53　鹅精神不振，嗜睡，食欲减退或废绝

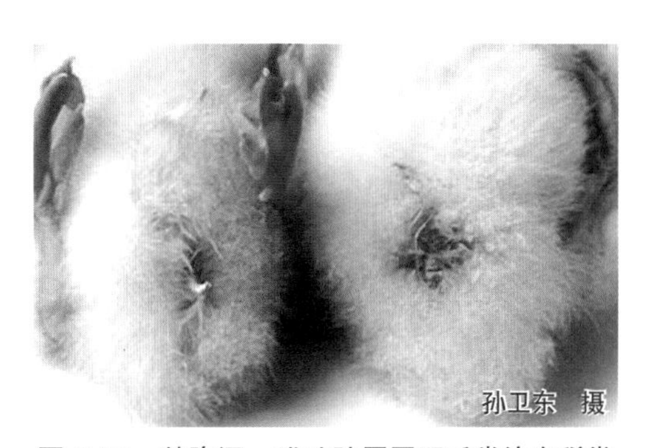

图2-54　鹅腹泻，泄殖腔周围羽毛常沾有稀粪

【病理剖检变化】 死于最急性型的雏鹅，仅见小肠前端黏膜肿胀、充血，覆有大量浓厚的浅黄色黏液，有时可见黏膜出血。胆囊扩张，充满稀薄的胆汁。死于急性型的雏鹅，机体脱水，皮下组织充血，心肌苍白，肝脏肿大。具有神经症状的病死雏鹅，可见脑血管充血，大脑表面有散在的出血点。病程在2天以上的可出现肠道病变，

整个小肠黏膜严重脱落，尤其在小肠的中后段、靠近卵黄蒂和回盲部的肠段，外观较正常的肠管增粗2~3倍，质地坚实，似香肠状（图2-55），剪开病变肠管，可见肠腔中形成浅灰白色或浅黄色纤维素凝固“肠栓”，充满肠腔（图2-56）。形成“肠栓”的肠壁光滑、变薄（图2-57），通过临床观察，出现“肠栓”的雏鹅日龄最早为6日龄，用剪刀剪开“肠栓”，中心为深褐色干燥的肠内容物。有些病例在小肠并不形成典型的凝固栓子，而是在肠黏膜表面附有散在的纤维素性凝固碎片。亚急性型病例，肠道的变化更为显著，严重者“肠栓”从小肠中后段至直肠内（图2-58）。病鹅肝脏肿大，呈深紫红色或黄红色网格状（图2-59）。胆囊肿大，胆汁充盈，颜色变深。有的病例可见气囊炎。有的病例可见脾脏和胰腺水肿、充血，偶见灰白色坏死点。

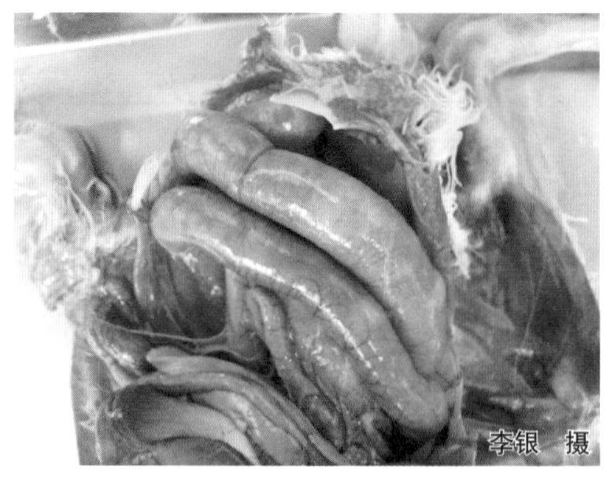

图2-55　鹅小肠的中后段较正常的肠管增粗2~3倍，质地坚实，似香肠状

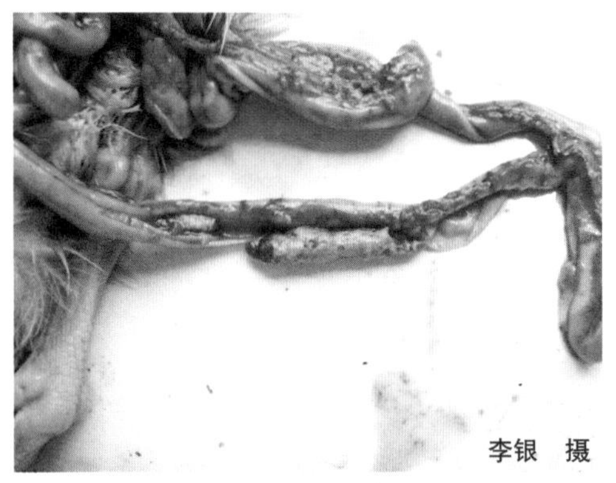

图2-56　鹅肠腔中形成浅灰白色或浅黄色纤维素凝固“肠栓”，充满肠腔

图2-57　鹅形成“肠栓”的肠壁光滑、变薄

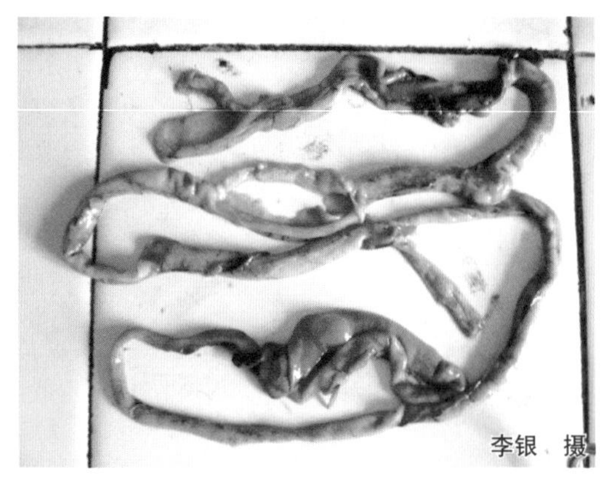

图2-58　重症病例肠道内的“肠栓”从小肠中后段至直肠内

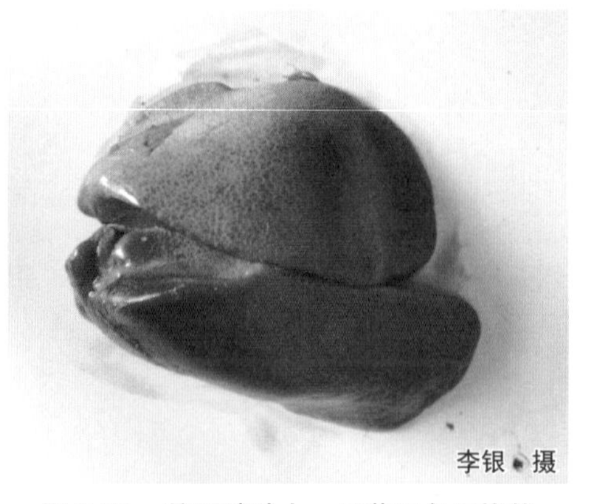

图2-59　鹅肝脏肿大，呈黄红色网格状

【类症鉴别】临床上对雏番鸭小鹅瘟的诊断应注意与副黏病毒病相区别。

小日龄雏番鸭有时肠管外壁可见环状出血带，外观似蚯蚓样，肠腔内积有脱落的肠黏膜碎片或黏稠内容物，形成浅灰白色或浅黄色纤维素凝固“肠栓”（图 2-60）。有的病例肠壁变薄，内壁光滑，呈浅红色或苍白色（图 2-61）。

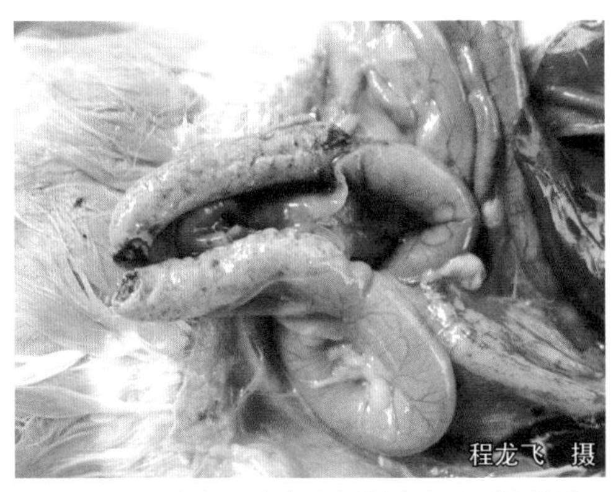

图 2-60 番鸭肠腔内有纤维素凝固“肠栓”

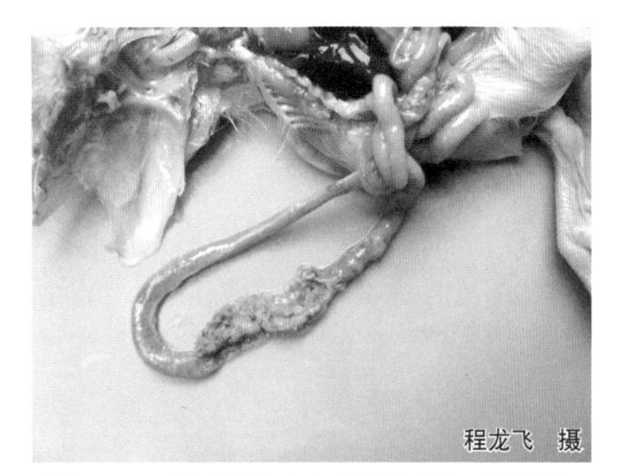

图 2-61 番鸭肠腔中有纤维素凝固“肠栓”，肠壁变薄、呈苍白色

【预防】

（1）疫苗接种 种鹅在产蛋前 15 天，用 1∶100 稀释的小鹅瘟鸭胚化 GD 弱毒疫苗或鹅胚化弱毒疫苗 1 毫升进行皮下或肌内注射（若用冻干苗，则按瓶签头份），免疫 15 天后所产种蛋孵出的雏鹅可获得天然被动免疫力，免疫期可持续 4 个月，4 个月后再进行免疫。未经免疫或免疫后 4 个月以上的种鹅群所产种蛋，雏鹅出壳后 24 小时内，用鸭胚化 GD 弱毒疫苗 1∶(50~100）稀释后进行免疫，每只雏鹅皮下注射 0.1 毫升，免疫后 7 天内，严格隔离饲养，严防感染强毒。

（2）被动免疫 在本病流行区域，或已被本病病毒污染的孵化场，雏鹅孵出后立即皮下注射抗小鹅瘟高免血清或高免卵黄抗体 0.5~1.0 毫升。

（3）加强饲养管理和卫生消毒

① 小鹅瘟主要是通过孵化传播。因此孵化的一切用具及场舍在每次用后，必须彻底清洗消毒，最好用甲醛熏蒸消毒收购来的种蛋及发生过本病的孵化室，再进行孵化。死亡的雏鹅、雏番鸭应采用无害化方法处理。用具及场舍彻底消毒后，最好是用甲醛 - 高锰酸钾混合液熏蒸、消毒一定时间后，再使用，刚出壳的雏鹅、雏番鸭，不要和新收进的种蛋及大鹅、大番鸭接触，以防被感染。

② 加强饲养管理，改善饲养条件，饲料中加入抗菌药（或饮水中加入 0.05% 环丙沙星或 0.1% 卡那霉素），防止继发感染。加强消毒，交替使用过氧乙酸、百毒杀、次氯酸钠对环境、用具、场地，以及鹅群、番鸭群进行彻底消毒。在饲料中加入多种微量元素及维生素，提高雏鹅、雏番鸭的抗病能力。尽量避免从疫区引进种鹅、种番鸭和雏鹅、雏番鸭。

【临床用药指南】宜采取抗体疗法，同时配合抗病毒、抗感染等辅助疗法。

① 立即注射抗小鹅瘟高免卵黄抗体或高免血清，每只注射 1.5~2 毫升，严重病例可再注射 1 次。其保护率可高达 80%~85%。

② 中草药防治方一：新鲜鱼腥草适量，捣汁灌服或自饮，病重鹅每只每次 1~2 毫升，分早、中、晚 3 次灌服，连服 3~5 天。或每只喂服白胡椒 2 粒，连服 3~5 天，可能有一定疗效。

③ 中草药防治方二：马齿苋 120 克、黄连 50 克、黄芩 80 克、黄檗 80 克、连翘 75 克、双花 85 克、白芍 70 克、地榆 90 克、栀子 70 克（200 只鹅用量），水煎取汁，灌服或拌料混饲，每天 2 次，连用 3~4 天。

其他治疗方案请参照鸭流感、鸭瘟、雏鸭病毒性肝炎等的治疗方案。

五、沙门菌病

沙门菌病又称为水禽副伤寒，是由沙门菌属中的一些在血清学上有关系的种引起的一种急性或慢性传染病。水禽沙门菌病在世界上分布广泛，几乎所有养鸭、鹅的国家都有发生，是鸭、鹅的常见病。本病病原菌可以传染给人，有可能引起食源性沙门菌中毒。

【流行特点】本病常为散发性或地方性流行，不同品种和日龄的鸭、鹅均可感染发病，但临床上以 3 周龄内的鸭、鹅最易感，常发生急性败血症死亡，死亡率为 10%~20%，严重者达 80% 以上。随着日龄的增长，鸭、鹅对沙门菌病的抵抗力也随之增强，3 月龄以上的鸭、鹅很少发病，但感染鸭、鹅多成为带菌者，其肠道内、种蛋外壳、种蛋内均长期带菌。病水禽、带菌水禽和带菌种蛋是本病的主要传染源。本病传播途径较多，一是垂直传播，包括直接经卵传播或附着在蛋壳上在孵化器内散播；二是经被污染的饲料传播（饲料中的鱼粉、肉粉或骨粉等可能含有沙门菌）；三是其他动物与人类的传播，许多动物特别是鼠类可成为健康的带菌者，从粪便中排出大量的病菌，污染鸭、鹅的饲料造成传播，人类的传播多为机械性的传播。鸭舍、鹅舍的卫生状况和饲养管理不良时会增加本病的发病率和死亡率。

【临床症状】根据感染鸭、鹅的不同日龄大致可分为急性型和慢性型 2 种。

（1）急性型 常发生于 3 周龄以内的鸭、鹅，尤其是雏鸭。1 周龄以内的患病鸭、鹅大多由带菌种蛋引起，也有部分是在孵化场感染的。急性病例常不显任何症状，迅速死亡。多数病例表现为脐炎、腹部膨大，颤抖，喘气，眼半闭，缩颈垂翅，不愿走动，食欲减退甚至废绝，饮水增加，腹泻，粪便为绿色或浅绿色，有的为黑褐色糊状，泄殖腔周围羽毛被粪便污染（图 2-62）。常于几天内因脱水衰竭死亡或相互挤压而死。

（2）慢性型 常发生于 1 月龄左右的鸭、鹅，表现为精神不振，食欲减退，粪便软稀；严重时腹泻带血，逐渐消瘦，羽毛松乱，也有喘气、关节肿胀、跛行等症状。通常死亡率不高，成为带菌者，当与其他病原，如病毒性肝炎、大肠杆菌或鸭巴氏杆菌等并发或继发感染时，可使病情加重，导致死亡。成年鸭、鹅一般无临床症状，但产蛋率会下降。种蛋在孵化的早期，死胚增加。

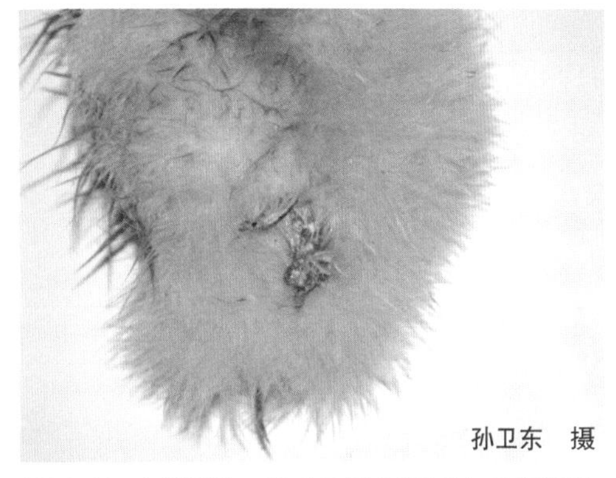

图 2-62　鸭腹泻，泄殖腔周围羽毛被粪便污染

【病理剖检变化】 1 周龄以内的鸭、鹅主要病变是脐部炎症和卵黄吸收不良，卵黄黏稠、色深（图 2-63），肝脏稍肿、有瘀血。2~3 周龄的病死鸭、鹅，常见肝脏肿胀、呈古铜色（图 2-64），表面常有散在的灰白色坏死点（图 2-65）；胆囊肿大，充盈胆汁；脾脏明显肿大，有时出现针尖大的坏死点或呈斑驳花纹状（图 2-66）；肠壁有灰白色坏死点，肠黏膜轻度出血，部分节段出现变性或坏死，盲肠内有干酪样物质形成的栓子（图 2-67），剪开肠道可见糠麸样渗出物（图 2-68）。有的病程较长的病例盲肠外观有大小不等的溃疡或坏死结节（图 2-69），剪开盲肠可见内容物呈渣样或干酪

图 2-63　雏鸭卵黄吸收不良，卵黄黏稠、色深

图 2-64　鸭肝脏肿胀、呈古铜色

图 2-65　鸭肝脏肿胀，表面有散在的灰白色坏死点

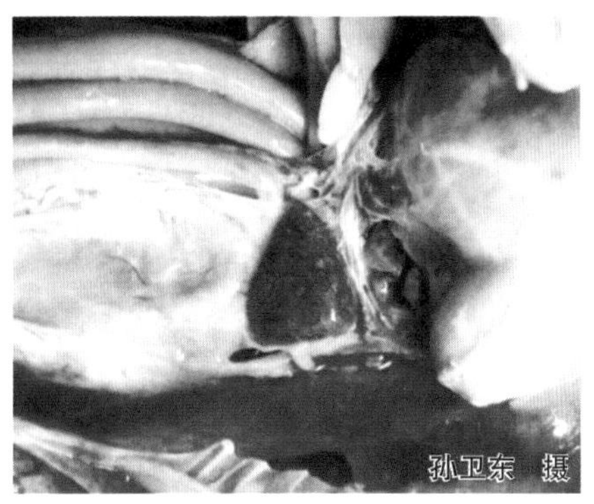

图 2-66　鸭脾脏肿大，有针尖大的坏死点或呈斑驳花纹状

样（图 2-70），盲肠黏膜上有明显的溃疡灶（图 2-71）；肾脏色浅，肾小管内常有尿酸盐沉着。产蛋鸭、鹅可见肝脏呈铜绿色（图 2-72），卵泡变形、变性、充血（图 2-73 和图 2-74）等。

图 2-67　盲肠内有干酪样物质形成的栓子

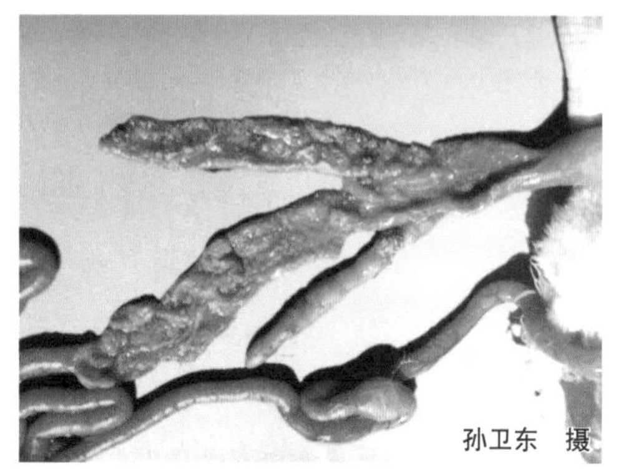

图 2-68　鸭肠道黏膜有糠麸样渗出物

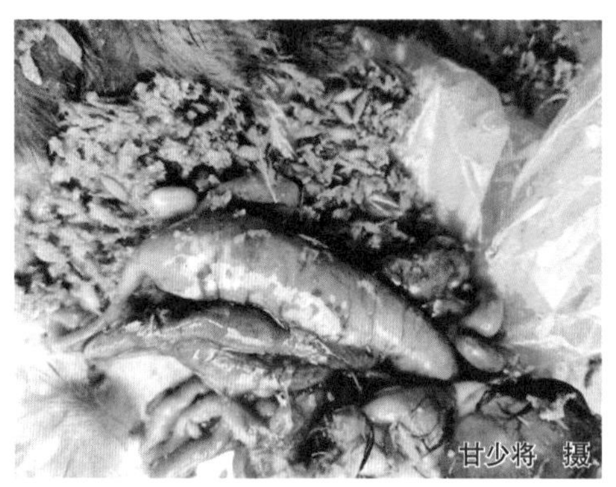

图 2-69　鸭盲肠上有大小不等的溃疡或坏死结节

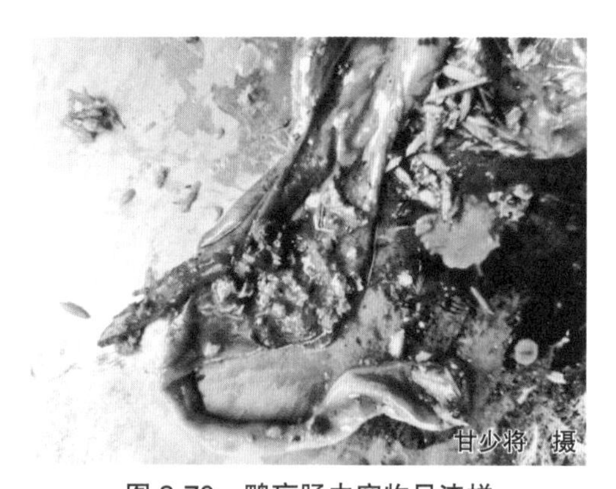

图 2-70　鸭盲肠内容物呈渣样

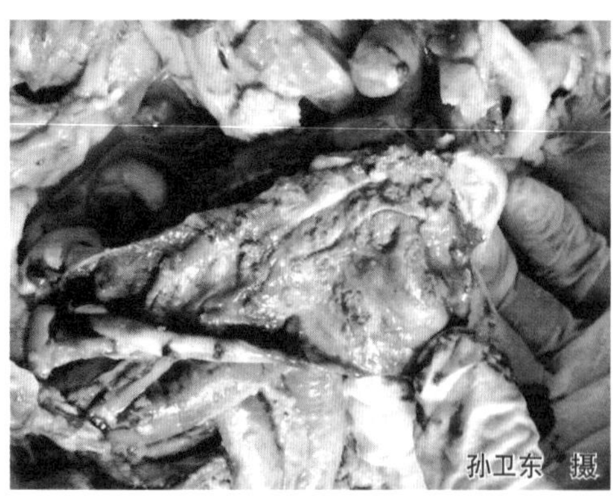

图 2-71　鸭盲肠黏膜上有溃疡灶

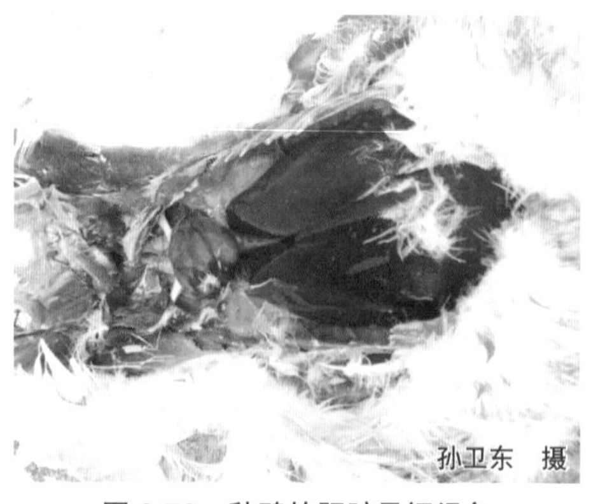

图 2-72　种鸭的肝脏呈铜绿色

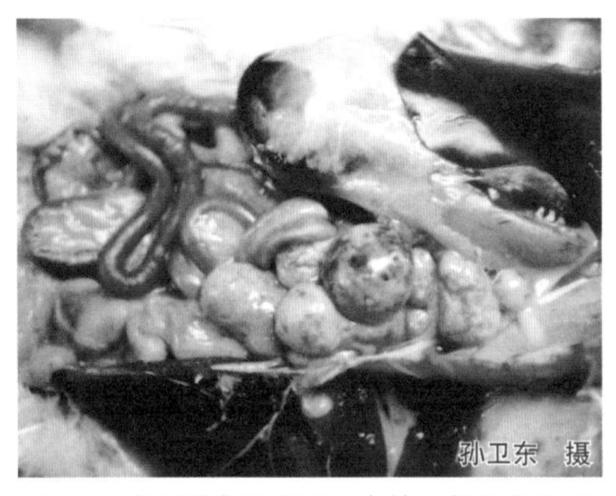

图 2-73 产蛋鹅卵泡变形、变性，部分卵泡充血

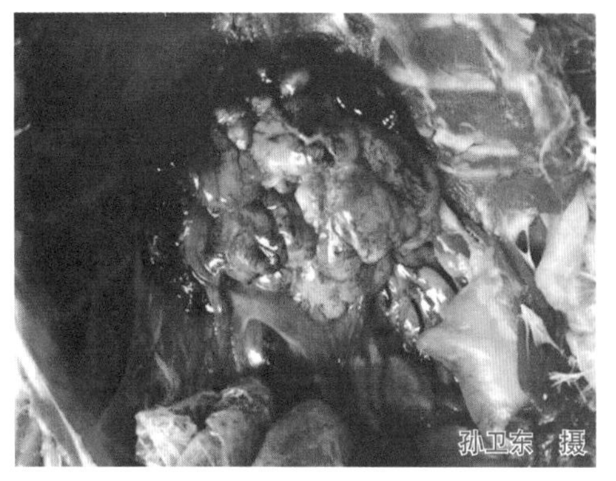

图 2-74 产蛋鸭卵泡变形、变性、变色

【类症鉴别】临床上应与巴氏杆菌病、传染性浆膜炎、大肠杆菌病、鸭衣原体病等相区别，其内容请参考传染性浆膜炎中类症鉴别部分的叙述。

【预防】

（1）**疫苗接种** 目前国内尚未见有商品化的疫苗面世，国外曾介绍用结晶紫明矾疫苗预防鸭沙门菌病，保护率可达 70%~100%，也有使用福尔马林灭活疫苗，在出壳后 1 天的雏鸭颈部皮下或胸肌注射 0.2 毫升，10 天后按同样的剂量进行第 2 次注射。种鸭在产蛋前 1 个月注射 1 毫升，隔 8~10 天后再注射第 2 次，可以使抗体进入蛋内传递给雏鸭，使雏鸭出壳后 20~25 天内获得天然被动免疫力。

（2）**加强饲养管理和卫生消毒** 首先应加强和改善养殖场的环境卫生，食槽、水槽、养殖舍、产蛋窝、运动场、水域等应经常消毒，保持清洁。幼龄鸭、鹅必须与成年鸭、鹅分开饲养，防止间接或直接接触传染。其次要加强鸭群、鹅群的饲养管理，提高鸭、鹅的抵抗力。第三，及时收集种蛋，清除蛋壳表面的污物，入孵前应熏蒸消毒，对可疑沙门菌病鸭、鹅所产的蛋一律不作种用。每次孵化前后，必须对孵化场及孵化器具进行彻底消毒。

【临床用药指南】

（1）**消毒** 隔离发病鸭、鹅，并对养殖舍进行严格消毒。养殖舍周围环境消毒，可采用 2% 氢氧化钠溶液、0.3% 次氯酸钠、1% 农福、复合酚消毒剂等喷洒；养殖舍内带鸭消毒可用过氧乙酸、复合酚消毒剂、氯制剂等。

（2）**治疗** 沙门菌易产生耐药性，有条件的最好进行药敏试验筛选出高敏药物。及时正确使用药物剂量进行投喂，可降低患病鸭、鹅的死亡率，有助于控制本病的发展和扩散。

① 金霉素和土霉素：金霉素按 0.02%~0.06% 拌料饲喂，连用 3~5 天；土霉素，按每千克饲料添加 100~140 毫克饲喂，连用 3~5 天。

② 磺胺类药物：在每 10 千克饲料中混入抗生素 2.5 克对大群进行治疗，或加入 0.5% 磺胺嘧啶或磺胺甲基嘧啶，连续喂 4~5 天。

③ 新霉素：按每千克体重 20~30 克拌料，或每千克体重 15~20 毫克饮水，连用 3 天。

④ 硫酸丁胺卡那霉素：按每只 2000~4000 单位肌内注射，每天 2 次，连用 5 天。

⑤ 头孢噻呋（速解灵）：1 日龄雏鸭每只皮下注射 0.1 毫克，每天肌内注射 2 次，连用 3 天。

⑥ 畜禽生命宝（蜡样芽孢杆菌活菌）：首次开食时连用 3 天，以后每天添加 1 次，连用 3 天；发生本病时，连用 3~5 天，可有效控制本病。

⑦ 中草药防治方一：血见愁 240 克、马齿苋 120 克、地锦草 120 克、墨旱莲 150 克，煎汁拌料或饮水，连服 3 天（500 只鸭用量）。

⑧ 中草药防治方二：白头翁 15%、马齿苋 15%、黄檗 10%、雄黄 10%、马尾连 15%、诃子 15%、滑石 10%、藿香 10%，按 3% 比例拌料作预防用。病重雏鸭，每只取药 0.5 克与少量饲料混合制成小团填喂，连服 3~5 天。

注意：其他治疗方案可参考传染性浆膜炎、大肠杆菌病、巴氏杆菌病等的治疗方案。

六、巴氏杆菌病

巴氏杆菌病又称为禽霍乱或禽出血性败血症，是由多杀性巴氏杆菌引起的一种急性或慢性接触性、败血性传染病。本病急性发作时，病程短促、死亡率高，以高热、腹泻、呼吸困难为特征。虽然许多抗菌药物能迅速控制本病，但停药后极易复发，造成的损失较大。慢性型主要表现为关节炎。本病是危害水禽养殖业的重要传染病之一。

【流行特点】 各种家禽、野禽及各种野鸟均可感染本病，在水禽中鸭、鹅的易感性强，常呈急性经过。本病常为散发，间或为地方性流行。本病的潜伏期为 0.5~3 天。1 月龄以上的鸭、鹅发病率较高，往往在几天内大量死亡，成年种鸭、鹅发病较少。强毒力菌株感染后多呈败血性经过，急性发病，病死率高，可达 30%~40%，较弱毒力的菌株感染后病程较慢，死亡率低。病禽和带菌禽是本病的主要传染源。健康鸭、鹅带菌的比例很高，常因应激因子的作用（如断水断料、突然改变饲料、环境条件差、营养缺乏、寄生虫感染、天气骤变等）致使鸭、鹅的抵抗力下降而发病。本病主要通过消化道和呼吸道传染，污染的笼具、料盆及其他用具和设备，都可能将本病传入鸭群、鹅群。本病流行无明显的季节性，鸭多发于炎热的 7~9 月，鹅多发于秋、冬和早春季节。

【临床症状】 根据病程的长短，临床上分为最急性型、急性型和慢性型 3 种。

（1）**最急性型** 常见于流行初期，鸭、鹅常无明显症状而突然死亡。常见鸭、鹅在放牧途中突然倒地，迅速死亡；或当晚表现健康，次日早晨已死于舍（棚）内；或在运输途中突然死亡。死亡的通常是健壮或高产的产蛋鸭、鹅。

（2）**急性型** 患病鸭、鹅体温升高，精神委顿，不愿下水游泳，即使下水，行动缓慢，常落在鸭群、鹅群的后面或独蹲一隅，闭目瞌睡。羽毛松乱，两翅下垂，缩头弯颈（图 2-75），食欲减退甚至不食，渴欲增加，嗉囊内积食不化。口、鼻分泌物增多而引起呼吸困难、摇头企图甩出喉头黏液（养殖户常称之为“摇头瘟”）。发生剧烈腹泻，排出腥臭的灰白色或浅绿色稀粪，有的粪便混有血液。产蛋鸭、鹅产蛋量减少。患病鸭、鹅通常在出现症状后 1~2 天内死亡。

图 2-75 鸭两翅下垂，缩头弯颈

（3）**慢性型** 往往由急性病例演变而来，表现为消瘦，腹泻，鼻炎，关节炎，肉髯肿大。病程稍长者可见一侧或两侧局部关节肿胀，跛行，行动受限或完全不能行走，有的可见掌部肿如核桃大，局部穿刺可见暗红色液体，切开见有脓性和干酪样坏死。产蛋鸭、鹅产蛋量减少。

【病理剖检变化】 最急性型的病例往往无明显的剖检病变，有时仅见到肠炎和心冠脂肪出血。急性病死鸭、鹅尸僵完全，喙部发绀，皮肤发绀或有少量的出血斑点。剖检可见心包内充满透明橙黄色渗出液或心包液中混有纤维素样絮片（图 2-76），心冠脂肪（图 2-77）及心内外膜（图 2-78）有出血斑点。肺呈多发性肺炎，间有气肿和出血。肝脏肿大，质地变脆，表面密布大量针尖状的灰白色坏死点（图 2-79）或间有出血点，胆囊常肿大。脾脏略肿，有出血点（图 2-80）。肠道黏膜，尤其是十二指肠黏膜弥漫性充血、出血，肠内容物呈胶冻样，含有脱落的黏膜碎片和浅红色液体（图 2-81），肠淋巴结环状肿大、出血呈环状（图 2-82）。胰腺肿大，有出血点，腺泡较明显。腺胃黏膜（图 2-83）、肌胃及全身浆膜常有出血斑。皮下组织及腹部脂肪也常

图 2-76 鸭心包积液

图 2-77 鹅心冠脂肪出血

见出血斑点。鼻腔黏膜充血或出血。产蛋鸭卵泡充血、出血（图 2-84），偶见破裂。慢性病例剖检见关节囊增厚，内含暗红色、混浊的黏稠液体，病程长的可见关节囊粗糙，常附着黄白色干酪样物质。

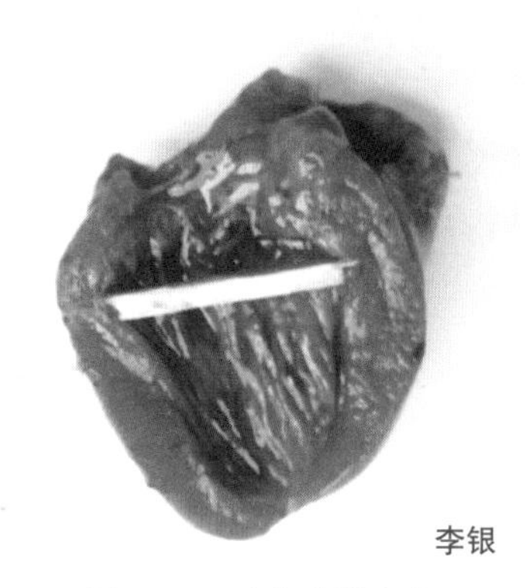

图 2-78　鸭心内膜出血

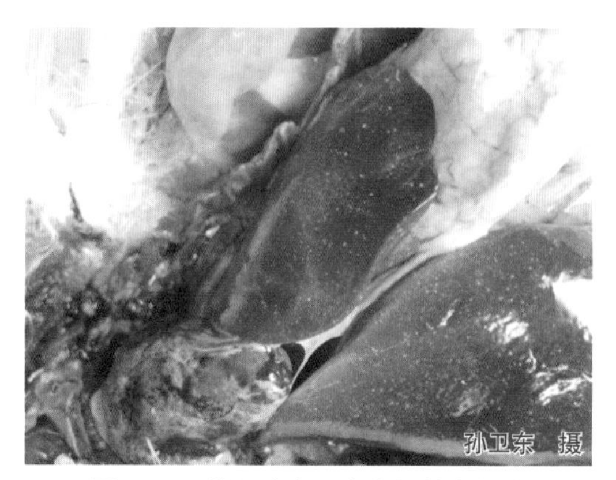

图 2-79　鹅肝脏表面有大量针尖状的灰白色坏死点

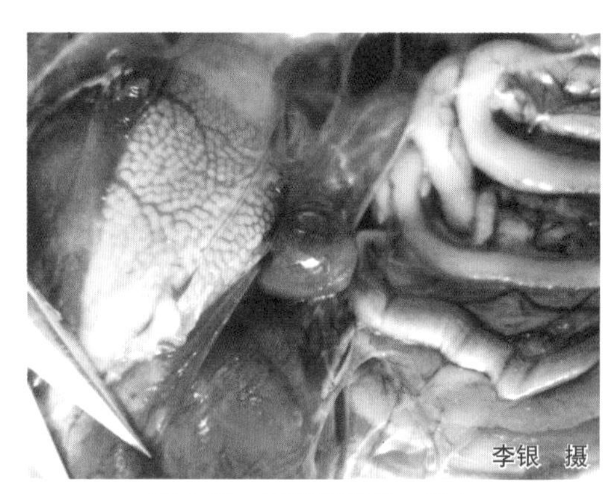

图 2-80　鸭脾脏略肿、出血

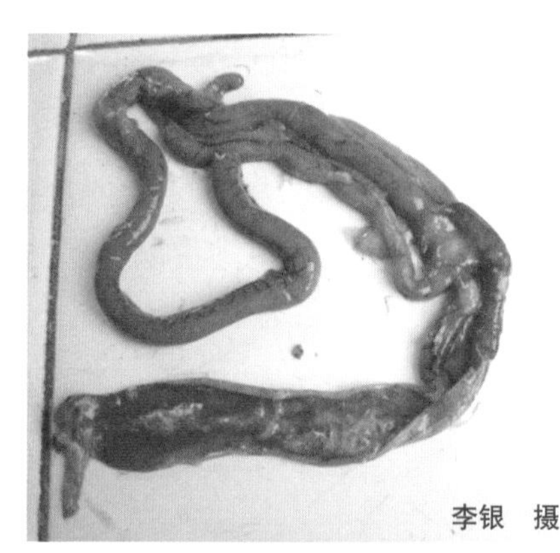

图 2-81　鸭肠道黏膜充血、出血，肠内容物呈胶冻样

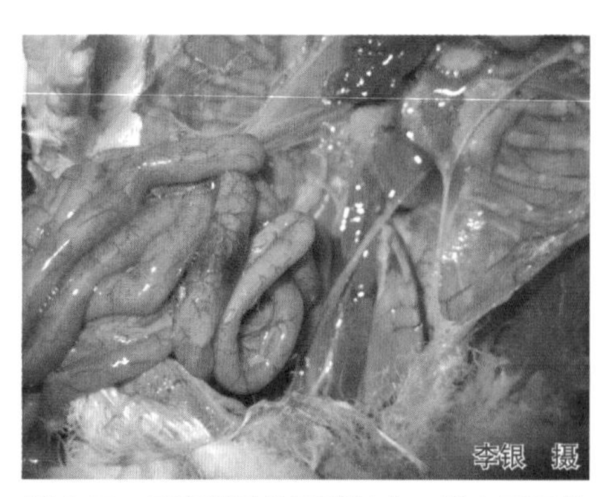

图 2-82　鸭肠淋巴结环状肿大、出血呈环状

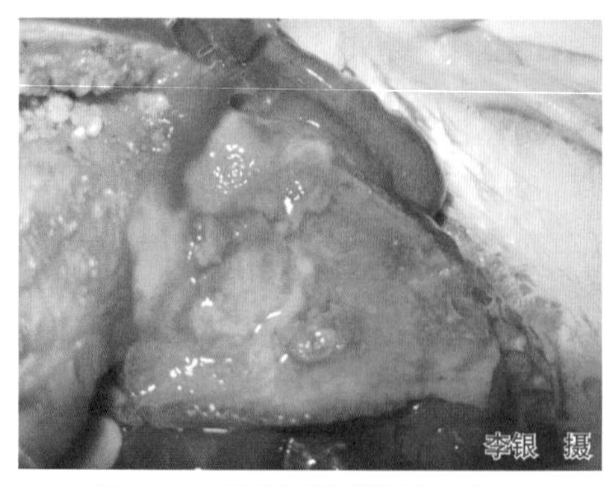

图 2-83　鸭腺胃黏膜脱落、出血

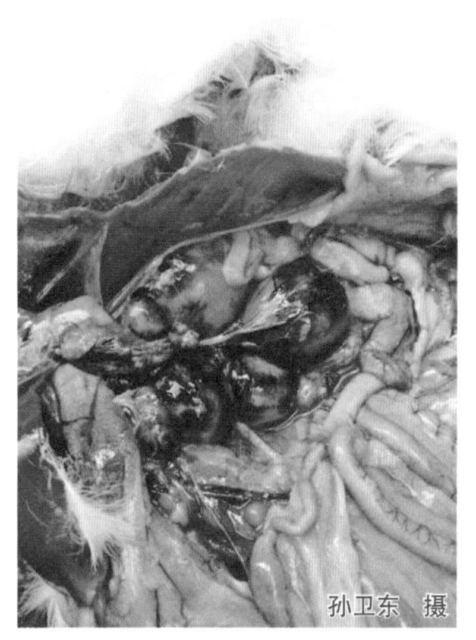

图 2-84 产蛋鸭卵泡充血、出血

【类症鉴别】 临床诊断上应注意与鸭伪结核病的区别。鸭伪结核病病理变化中的心冠脂肪出血与鸭巴氏杆菌病有相似之处。但鸭伪结核病肝脏表面有小米粒大小黄白色坏死灶，而鸭巴氏杆菌病表现的肝脏坏死灶为灰白色针尖大小且数量多，可作为鉴别之一。流行病学方面，鸭伪结核病多发生于幼龄鸭，而巴氏杆菌病则多发生于青年和成年鸭，可作为鉴别之二。此外，与沙门菌病、传染性浆膜炎、衣原体病的区别，请参考传染性浆膜炎中类症鉴别部分的叙述。

【预防】

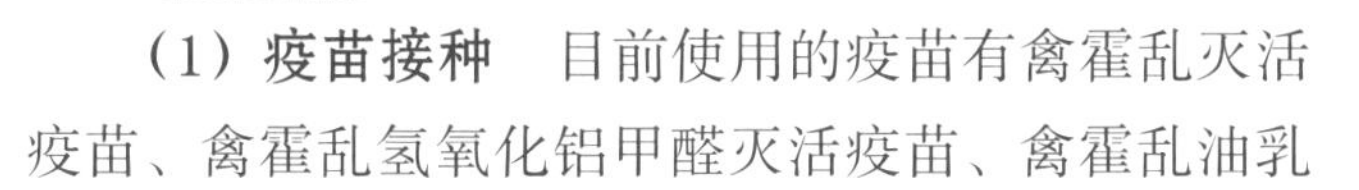

（1）**疫苗接种** 目前使用的疫苗有禽霍乱灭活疫苗、禽霍乱氢氧化铝甲醛灭活疫苗、禽霍乱油乳剂灭活疫苗、禽霍乱蜂胶灭活疫苗、禽霍乱荚膜亚单位疫苗、禽霍乱弱毒疫苗和禽霍乱灭活苗等。肉鸭、鹅于20~30日龄免疫1次即可，蛋（种）鸭、鹅于20~30日龄首免，开产前半个月二免，开产后每半年免疫1次。

（2）**被动免疫** 可用猪源抗禽霍乱高免血清在鸭、鹅发病前进行短期预防接种，每只鸭、鹅皮下或肌内注射2~5毫升，免疫期为2周左右。

（3）**加强饲养管理和卫生消毒** 不从发病鸭群、鹅群购入或引进鸭、鹅，不和病鸭、鹅接触。加强饲养环境的清洁、消毒工作。及时淘汰多杀性巴氏杆菌的储存宿主（病鸭、鹅或康复但仍携带病菌的鸭、鹅）和减少应激都是非常有效的预防本病的措施。

【临床用药指南】

（1）**加强隔离、消毒和紧急接种** 封闭舍，隔离病；将死鸭、鹅掩埋或焚烧，清理的粪便应堆肥发酵处理后运出；紧急接种禽霍乱荚膜亚单位苗或禽霍乱蜂胶灭活疫苗（每只鸭、鹅肌内注射2~3羽份）。

（2）**治疗** 应根据细菌的药敏试验结果选用敏感抗菌药物。

① 磺胺类药物：磺胺二甲基嘧啶、磺胺二甲基嘧啶钠等混在饲料中用量为0.1%~0.2%，混在水中用量为0.04%~0.1%，连喂2~3天。

② 青霉素加链霉素：体重为0.5~1.5千克的鸭、鹅，各用5万~10万单位；体重为1.5~3千克的鸭、鹅，各用10万~15万单位；体重为3千克以上的鸭、鹅，各用20万~25万单位，混合后肌内注射，每天1次，连用3天。

③ 土霉素或四环素类药：按每千克体重40毫克，肌内注射，连用2~3天。或在饲料中添加0.05%~0.1%喂服，连用3~5天。

④ 阿莫西林（氨苄青霉素）：按每千克体重10~15毫克内服或肌内注射给药，每

天2次。或按每升水100~150毫克饮水给药，现配现用，连用5天。

⑤ 复方壮观霉素：按300千克水50克混饮，或与150千克饲料混饲，连用3~5天，重症病例药量加倍。

⑥ 中草药防治方一：穿心莲50克、石菖蒲50克、花椒100克、山叉苦50克、乌梅50克、山芝麻100克、大黄50克、金银花50克、黄檗50克、黄芩50克、野菊花100克、甘草30克，水煎取汁或混合粉碎，按1%混入饲料中投喂，连用2~3天。

⑦ 中草药防治方二：黄连解毒汤加减：黄连20克、黄芩20克、黄檗20克、栀子20克、薄荷30克、菊花30克、石膏30克、柴胡30克、连翘30克，煎汁拌料饲喂，幼龄鸭、鹅每只每次0.5~0.8克，成年鸭、鹅每只每次1.0~1.5克，每天2次，连服2~3天。

其他治疗方案可参考传染性浆膜炎、大肠杆菌病、沙门菌病等的治疗方案。

七、坏死性肠炎

坏死性肠炎是由产气荚膜梭状芽孢杆菌引起的一种消化系统疾病。临床上以发病急、死亡快、小肠黏膜坏死（俗称“烂肠病”）为特征。本病在种鸭、种鹅场较为常见，对水禽养殖业危害较大。

【流行特点】 以产蛋鸭、鹅多发，发病率不高，病死率一般为1%左右，但也可能高达40%。该菌主要存在于粪便、土壤、灰尘、污染的饲料、垫草及肠内容物中。病鸭、鹅，带菌鸭、鹅，以及发病耐过的鸭、鹅为重要传染源。该菌主要通过消化道传播，被该菌污染的饲料、垫草及器具等是重要的传播媒介。本病多发于温暖潮湿的季节。突然更换饲料或饲料中蛋白质含量增加，舍内环境卫生差，长时间使用抗生素等可促使本病的发生。有报道指出流感病毒、坦步苏病毒、球虫感染是引发本病的重要因素。

【临床症状】 鸭、鹅患病后，表现为虚弱，精神沉郁，不能站立，在大群中常被孤立或踩踏，造成头部、背部与翅羽毛脱落。食欲减退甚至废绝，腹泻，往往急性死亡。有的病例出现肢体痉挛，头颈弯斜，两腿外撇，并伴有呼吸困难。重症病例常见不到临床症状即已经死亡，一般不表现慢性经过。

【病理剖检变化】 病死鸭、鹅打开腹腔时即闻到一种特殊的腐臭味。眼观主要病变在小肠后段，尤其是在空肠和回肠段，肠壁脆弱、肿胀。有的病例小肠表面污黑，肠道扩张，臌气（图2-85），气味恶臭；有的病例可见整个空肠和回肠充满混浊絮状液体（图2-86）；有的病例可见整个空肠和回肠充满干酪样栓子（图2-87）；空肠和回肠黏膜增厚，其表面附着一层疏松或紧密的黄色或褐色伪膜（纤维素性渗出物和坏死的肠黏膜）（图2-88），溃疡深达肌层，有时可见肠壁出血（图2-89），十二指肠黏膜出血。肝脏肿大、呈浅土黄色，肝脏表面有大小不一的黄白色坏死斑点。脾脏肿大、呈紫黑色。

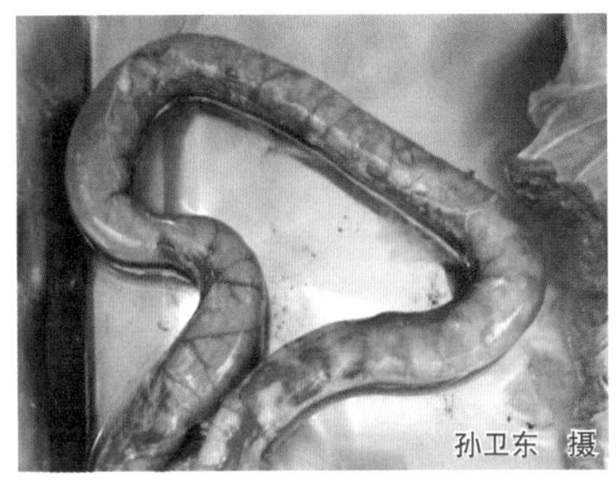

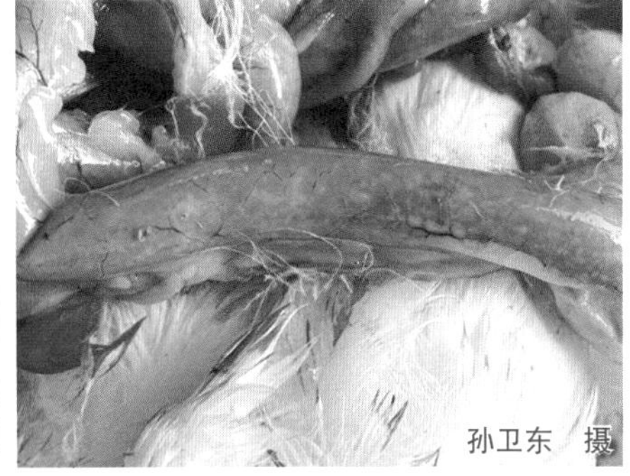

图 2-85 鸭（左）和鹅（右）小肠表面发黑、臌气

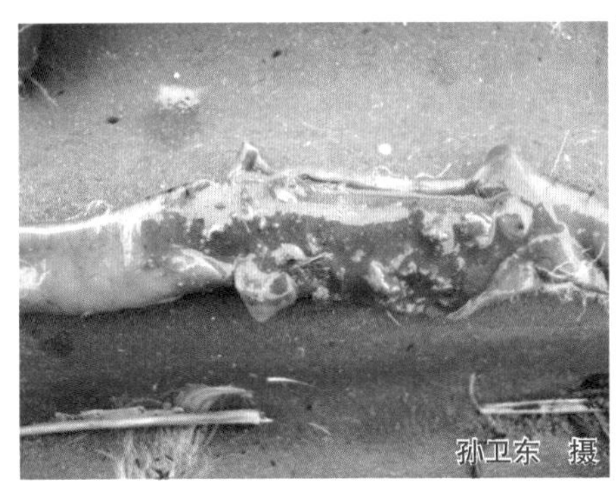

图 2-86 鸭（左）和鹅（右）空肠和回肠充满混浊内容物

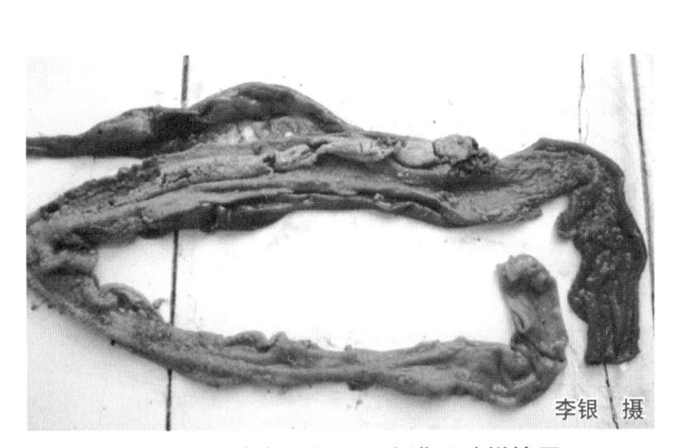

图 2-87 鸭空肠和回肠充满干酪样栓子

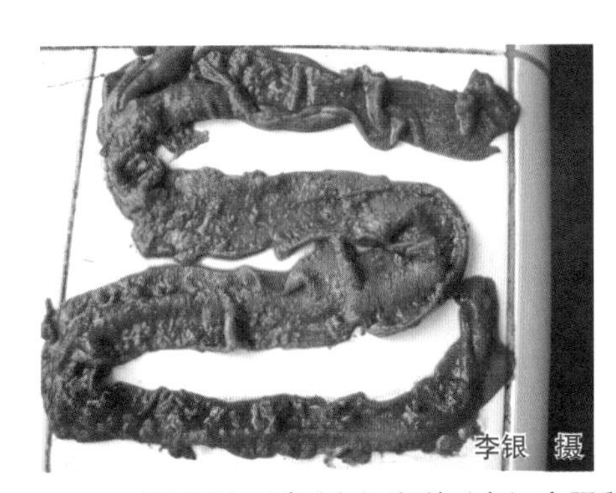

图 2-88 鸭（左）和鹅（右）空肠和回肠黏膜表面附着黄色或褐色伪膜

【类症鉴别】临床上对种鸭坏死性肠炎的诊断应注意与球虫病、鸭瘟、鸭出血症进行鉴别。

（1）与球虫病的鉴别 鸭球虫感染引起的肠道病变与产气荚膜梭状芽孢杆菌引起的病变相似，通过采取肠道粪便涂片检查有无球虫卵囊进行区别，且各种年龄的鸭均对球虫有易感性，雏鸭发病严重，成年鸭感染率较低，而坏死性肠炎则主要发生于种鸭，可以此进行鉴别。

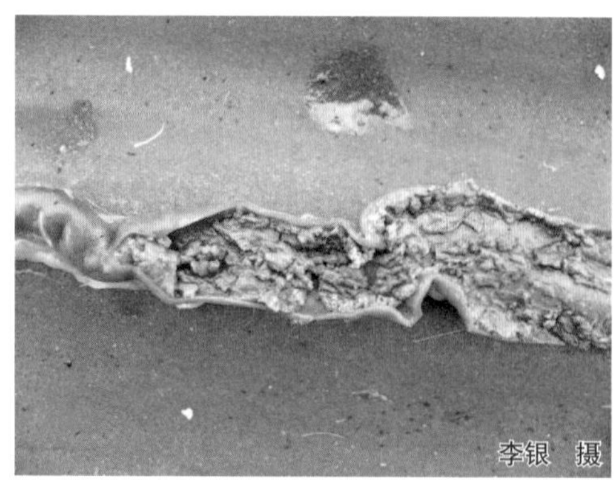

图 2-89 鸭刮除肠内容物后肠壁出血

（2）与鸭瘟的鉴别 鸭瘟病理变化中的肠黏膜充血、出血与鸭坏死性肠炎有相似之处，但鸭瘟的肠道病变多在十二指肠和直肠，而鸭坏死性肠炎的肠道病变多集中于空肠和回肠，可作为鉴别之一。鸭瘟病鸭的食道黏膜有黄褐色坏死伪膜或溃疡，鸭坏死性肠炎病鸭无此病变，可作为鉴别之二。

（3）与鸭出血症的鉴别 鸭出血症病理变化中的小肠和直肠明显出血与鸭坏死性肠炎有相似之处，但坏死性肠炎还伴有肠黏膜增厚、附着一层黄绿色伪膜、肠内容物混有血液，而鸭出血症无此病变，可作为鉴别之一。鸭出血症除肠道出血外，肝脏、脾脏、胰腺和肾脏均有不同程度的出血，坏死性肠炎无此病变，可作为鉴别之二。流行病学方面，坏死性肠炎发生于种鸭，而出血症可侵害不同日龄鸭，可作为鉴别之三。

【预防】

（1）疫苗接种 适时进行菌苗接种，鉴于本病易发生在夏、秋季，应在春季进行免疫。

（2）加强饲养管理和卫生消毒 平时加强饲养管理，改善环境卫生，定期清除粪便，同时用 2 种以上的消毒药经常轮换消毒，夏、秋季适当增加消毒数量和消毒次数。圈养蛋鸭尽可能采取高架隔式饲养方法，并保持一定的温度与湿度，切忌湿度过大，应保证良好的通风条件。老舍或低洼的舍应及时调置舍场位置。发现病例及时隔离治疗。适当调节日粮中蛋白质的水平，从日粮中去掉鱼粉可预防本病的感染，以玉米为基础的日粮也可预防坏死性肠炎的发生。此外，酶制剂、益生菌等也都可以对本病起到一定的预防作用。

【临床用药指南】

（1）加强隔离和消毒 隔离病鸭鹅，及时治疗。治疗期间，禽舍带禽消毒，每天 1 次。

（2）治疗 建议通过药敏实验，来选择敏感的药物治疗。

① 克林霉素注射液：按每千克体重 10~25 毫克肌内注射，每天 1 次，连用 3 天；或按每千克体重 7.5~10 毫克口服，每天 1 次，连用 3 天；或按每升水 8.5 毫克饮水，连用 3~5 天。对厌氧菌有特效。

② 甲氧苄胺嘧啶加 0.2% 氟苯尼考：饮水，每天 3 次，连饮 5~7 天。

③ 硫酸新霉素或红霉素：按 0.02% 均匀拌料，连喂 2~3 天；或按每升水 40~70 毫克饮水，连饮 2~3 天，能有效地降低死亡率。

④ 庆大霉素或卡那霉素：按每只 5 万单位，1 次肌内注射，每天 1 次，连用 4 天。4 天后为巩固疗效，改用氟哌酸（诺氟沙星）、甲硝唑连续饮水 5 天。

⑤ 青霉素、链霉素：对重症病鸭、鹅，按每只各 10 万 ~20 万单位肌内注射，每天 1 次，2~3 天为 1 个疗程。

八、霉菌性口炎

霉菌性口炎又称为鹅口疮，是由白色念珠菌所引起的一种消化道真菌病。临床上以鸭、鹅前消化道的黏膜形成白色伪膜或溃疡为特征。幼龄鹅、鸭多发。

【流行特点】本病主要发生于鹅，尤其是雏鹅，鸭发病很少。幼龄鹅、鸭的易感性和死亡率均较成年鹅、鸭高。成年鹅、鸭发病，主要与使用抗菌药物有关。本病主要通过消化道感染，也可通过蛋壳感染。不良的卫生条件，长期应用广谱抗生素、皮质类类固醇激素或营养缺乏等使机体的抵抗力下降，可诱发本病；过多地使用抗菌药物，引起消化道正常菌群紊乱后也可诱发本病。

【临床症状】发生本病的幼龄鹅、鸭常生长发育不良，精神委顿，被毛松乱，怕冷，不愿活动，气喘、呼吸急促，张口伸颈，呈喘气状，叫声嘶哑。食欲减退，腹泻，最后衰竭、死亡。

【病理剖检变化】病死幼龄鹅、鸭尸体消瘦，剖检可见口腔、咽部及食道黏膜增厚，形成灰白色伪膜（图 2-90）或溃疡状斑痕，有时可波及腺胃（图 2-91）。有的病例可见气囊混浊，表面有干酪样物附着（图 2-92）。

图 2-90　鹅食道黏膜增厚，形成灰白色伪膜

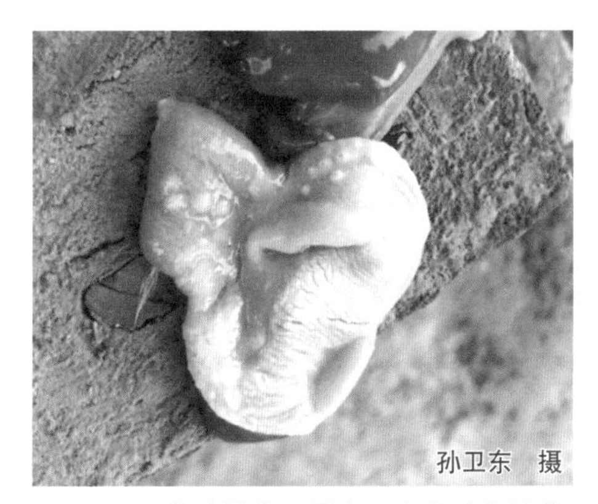

图 2-91　鹅腺胃或肌胃表面有念珠菌结节

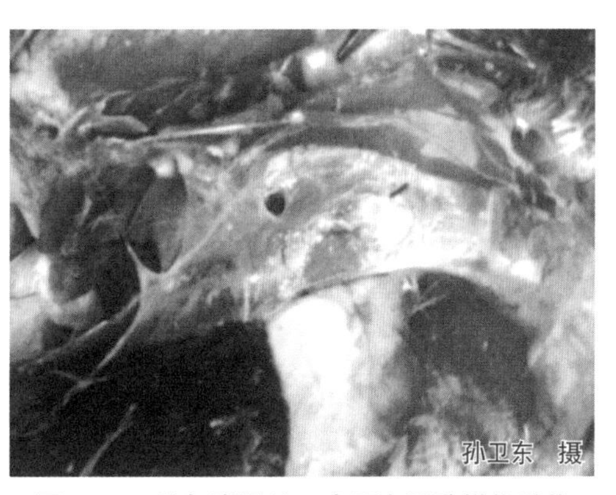

图 2-92　鹅气囊混浊，表面有干酪样物附着

【类症鉴别】临床上应注意与鸭瘟相区别。鸭瘟病理变化中也可见到口腔或食道黏膜有坏死性伪膜和溃疡，与霉菌性口炎的消化道溃疡病变有相似之处，但鸭瘟还可见泄殖腔黏膜出血或坏死、肝脏有不规则的大小不等的坏死点和出血点，而霉菌性口炎有气囊的炎性变化，可作为鉴别之一。流行病学方面，鸭瘟可发生于1月龄以上的鸭、鹅和成年鸭、鹅，而霉菌性口炎多发生于雏鹅，可作为鉴别之二。

【预防】

（1）加强饲养管理和卫生消毒 改善饲养管理，降低饲养密度，加强通风，做好冬季保温和夏季防暑降温工作。平时注意卫生管理，防止潮湿，注意保持鹅舍、鸭舍的干燥。避免饮水污染和过多使用抗菌药物，防止消化道的正常菌群受到破坏，引起二重感染。环境消毒可用碘制剂、甲醛等消毒药，进行定期消毒。此外，在育雏期间应增加多种维生素的用量，增加机体的抵抗力。

（2）药物预防 可在饲料中混入制霉菌素等抗真菌，如在每吨饲料中加入制霉菌素100~150克，拌匀饲喂，连用1~3周。

【临床用药指南】请参照曲霉菌病的治疗方案。

九、球虫病

球虫病是由球虫引起的一种危害严重的寄生虫病，主要侵害鸭、鹅的肠道，以出血性肠炎为主要特征。本病的发病率和死亡率都很高，近年来呈上升趋势，国内外报道的死亡率可达80%。耐过的病鸭、鹅生长发育受阻，增重缓慢，给养鸭业造成了巨大的经济损失。

【流行特点】球虫属直接发育型，不需要中间宿主，发育经过3个阶段，即无性生殖阶段、有性生殖阶段和孢子生殖阶段。其中前2个阶段在宿主体内进行，孢子生殖阶段在外界环境中进行，完成后形成感染性卵囊。

球虫病是由于鸭、鹅吞食了土壤、饲料、饮水等外界环境中的感染性卵囊而引起感染。各种年龄的鸭、鹅均有易感性，雏鸭、鹅发病严重，死亡率可达20%~70%。病鸭、鹅康复之后，成为带虫者，传播球虫病。地面饲养雏鸭、鹅，有的在12日龄发病死亡。网上饲养的雏鸭、鹅，由于不接触地面，一般不易感染，当于2~3周龄转为地面饲养时，常严重发病。4周龄以上的鸭、鹅感染时发病率较低。据报道，4~6周龄鸭的感染率高达100%，育肥鸭（9周龄）的感染率较低，约为10%。鸭球虫病的发生季节与气温和雨量有密切关系，一般发生在4~11月，常见于7~10月。

【临床症状】毁灭泰泽球虫的致病力最强，急性病例精神萎靡，卧地、缩颈（图2-93），食欲减退甚至废绝，渴欲增加。排暗红色或巧克力色的血粪（图2-94），有时见有灰黄色黏液，腥臭。发病当日或第2~3天出现死亡，死亡率可高达80%，一般为20%~70%。能够耐过急性期的病鸭、鹅，多在发病第4天后逐渐恢复食欲，死亡停止。康复鸭、鹅生长和增重迟缓。慢性病例症状不明显，偶尔可见腹泻。菲莱氏温扬球虫致病力较弱，严重感染时，临床上仅引起腹泻、精神倦怠，未见排血便和死亡。

图 2-93 毁灭泰泽球虫感染鹅精神沉郁，呆立不动，摇晃或卧地不起

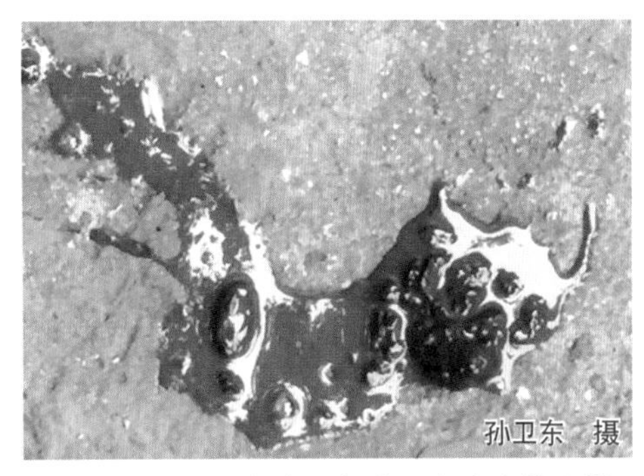

图 2-94 鸭排出暗红色或巧克力色的血粪

【病理剖检变化】 急性病例表现严重的出血性卡他性小肠炎。有的病例的十二指肠有灰白色坏死点，肠内容物为浅白色或鲜红色黏液或胶冻状黏液（图 2-95），卵黄蒂前 3~24 厘米、后 7~9 厘米范围内的病变部位明显。有的病例小肠肠壁有大量白色坏死点，内容物为白色糊状（图 2-96）。有的病例小肠炎症、肿胀明显，肠内容物为白色絮状物（图 2-97）。有的病例呈急性出血性坏死性炎症或出血性 - 卡他性炎症（图 2-98）。有的黏膜表面覆盖着一层麸糠状或奶酪状黏液，或有浅红色或深红色胶冻状血性黏液，但不形成肠芯。有的病例小肠肿胀、小肠壁有出血点（图 2-99），肠黏膜表面覆盖着血性麸糠样物质（图 2-100）。有的病例的盲肠肿胀、出血（图 2-101）。

图 2-95 鸭鸳鸯等孢球虫致小肠卡他性肠炎、内容物为浅白色

图 2-96 鸭毁灭泰泽球虫致小肠肠壁有大量白色坏死点

图 2-97 鸭温扬球虫致小肠炎症、肿胀明显，肠内容物为白色絮状物

图 2-98 艾美耳球虫致雏鹅小肠呈急性出血性坏死性炎症

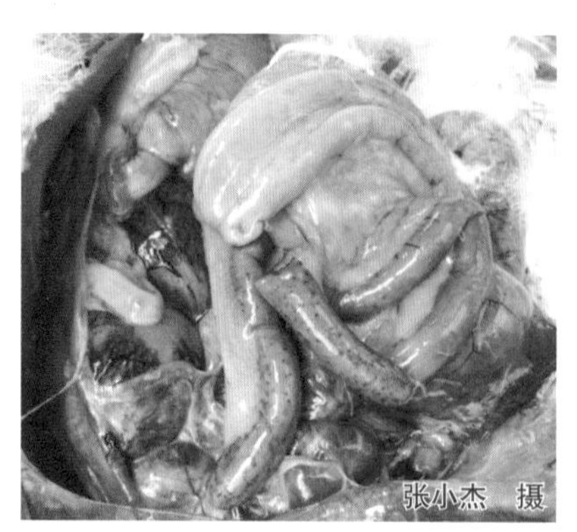

图 2-99 鹅小肠肿胀，表面有出血点

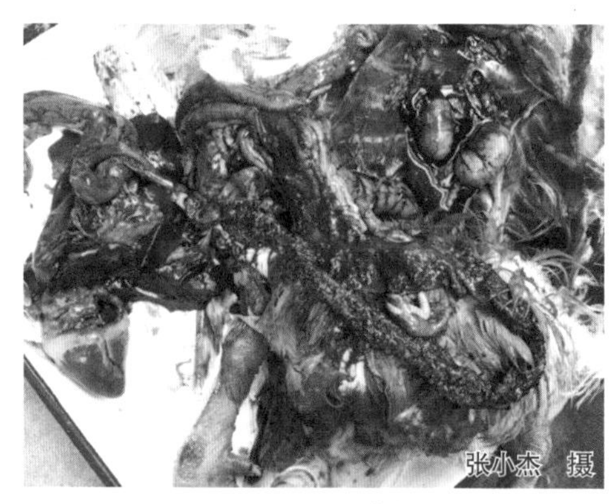

图 2-100 鹅小肠黏膜表面覆盖着血性麸糠样物质

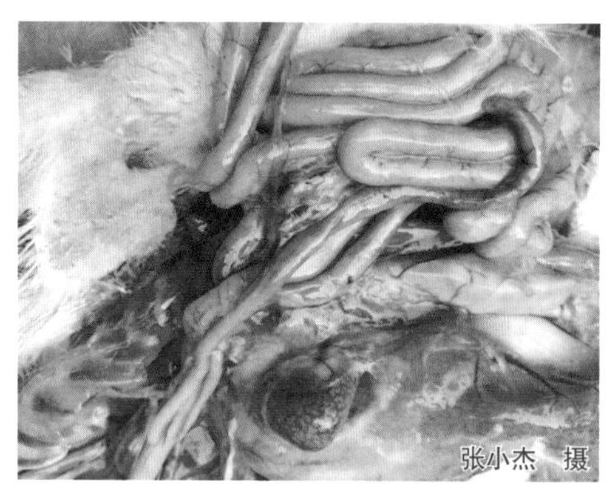

图 2-101 鹅盲肠肿胀，内有出血

【类症鉴别】在临床诊断上球虫病应注意与鸭瘟、坏死性肠炎等疾病相区别。

(1) 与鸭瘟的鉴别 鸭瘟病变中的出血性肠炎与球虫病有相似之处。球虫病的肠道变化表现为肠内容物为浅白色或鲜红色黏液或胶冻状黏液，而鸭瘟无此病变，可作为鉴别之一。鸭瘟多流行于春夏之际和秋天购销旺季，而球虫病则发生于高温高湿季节，可作为鉴别之二。鸭瘟病鸭的食道黏膜和泄殖腔黏膜有黄褐色坏死伪膜或溃疡，球虫病则没有这些病理变化，可作为鉴别之三。

(2) 与坏死性肠炎的鉴别 坏死性肠炎引起的肠道病变与球虫感染引起的病变相似，通过采取肠道内容物涂片检查有无球虫卵囊进行区别。球虫病时，雏鸭发病严重，成年鸭感染率较低，而坏死性肠炎则主要发生于种鸭，也可作为鉴别点。

【预防】

(1) 日常的预防措施 养殖舍应保持干燥、清洁；做好消毒卫生工作，及时定期清除粪便，用生物热的方法发酵处理，以杀灭粪便中的球虫卵囊，防止饲料和饮水被鸭粪污染；加大养殖舍的通风换气，维持舍内适宜的湿度；饲槽饮水及用具等应定期清洗、消毒，养殖舍地面和运动场地可用火焰喷烧消毒。定期更换垫草，运动场可铲除表土，换垫新土。

（2）药物预防 在球虫病常发的地区和季节，平时可在饲料中添加适量的磺胺类药物（也可用杀球灵、盐霉素等，但屠宰前1周应停药）能起到较好的预防作用。为防止耐药性的产生，可采用两种药联用或轮换使用，合理的联合用药既可防止耐药虫株的产生，又可增强药效和减少用量。当前使用的抗球虫药多数是针对处于无性生殖阶段的球虫，因此对于未表现明显症状或未感染的鸭、鹅效果较好，而对处于有性生殖阶段的球虫（即出现严重症状的病鸭、鹅）效果不佳。在采用轮换或穿梭用药时，一般先使用作用于第一代裂殖体的药物，再换用作用于第二代裂殖体的药物，这样不仅能减少或避免耐药性的产生，而且可提高药物的防治效果。

在球虫病流行地区，当雏鸭、鹅12日龄时，可以选用以下药物进行预防。

① 磺胺-6-甲氧嘧啶（制菌磺、SMM）和甲氧苄胺嘧啶合剂：二者的比例为5∶1，合剂的用量为0.02%混合在粉料中，连喂5天，停药3天，再喂5天。

② 磺胺甲基异噁唑（复方新诺明，SMZ）：用量为0.02%混料，连喂3天，停药3天，再喂5天。

③ 磺胺甲基异噁唑（SMZ）和甲氧苄胺嘧啶合剂：二者的比例为5∶1，合剂的用量为0.02%混合在粉料中，连喂5天，停药3天，再喂5天。

④ 杀球灵（有效成分为氯嗪苯乙腈）：按0.001%混料，连喂7天。

⑤ 磺胺-6-甲氧嘧啶：按0.1%拌料，连喂5天，停药3天，再喂5天。

⑥ 广虫灵（有效成分为甲氧吡啶）：按每千克饲料中加入100~150毫克，均匀混料，连用3~7天。

⑦ 球痢灵：按每千克饲料中加入125毫克，均匀混料，连用3~5天。

⑧ 球虫净：按每千克饲料中加入125毫克，均匀混料，连用3~5天，屠宰前7天停药。

【临床用药指南】

（1）加强隔离和消毒 当发现个别鸭、鹅发病时，应立即将病鸭、鹅隔离并全群药物预防，同时保持舍内清洁和干燥，及时清理粪便并堆积发酵。若场地被严重污染，应将鸭群、鹅群转移至未污染的场地，将雏鸭、鹅和成年鸭、鹅分开饲养。并对原场地、栏圈、食槽、饮水器及用具等进行清洗和彻底消毒。

（2）治疗 由于球虫病患病鸭、鹅通常食欲减退甚至废绝，但饮欲正常，甚至增加，因而通过饮水给药可使患病鸭、鹅获得足够的药物剂量，而且饮水给药比混料更方便。因此，治疗时最好采用饮水给药。治疗时除应该了解抗球虫药的商品名和化学名，避免使用同一品种或同一化学结构的抗球虫药物外，还应了解药物的治疗剂量和中毒剂量，以防药物中毒。同时，用药疗程要充足，应连续用药，以防再度暴发。

① 地克珠利：按原粉计，每千克饲料加入1毫克拌料或在每千克水中加入0.5~1毫克饮用，连用3~5天。

② 磺胺-6-甲氧嘧啶（制菌磺、SMM）和甲氧苄胺嘧啶合剂：二者的比例为5∶1，合剂的用量为0.04%混合在粉料中，连喂7天，停药3天，再喂3天，效果较好。也可选用磺胺-6-甲氧嘧啶，按0.2%拌料，连喂7天，停药3天，再喂3天；或磺胺甲基异噁唑（复方新诺明，SMZ），按0.04%混料，连喂7天，停药3天，再喂3天；或在饮水中加入1%的磺胺-2-甲基嘧啶，连用2天后，停药2天，再在饲料中加入0.15%的磺胺咪，连用4天后停药3天，接着又在饮水中加入1%的磺胺-2-甲基嘧啶，这样反复交替用药；或新球虫粉（由磺胺-6-甲氧嘧啶、甲氧苄啶及呋喃类药物组成的复合制剂），按每100千克饲料中添加新球虫粉1千克，混匀后连为7天。

③ 球虫宁：按每千克体重30毫克混料，连喂3天。也可选用球痢灵，按0.005%均匀混料，连喂3~5天。

④ 氨丙啉：按每千克体重10毫克混料，连喂3天。也可用20%安保乐水溶性粉，在25千克水中加入30克安保乐水溶性粉（相当于每千克水含240毫克氨丙啉），连续饮用3~5天，药液应每天现配现用。

⑤ 阿的平（米帕林）：按每千克体重0.05~0.1克，将药物混于湿谷粒中喂给，每隔2~3天给药1次，喂完第3次后，延长间隔时间，每隔5~6天喂1次，共喂5次。通常在喂完第3次后，患病鸭、鹅粪中便找不到球虫卵囊，症状明显好转，基本停止死亡。也可选用氯基阿的平，按每千克体重0.05克，与湿谷粒拌匀，每隔3天喂1次，共喂5次。

⑥ 克球多（可爱丹）：按每千克饲料中加入250毫克，均匀拌料喂给，连用3~5天。

⑦ 施得福：在饮水中加入0.5%的施得福，连用5~7天。

⑧ 氯苯胍：按每千克饲料中加入100毫克，均匀混料喂给，连用7~10天。屠宰前5~7天停药。

十、绦虫病

（一）剑带绦虫病

剑带绦虫病是剑带绦虫寄生于鹅、鸭、野鸭等水禽的小肠内而引起的一种寄生虫病。本病对幼龄鸭、鹅危害严重，发生感染后常发生生长发育受阻，并可造成大批死亡，给鸭、鹅养殖业带来巨大的损失。

【流行特点】 本病分布广泛，国内饲养鸭、鹅的地区均有发生，多呈地方性流行。不同日龄的鸭、鹅均可发生感染，但临床上主要见于1~3月龄的放养幼龄鸭、鹅和青年鹅群。成年鸭、鹅感染后多呈良性经过，成为带虫者。本病有明显的季节性，但以春末、夏、秋季多发，在冬季和早春很少发生。

【临床症状】 成年鸭、鹅感染剑带绦虫后一般症状较轻。幼龄鸭、鹅和青年鹅感染后，可表现明显的全身症状。首先出现消化机能障碍，腹泻，排出白色、稀薄的粪便，内混有白色的绦虫节片。发病后期，食欲废绝，羽毛松乱、无光泽，常离群独居，双翅下垂，不愿走动或行走困难。严重感染者常出现神经症状，走路摇晃、运动失调、失去平衡、向后坐倒、仰卧或突然倒向一侧不能起立，最后衰竭、死亡。病程约为 15 天。

【病理剖检变化】病死鸭、鹅较瘦弱，在十二指肠和空肠内可见大量寄生的绦虫虫体（图 2-102），严重者甚至堵塞肠腔（图 2-103），虫体较大、呈乳白色、形似矛头（图 2-104）。肠道黏膜充血，有时出血，呈卡他性炎症。肌胃内较空虚，角质膜呈浅绿色。部分病例心外膜有出血点，肝脏略肿大，胆囊充盈，胆汁稀、呈浅绿色。

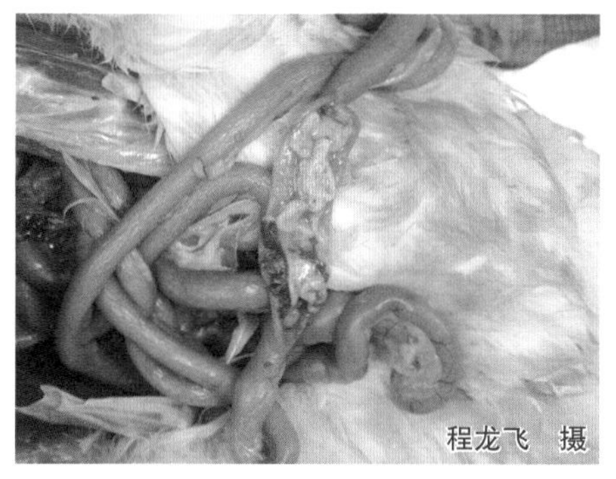

图 2-102 鹅十二指肠和空肠内寄生剑带绦虫虫体

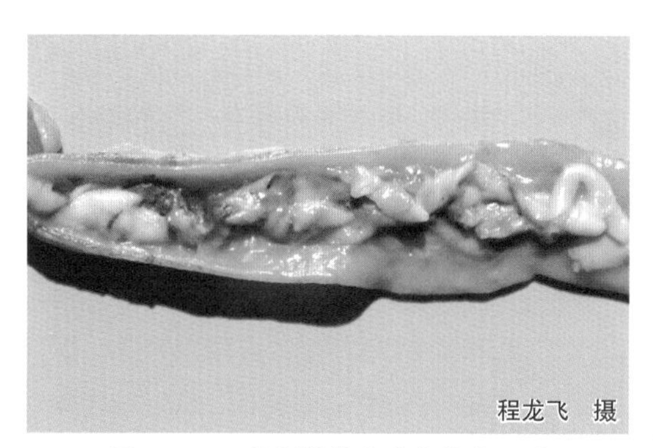

图 2-103 鹅剑带绦虫虫体堵塞肠腔

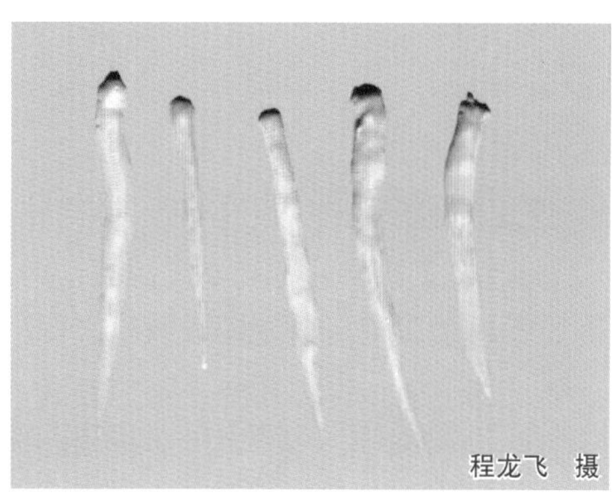

图 2-104 鸭（左）、鹅（右）的剑带绦虫虫体较大、呈乳白色、形似矛头

【预防】不同日龄的鸭、鹅分开饲养，幼龄鸭、鹅最好舍饲。有条件的，放牧地和水塘应轮换使用。成年鸭、鹅用吡喹酮、阿苯达唑或硫双二氯酚等每年进行 2 次预防性驱虫，第 1 次在春季放牧前，驱虫后 3 天内的粪便应及时清除并进行发酵处理，以杀灭虫卵。

【临床用药指南】发病鸭、鹅可内服吡喹酮（每千克体重 10~15 毫克）或阿苯达唑（每千克体重 20~30 毫克）。成年鸭、鹅还可用硫双二氯酚（每千克体重 100~150 毫克），按 1∶30 的比例与饲料混合，1 次投服。

（二）膜壳绦虫病

膜壳绦虫是鸭、鹅体内最常见而且是危害最严重的一种寄生虫，主要寄生在鸭、鹅的小肠内，引起鸭、鹅贫血、消瘦、腹泻、产蛋减少或停止，对幼龄鸭、鹅生长发育影响尤为严重，重度感染时可引起成批死亡。

【流行特点】 膜壳绦虫病流行于世界各地，凡有养过鸭、鹅的地方均有本病的存在，尤其是放牧鸭、鹅的感染率高、感染强度大、危害极为严重。各种年龄的鸭、鹅均可被感染，但幼龄鸭、鹅受害最严重。膜壳绦虫的发育均需经过中间宿主（包括淡水甲壳类、淡水螺或其他无脊椎动物），有的种类还以淡水螺作为转继宿主（或补充宿主），即以似囊尾蚴储藏在其体内。孕卵节片或虫卵随患病鸭、鹅的粪便排出，虫卵落入水中被中间宿主吞食后发育为成熟的似囊尾蚴，鸭、鹅在吞食了中间宿主后，似囊尾蚴进入小肠，并翻出头节，固着在肠壁上发育为成虫。膜壳绦虫吸盘或吻突上的钩或棘引起鸭、鹅肠壁的机械损伤，虫体产生的毒素可导致鸭、鹅中毒。

【临床症状】 膜壳绦虫感染所引起的临床症状主要取决于绦虫的感染量、饲料营养水平和鸭、鹅的年龄，轻度感染一般不呈现临床症状，严重感染时可出现生长缓慢、体况下降、产蛋率下降、消瘦和贫血、拉稀等症状。成年鸭、鹅感染后一般症状较轻，青年鸭、鹅和幼龄鸭、鹅感染后可表现明显的全身症状，首先出现消化机能障碍，腹泻，排白色稀粪，青年鸭、鹅和成年鸭、鹅的粪便中有时可见混有白色的节片；发病后期，食欲废绝，羽毛松乱无光泽，常离群独居，不愿走动，严重感染者常出现神经症状，走路摇晃、运动失调、失去平衡、向后坐倒、仰卧或突然倒向一侧不能起立，发病后常引起死亡。

【病理剖检变化】 病死鸭、鹅尸体消瘦，剖检可见肠腔内有大量的绦虫寄生（图 2-105），严重者甚至引起肠腔堵塞（图 2-106），发生堵塞的肠管，外观稍增粗。虫体寄生的肠黏膜处有不同程度的充血、出血（图 2-107），严重的可见溃疡病灶。虫体呈中小型、乳白色（图 2-108）。肝脏略肿大，胆囊充盈，胆汁稀、呈浅绿色。

图 2-105　鹅肠腔内寄生膜壳绦虫虫体

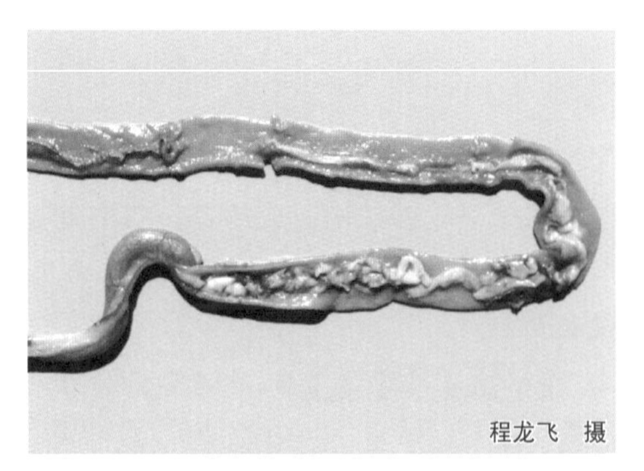

图 2-106　鸭膜壳绦虫虫体堵塞肠腔

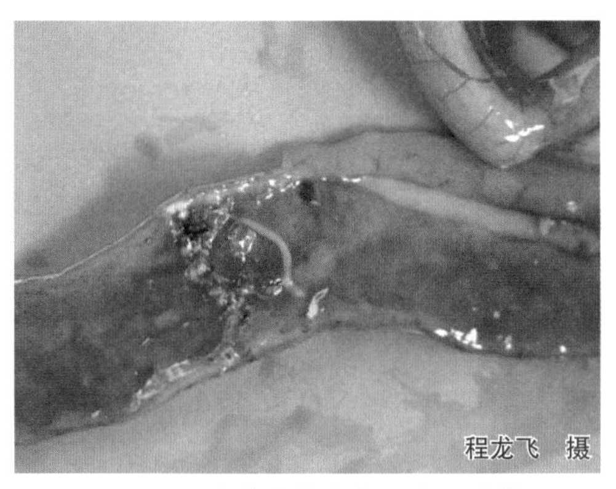

图 2-107 鸭膜壳绦虫寄生的肠黏膜处有不同程度的充血、出血

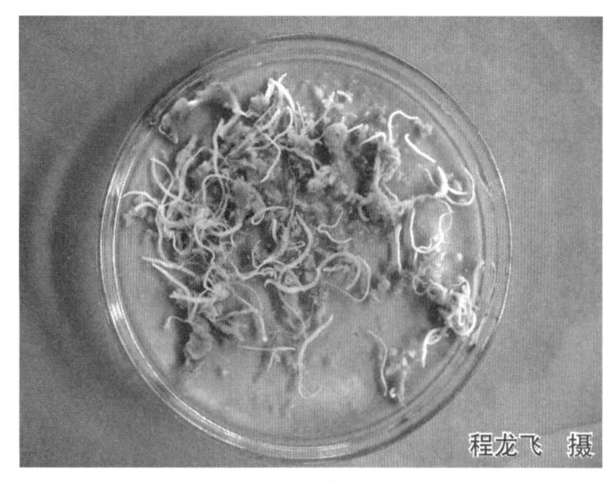

图 2-108 鸭的膜壳绦虫虫体呈中小型、乳白色

【预防】

（1）日常的预防措施 加强日常管理，不同日龄的鸭、鹅分开饲养，幼龄鸭、鹅最好舍饲。做好粪便的发酵处理，防止中间宿主吃到绦虫卵或节片。饲喂高水平动物源性蛋白质的鸭、鹅对感染的抵抗力明显高于饲喂低水平动物源性蛋白质的饲料的鸭、鹅。防止鸭、鹅吞食各种类型的中间宿主，用化学药物杀灭（或控制）中间宿主。保证水源不被污染或在远离水源处饲养，尽可能在水源流动的水域放牧，以减少中间宿主接触鸭、鹅而感染绦虫的机会，对污染的水域应停止 1 年以上方可放牧。新购入的鸭、鹅，必须隔离一段时间并进行粪便检查是否带有绦虫。必要时进行 1 次驱虫后才可合群饲养。

（2）药物预防 定期驱虫，对成年鸭、鹅用吡喹酮等每年进行 2 次预防性驱虫，第 1 次在春季放牧前，第 2 次在秋季放牧后。对幼龄鸭、鹅驱虫应在放牧 18 天后进行，以避免感染性幼虫成熟排卵污染水源，驱虫后 3 天内的粪便应及时清除并进行发酵处理，以杀灭虫卵。

【临床用药指南】 隔离病鸭、鹅，投药一般在清晨，投药前鸭、鹅应禁食 8~12 小时。

① 吡喹酮：按每千克体重 10~15 毫克内服，该药疗效好，是驱除膜壳绦虫的首选药物。

② 阿苯达唑：按每千克体重 20~30 毫克，1 次拌料喂服。

③ 硫双二氯酚（别丁）：剂量为每千克体重 100~150 毫克，按 1∶30 的比例与饲料混合，1 次投服。

④ 氯硝柳胺（灭绦灵）：按每千克体重 60~150 毫克，均匀拌料，1 次内服。

⑤ 卡玛拉：按每千克体重 3 克，用牛奶稀释后拌入饲料喂服。

⑥ 四氯化碳：按每千克体重 2 毫升，与 3 毫升液状石蜡混合后内服。

⑦ 槟榔、石榴皮合剂：槟榔与石榴皮各 100 克加水至 1000 毫升，煮沸 1 小时后

加水调至800毫升。投药剂量：20日龄鸭1.2~1.5毫升、30日龄鸭2.0毫升、30日龄以上鸭2.5毫升，混入饲料或用胃管投服，分2天喂服。

⑧ 槟榔碱：将1克干燥的槟榔碱粉末，溶解于1000毫升沸水中，用量为每千克体重1~1.5毫升，用小胃管投药。投药后几分钟，鸭只会呈现兴奋、呼吸及肠蠕动加快，频频排粪，这种现象经1~2分钟消失。通常经20~30分钟排出绦虫。

十一、蛔虫病

蛔虫病是由蛔虫寄生于小肠内引起的一种寄生虫病。本病遍及全国各地，常影响幼龄鸭、鹅的生长发育，甚至造成大批死亡。

【流行特点】 雌虫在小肠内产卵，卵随粪便排出体外。在适宜的温度和湿度等条件下，经17~18天发育为具有侵袭性的幼虫，鸭、鹅因吞食了被侵袭性幼虫污染的饲料或饮水而感染，幼虫在腺胃与肌胃处逸出，钻入肠黏膜发育一段时间后，重返回肠腔发育为成虫。本病多发于温暖潮湿的季节，饲养环境差的鸭群、鹅群易发。临床上以2~3月龄鸭、鹅最易感染和发病，成年鸭、鹅多为带虫者。

【临床症状】 发生感染的幼龄鸭、鹅常表现为生长发育缓慢，精神不振，行动迟缓，双翅下垂，羽毛缺乏光泽，可视黏膜苍白，消化功能障碍，食欲减退，腹泻，有时粪中混有带血黏液，机体消瘦。严重感染者逐渐衰竭死亡。

【病理剖检变化】 病死鸭、鹅剖检可见蛔虫虫体聚集于肠段，小肠黏膜发炎、出血（图2-109）。严重感染时可见大量虫体聚集，相互缠结，肠道黏膜组织增生，有时可见肠道黏膜形成粟粒大的寄生虫性结节。

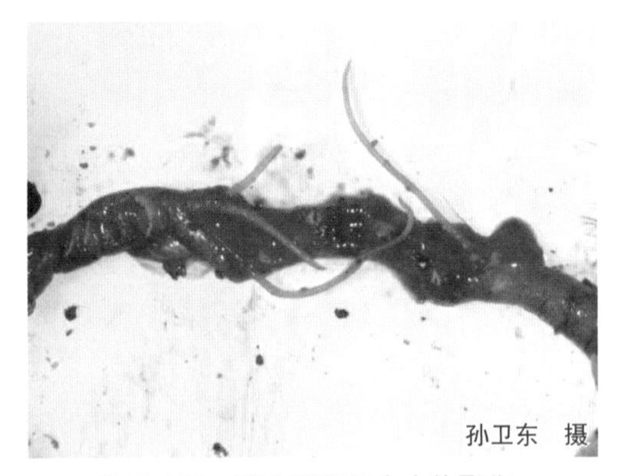

图2-109 鸭小肠有蛔虫虫体聚集，小肠黏膜发炎、出血

【预防】

（1）日常的预防措施 搞好鸭舍、鹅舍的清洁卫生，每天清除鸭舍、鹅舍及运动场的粪便，并集中起来进行生物热处理。勤换垫草，铺上一些草木灰保持干燥。运动场要保持干燥，有条件时铺上一层细沙，或隔一段时间铲去表土，换新垫土。饲槽和饮水器应每隔1~2周用沸水消毒1次。把幼龄鸭、鹅与成年鸭、鹅分开饲养，不公用运动场。

（2）药物预防 每年用左旋咪唑或枸橼酸哌嗪（驱蛔灵）等进行2~3次定期驱虫。第1次驱虫在2月龄时进行，第2次驱虫在冬季；成年鸭、鹅第1次驱虫在10~11月，第2次在春季产蛋前1个月。驱虫后3天内的粪便应及时清除并进行堆积发酵处理，以杀灭虫卵。

【临床用药指南】

① 磷酸哌嗪片：按每千克体重 0.2 克，拌料，1 次喂服。

② 枸橼酸哌嗪（驱蛔灵）：按每千克体重 200~250 毫克，1 次口服，或配成 1% 水溶液任其饮用，必须在 8~12 小时内服完，对成虫和幼虫有效。

③ 甲苯达唑：按每千克体重 30 毫克，1 次喂服，对成虫和幼虫均有效。

④ 左旋咪唑（左咪唑）：按每千克体重 20~30 毫克，溶于饮水中，1 次口服，对成虫和幼虫的驱虫率均达 100%。

⑤ 丙硫苯咪唑：按每千克体重 10~25 毫克，混料喂服。

⑥ 四咪唑（驱虫灵）：按每千克体重 60 毫克，1 次喂服。

⑦ 硫化二苯胺（酚噻嗪）：雏鸭、鹅按每千克体重 300~500 毫克，成年鸭、鹅按每千克体重 500~1000 毫克，拌料喂服。

⑧ 噻苯达唑：按每千克体重 500 毫克，1 次性口服。

⑨ 潮霉素 B：按每吨饲料加 8.8~13.2 克，混入饲料中喂服。

十二、鹅裂口线虫病

鹅裂口线虫病是由裂口线虫寄生于鹅的肌胃角质膜下的一种常见寄生虫病。本病分布广泛，感染率较高，可影响鹅的生长发育，严重感染可导致死亡。

【流行特点】裂口线虫的发育不需要中间宿主，虫卵随粪便排出体外，在适宜的温度下发育为感染性幼虫。鹅吞食带感染性幼虫的食物、水草或饮用含感染性幼虫的饮水而感染。临床上多见于 2 月龄左右的鹅感染发病较重，常引起衰竭死亡；成年鹅感染，多为慢性，一般呈良性经过，成为带虫者。鹅群的感染率高达 96.4%，常呈地方性流行。本病多发于夏、秋季。

【临床症状】患病鹅出现精神不振，食欲减退，不愿活动，羽毛松乱、无光泽，消瘦，贫血，嗜睡，常蹲伏，不愿站立。腹泻，严重者排出带有血液的黏液性粪便。病鹅生长发育停滞，重症者甚至衰竭死亡。

【病理剖检变化】病死鹅通常瘦弱，眼球轻度凸陷，皮肤和脚蹼皮肤干燥。剖检可见肌胃有病变和粉红色细小虫体（图 2-110）。肌胃角质膜呈墨绿色、暗棕色或黑色，角质膜坏死、易脱落，脱落的角质膜下常见充血、出血斑或溃疡灶（图 2-111），在坏死病灶处常见虫体积聚。肠道黏膜呈卡他性炎症，严重病例可见小肠内有大量暗红色的带血黏液。

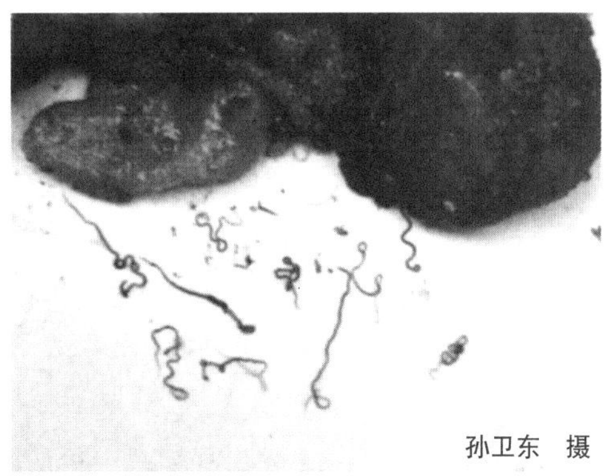

孙卫东　摄

图 2-110　鹅肌胃发黑，且有粉红色细小虫体

【预防】加强饲养管理，定期清扫粪便，做好鹅舍及周边环境的消毒工作。不

到低洼潮湿地带放牧或死水塘戏水，防止鹅群感染发病。成年鹅与幼龄鹅分开饲养，防止幼龄鹅感染。定期对鹅群进行粪检，发现虫卵时及时隔离驱虫，杜绝病原传播。在本病流行区域，鹅群要用左旋咪唑、阿苯达唑等对20~30日龄的鹅进行第1次预防性驱虫，对3~4月龄的鹅进行第2次预防性驱虫。

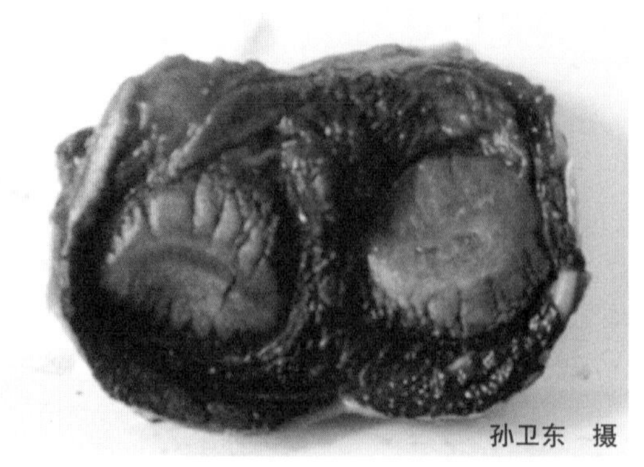

图2-111 鹅肌胃角质层呈墨绿色，虫体寄生部位糜烂、坏死，易脱落

【临床用药指南】左旋咪唑，按每千克体重25毫克，1次混饲，连用2天；或阿苯达唑，按每千克体重50毫克，1次混饲，连用2天。

十三、鸭杯叶吸虫病

鸭杯叶吸虫病是由盲肠杯叶吸虫寄生于鸭盲肠引起的一种寄生虫病。临床上以盲肠肿大、坏死为主要病变，俗称鸭盲肠肿大坏死症，给广大肉鸭饲养户造成很大的经济损失。

【流行特点】本病主要感染番鸭和半番鸭，各种日龄均可发生，偶见于20~100日龄的麻鸭。本病的发生具有明显的地域性，多见于有山、有水田的山区，一旦发生，以后每年都会有本病的发生。本病的发病季节多集中在每年的9月至第二年的1月（即晚稻收割后的1~3个月时间）。

【临床症状】一般水田放牧后5~7天发病，急性病例主要表现为部分病鸭精神沉郁，食欲减少或废绝，排黄褐色或黄白色稀粪，泄殖腔常沾有黄白色粪便，随后几天发病率和死亡率逐渐升高，到10天后死亡率又逐渐降低，个别转为慢性病例，部分病鸭也会耐过而表现生长缓慢。病程可持续10~15天，发病率可达20%~50%，病死率可达10%~50%。慢性病例则表现为精神沉郁，消瘦，排黄白色稀粪，零星发病和零星死亡，病程可持续10~20天，在临床上使用一般的抗生素、磺胺类等药物治疗均无效果。

【病理剖检变化】病死鸭剖检可见盲肠肿大明显（约是正常肠道的5倍以上），盲肠表面有不同程度的点状或斑状坏死（图2-112），切开盲肠可见内容物为黄褐色糊状物，并有一股难闻的恶臭味，盲肠黏膜有溃疡或灶状坏死（图2-113）。部分慢性病例的盲肠内容物干涸后可形成干酪样栓塞，盲肠内壁坏死严重并呈糠麸样病变，仔细查看在盲肠内壁上仍可见一些黄白色虫灶，小肠也有轻度的卡他性炎症，个别病例在直肠中也可见到肿大和肠壁坏死病变，其他内脏器官无明显肉眼可见病变。

【预防】由于盲肠杯叶吸虫需要淡水螺和泥鳅分别作为第一中间宿主和第二中间宿主，因此本病的发生具有明显的地域性和季节性，预防上首先要避免鸭到本病常发地区进行放牧，杜绝肉鸭在野外采食到有本虫的感染性囊蚴；其次在本病的流行季节或野外放牧期间，定期使用广谱抗蠕虫药（如阿苯达唑）进行预防。

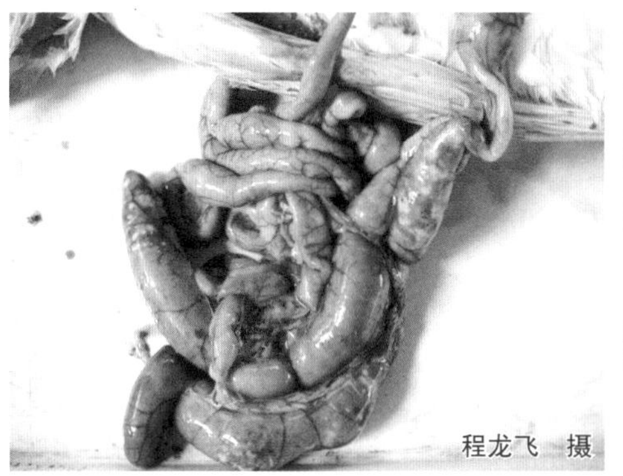

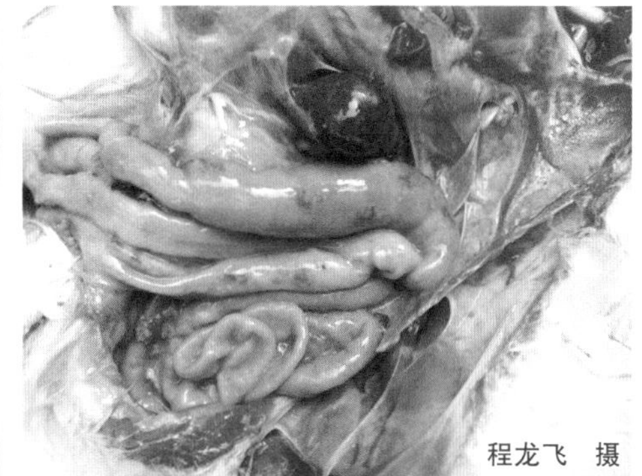

图 2-112 鸭盲肠肿大明显，盲肠表面有不同程度的点状或斑状坏死

【临床用药指南】阿苯达唑，按每千克体重 25 毫克，拌料口服，连用 3 天，可获得很好的治疗效果，一般用药后第 2 天即可控制死亡，用药 3 天后可完全康复。此外，硫双二氯酚、阿苯达唑、吡喹酮等对本病的防治具有一定疗效，可选择使用。

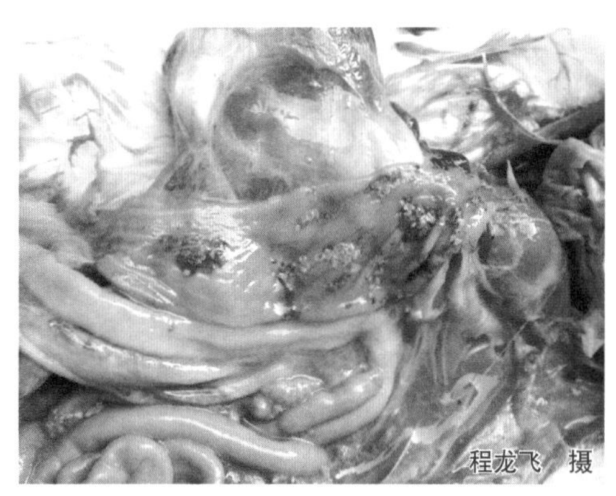

图 2-113 鸭盲肠黏膜有溃疡或灶状坏死

十四、脂肪肝综合征

脂肪肝综合征是由于鸭、鹅体内脂肪代谢障碍，大量脂肪沉积于肝脏，从而引起脂肪变性的一种营养代谢病。本病多出现在产蛋率高的鸭群、鹅群（尤其是鹅群），在肥育期的肉用鸭、鹅也有发生。病鸭、鹅体况良好，其肝脏、腹腔及皮下有大量的脂肪蓄积，常伴有肝脏破裂而突然发病，病死率高。本病多发生于冬季和早春季节。

【病因】导致鸭、鹅发生脂肪肝综合征的因素包括遗传、营养、环境与管理、激素、有毒物质等，除此之外，促进性成熟的高水平雌激素也可能是本病的诱因。

【临床症状】发生本病的鸭群、鹅群通常体况良好，常突然发生死亡。产蛋鸭、鹅表现为产蛋率明显下降，有的在产蛋过程中死亡，有的在捕捉时由于受惊吓而死亡。

【病理剖检变化】病死鸭、鹅剖检可见皮肤、肌肉苍白，皮下、腹腔及肠系膜均有大量的脂肪沉积；肝脏肿大，边缘钝圆，呈黄色油腻状（图 2-114）。有的病鸭、鹅由于肝脏破裂而腹腔积血（图 2-115），肝脏被膜下有血凝块（图 2-116），肝脏质脆、易碎如泥样（图 2-117），用刀切时，在切开的表面上有脂肪滴附着。有的鸭、鹅心肌变性，呈黄白色。有些鸭、鹅的肾脏略变黄，脾脏、心脏、肠道有不同程度的小出血点。处于产蛋高峰状态的病死鸭、鹅，卵泡发育正常，输卵管中常有正在发育的蛋。

图 2-114　鹅腹腔有大量的脂肪沉积，肝脏呈土黄色

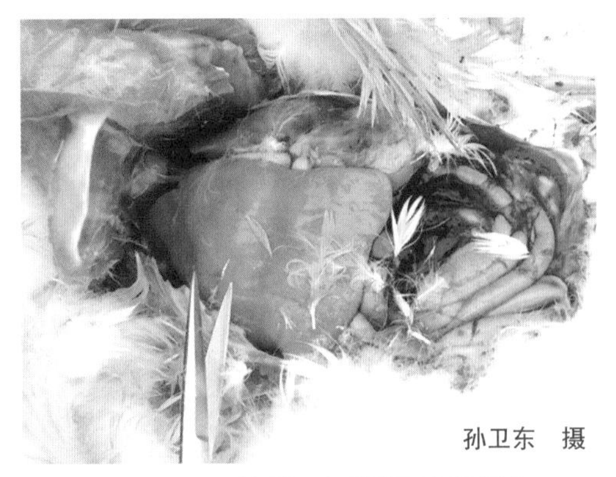

图 2-115　鸭因肝脏破裂而腹腔积血

图 2-116　鸭肝脏破裂，肝脏被膜下有血凝块

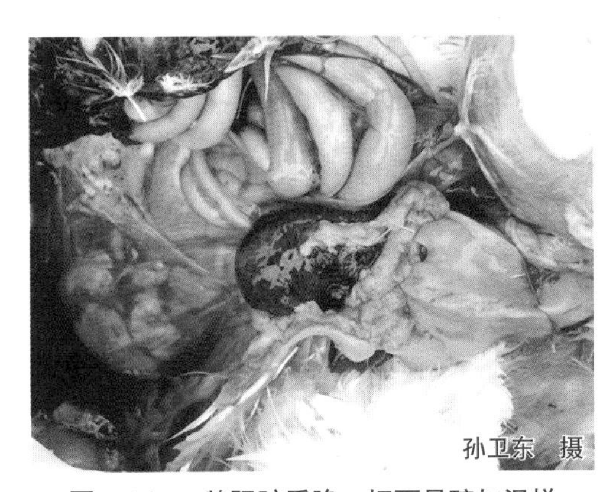

图 2-117　鹅肝脏质脆，切面易碎如泥样

【预防】

（1）**坚持产蛋前的限制饲喂，重在控制体重**　育成期的限制饲喂至关重要，一般限喂 8%~12%，一方面可以保证产蛋鸭、鹅体成熟与性成熟的协调一致，充分发挥其产蛋性能；另一方面可以防止鸭、鹅过度采食，导致脂肪沉积过多，从而影响其日后的产蛋性能。因此，对体重达到或超过同日龄同品种标准体重的育成鸭、鹅，采取限制饲喂是非常必要的。

（2）**严格控制产蛋期的营养水平，供给营养全面的全价饲料**　处于生产期的鸭、鹅，代谢活动非常旺盛，在饲养过程中，既要保证充分的营养，满足蛋鸭、鹅生产和维持的各方面的需要，同时又要避免营养的不平衡（如高能低蛋白质）和缺乏（如饲料中蛋氨酸、胆碱、维生素 E 等不足），一定要做到营养合理与全面。在鸭、鹅开产后应提高蛋白质 1%~2%，并加入一定量的麦麸（麦麸中含有控制脂肪代谢的必要因子），适当控制稻谷的饲喂量，并在饲料中添加多种维生素和微量元素；对于育肥期的肉用鸭、鹅应适当控制配合饲料的饲喂量。此外，在日粮中添加富含亚油酸的饲料，可降低发病率。

(3) **消除诱发因素** 禁喂霉变饲料，舍养的产蛋鸭、鹅应增加户外运动。

【临床用药指南】

(1) **平衡饲料营养** 尤其注意饲料中能量是否过高，如果是，应适当降低高能量和高蛋白质饲料的比例，并实行限制饲喂。

(2) **补充"抗脂肪肝因子"** 主要是针对病情轻和刚发病的鸭群、鹅群。在每千克日粮中补加 1 克氯化胆碱、1 万国际单位的维生素 E、12 毫克的维生素 B_{12} 和 900~1000 毫克的肌醇，连续饲喂；对重症鸭、鹅，可每只喂服氯化胆碱 0.1~0.2 克，连服 10 天，病情会很快得到控制，产蛋鸭、鹅的产蛋量会逐渐恢复。

十五、有机磷农药中毒

有机磷农药中毒是由于鸭、鹅接触或吸入有机磷农药，或者误食施过有机磷农药的蔬菜、牧草、农作物或被有机磷农药污染的饮水而发生中毒。临床上以流涎、腹泻、瞳孔缩小、抽搐等胆碱能神经兴奋症状为特征。各日龄鸭、鹅均可发生。

【病因】鸭、鹅在刚喷洒有机磷农药不久的稻田、草场及其他场地放牧；误食拌有或被有机磷农药污染的谷物种子、青饲料、诱饵，毒死的蝇、蛆、鱼、虾等；用有机磷农药驱虫、杀灭体表寄生虫或舍内外的昆虫时，药物的剂量、浓度超过了安全的限度，或鸭、鹅食入较多被有机磷毒死的昆虫；由于工作上的疏忽或其他原因使有机磷农药混入饲料或饮水中，或人为故意投毒等均可造成中毒。

【临床症状】有机磷农药中毒最急性者可不见任何症状而突然死亡。急性中毒后 10 分钟左右即突然拍翅、跳跃、抽搐死亡（图 2-118）。病程稍长的，可出现拒食、流涎（图 2-119），流泪、眼结膜充血（图 2-120），瞳孔缩小（图 2-121），运动失调、两脚麻痹、不能站立，频排稀粪，呼吸困难，肌肉震颤、抽搐，头颈歪向一侧或角弓反张（图 2-122）等症状，有的最后因窒息而死亡，部分病鸭、鹅可耐过。慢性中毒病例主要表现为食欲减退、消瘦，有头颈扭转、圆圈运动等神经症状，最后可因虚弱而死亡。

图 2-118 鸭拍翅、跳跃、抽搐

图 2-119 鸭流涎

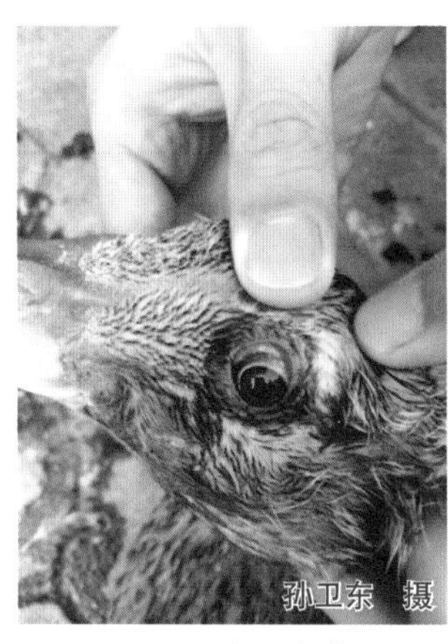

图 2-120 鸭眼结膜充血

图 2-121 鸭瞳孔缩小

图 2-122 鸭头颈歪向一侧（左）或角弓反张（右）

【病理剖检变化】病死鸭、鹅剖检时可见胃肠黏膜充血、出血、肿胀并易于剥落；嗉囊、胃肠内容物有大蒜味，心肌出血，肺充血、水肿，气管、支气管内充满泡沫状黏液，心肌、肝脏、肾脏、脾脏变性，如煮熟样。

【预防】养殖场内购买的有机磷农药应与常规药物分开存放并由专人负责保管，严防毒物误入饲料或饮水中；使用有机磷农药毒杀体表寄生虫或舍内外的昆虫时，药物的剂量应准确；驱虫最好是逐只喂药，或经小群投药试验确认安全后再大群使用；禁止鸭、鹅到刚喷洒过农药的草地、农田、菜地放牧，一般应间隔 1~2 周及以上；禁止用喷撒过有机磷农药后不久的菜叶、青草、谷物作为饲料等。已经死亡的鸭、鹅严禁食用，要集中深埋或进行其他无害化处理。

【临床用药指南】一旦中毒，立即停喂可疑含毒饲料，切开食管膨大部或向上挤压食管膨大部以挤出内容物，饮用 0.01% 高锰酸钾（1605 中毒禁用），或 2.5% 小苏打或 1%~2% 石灰水（敌百虫中毒禁用，因敌百虫遇到碱能变成毒性更强的敌敌畏）溶液，或根据病鸭、鹅的大小灌服 1%~2% 石灰水（上清液）3~5 毫升（1605 中毒适用，因 1605 一遇到碱性物质能很快分解而失去毒性），同时进行下列治疗。

（1）**中毒较重者**　立即肌内注射解磷定，成年鸭、鹅每只40毫克（或用双复磷，成年鸭、鹅每只10毫克）；同时，每只皮下注射硫酸阿托品0.5毫克，过15分钟后再注射1次，以后每隔半小时口服阿托品1片（0.3毫克），连服2~3次，并给予饮水。雏鸭、鹅按1千克体重口服阿托品1片（0.3毫克），15分钟后再服1次相同剂量，以后每隔半小时服1次，剂量减半，连服2~3次。

（2）**中毒较轻者**　可肌内注射硫酸阿托品0.5毫克和10%葡萄糖生理盐水2毫升。

（3）**尚未出现症状者**　每只口服0.1毫克阿托品。

十六、鹅楝树叶中毒

鹅楝树叶中毒是由于鹅食入楝树叶而引起的中毒。

【病因】鹅食入楝树叶。

【临床症状】鹅采食楝树叶数小时后即发生中毒，轻者表现精神委顿，眼睛半开半闭或完全闭合，头颈平伸抵地，两翅下垂，羽毛松乱，两脚乏力，站立不稳，口渴，食欲减退；重者食欲废绝，腹泻，排血便，兴奋不安，盲目冲撞或转圈，继而呼吸困难，痉挛，昏迷倒地，失去知觉，最后死亡。

【病理剖检变化】病死鹅均可见心脏、肺出血，其中心外膜出血严重；十二指肠及小肠黏膜弥漫性出血（图2-123），肠内容物有凝血块（图2-124），盲肠、直肠及泄殖腔有不同度的充血、出血。

图2-123　十二指肠及小肠黏膜弥漫性出血

图2-124　肠内容物血样，有少量凝血块

【临床用药指南】停喂楝树叶，给病鹅灌服鸡蛋清、10%葡萄糖溶液，鹅只会陆续康复。

十七、泄殖腔外翻

泄殖腔外翻俗称“脱肛”，是指泄殖腔外翻造成的一种疾病。初产或高产鸭、鹅多发，发病后易引起鸭、鹅啄肛而导致死亡。

【病因】

（1）营养因素 日粮中蛋白质含量增加，喂料过多，维生素缺乏，使所产蛋增大，产蛋时用力过度造成泄殖腔外翻。

（2）管理因素 饲养密度过大，通风不良，饮水不足，光照不合理，地面潮湿，卫生条件差，泄殖腔发炎等造成泄殖腔外翻。

（3）疾病因素 患胃肠炎或其他疾病导致长期腹泻，使泄殖腔松弛而造成泄殖腔外翻。

（4）应激因素 惊吓、噪声对产蛋鸭、鹅的超强刺激，使输卵管外翻不能复位而造成泄殖腔外翻。

【临床症状】患病鸭、鹅泄殖腔周围的羽毛湿润，从泄殖腔流出白色或黄色黏液，随之呈肉红色的泄殖腔脱出泄殖腔外2~4厘米，充血、发红（图2-125），有时出血，2~3天后颜色渐变为暗红色，甚至紫色，粪便难以排出。病鸭、鹅疼痛不安，如不及时处理可引起炎症、水肿、溃疡，逐渐消瘦而死亡。

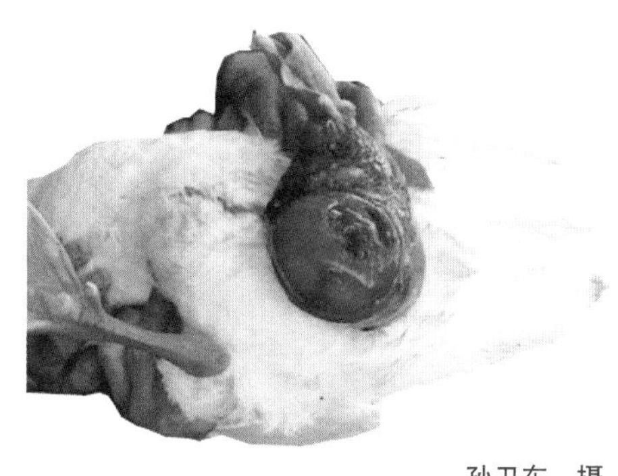

图2-125 鸭（左）、鹅（右）的泄殖腔脱出，充血、出血、坏死

【预防】注意饲养密度和舍温适宜，通风良好，给水充足，及时清除粪便，保持地面干燥，在日粮中增加维生素和矿物质。发现病鸭、鹅，及时隔离。

【临床用药指南】

（1）复位 将脱出的泄殖腔用2%明矾水溶液或0.1%高锰酸钾溶液冲洗干净，涂布消炎软膏，并以消毒纱布托着缓慢送回；或用1%普鲁卡因溶液清洗外翻泄殖腔，并于肛门周围进行局部麻醉，然后进行烟包缝合，保持3~5天。

（2）抗菌消炎 注射青霉素和链霉素，每只肌内注射15万~20万单位；口服土霉素，按0.2%混料喂服。

（3）中草药疗法 整复后将病鸭、鹅倒吊1~2小时，内服补中益气丸，每次15~20粒，每天1~2次，连用数天；或用补中益气汤加减：白术、黄芪、柴胡、陈皮、升麻、当归、党参、甘草各适量，每只1克，拌料或煎汁饮水，每天3次，连用5天。

第三章　呼吸系统疾病的鉴别诊断与防治

第一节　呼吸系统疾病发生的因素及感染途径

一、疾病发生的因素

（1）**生物性因素**　包括病毒（如禽流感病毒等）、细菌（如鸭疫里默氏杆菌、大肠杆菌、变形杆菌、支原体等）、霉菌（如曲霉菌等）和某些寄生虫（如鸭气管吸虫等）等。

（2）**环境因素**　主要是指鸭舍、鹅舍内的环境及卫生状况。当舍内空气污浊，有害气体（氨气、硫化氢等）含量高，易损害呼吸道黏膜，诱发呼吸系统疾病。鸭舍、鹅舍内的灰尘（图 3-1）或粉尘含量高，垫草（图 3-2）、垫料霉变，鸭、鹅吸进携带病原的灰尘、粉尘或霉菌孢子后易发生呼吸系统疾病。鸭舍、鹅舍的保温设施的排烟口离屋檐太近（图 3-3），引起烟倒灌，或者在麦收季节由于大面积秸秆焚烧引起的烟尘进入鸭舍、鹅舍，引发呼吸系统疾病。

图 3-1　鸭舍屋顶积聚的灰尘

图 3-2　鸭舍内的垫草发霉

图 3-3 鸭舍的排烟口离屋檐太近，易引起烟倒灌

（3）饲养管理因素 鸭群、鹅群饲养密度过大（图 3-4）；饲养场地过于潮湿（图 3-5）；暴雨过后，不能及时排出积水的养殖场或场地内的排水管（或排水沟）排水不畅（图 3-6），易继发一些病原感染而引起呼吸系统疾病。

图 3-4 鸭群饲养密度过大

（4）营养因素 营养缺乏（如维生素 A 缺乏）、营养代谢紊乱（如痛风）、中毒（如亚硝酸盐中毒）等也可引起呼吸系统疾病。

（5）气候因素 气候骤变、大风、降温或高温等常可诱发呼吸系统疾病。

图 3-5 鸭舍内垫料潮湿

图 3-6 鹅饲养场地的排水沟排水不畅

（6）**鸭、鹅呼吸系统自身的解剖学特点**　鸭、鹅的内脏器官之间是由气囊或浆膜囊分割，这种情况注定了鸭、鹅的呼吸系统疾病易受其他系统（如消化系统、生殖系统）疾病的影响。

二、疾病的感染途径

呼吸道黏膜表面是鸭、鹅与环境间接触的重要部分，对各种微生物、化学毒物和尘埃等有害的颗粒有着重要的防御机能。呼吸器官在生物性、物理性、化学性、机械性等因素的刺激下及其他器官疾病的影响下，削弱或降低呼吸道黏膜的屏障防御作用和机体的抵抗能力，导致外源性的病原、呼吸道常在病原（内源性）的侵入和大量繁殖，引起呼吸系统的炎症等病理反应，进而造成呼吸系统疾病，见图 3-7。

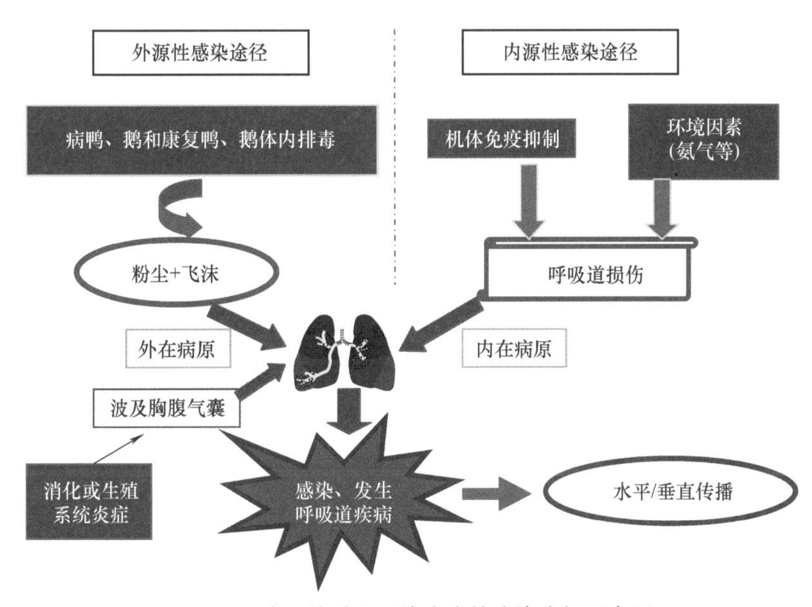

图 3-7　鸭、鹅呼吸系统疾病的感染途径示意图

第二节　呼吸困难的诊断思路及鉴别诊断要点

一、诊断思路

当发现鸭群、鹅群中出现以呼吸困难为主要临床表现的病鸭、鹅时，首先应考虑的是呼吸系统（肺源性）疾病，其次是引起鸭、鹅呼吸困难的心原性、血原性、中毒性、腹压增高性等原因的疾病。其诊断思路见表 3-1。

表 3-1 鸭、鹅呼吸困难的诊断思路

所在系统	损伤部位或病因	初步诊断
呼吸系统	气囊炎、浆膜炎	传染性浆膜炎、大肠杆菌病、内脏型痛风等
	肺结节	曲霉菌病
	喉、气管、支气管	副黏病毒病、禽流感、变形杆菌病、气管吸虫病等
	鼻、鼻腔、眶下窦病变	支原体病（传染性窦炎）
心血管系统	右心衰竭	肉鸭腹水综合征
	贫血	重症球虫病、绦虫病等
	血红蛋白携氧能力下降	一氧化碳中毒、亚硝酸盐中毒等
神经系统	中暑	日射病
		热射病、重度热应激
其他	腹压增高性	输卵管积液、腹水等
	管理因素	氨刺激、烟刺激、粉尘等

二、鉴别诊断要点

引起鸭、鹅呼吸困难的常见疾病的鉴别诊断要点见表 3-2。

表 3-2 引起鸭、鹅呼吸困难的常见疾病的鉴别诊断要点

病名	鉴别诊断要点										
	易感日龄	流行季节	群内传播	发病率	病死率	粪便	呼吸	神经症状	胃肠道	心脏、肺、气管和气囊	其他脏器
禽流感	全龄	无	快	高	高	黄褐色稀粪	困难	部分鸭、鹅有	严重出血	肺充血和水肿，气囊有灰黄色渗出物	腺胃乳头肿大、出血
副黏病毒病	全龄	无	快	高	高	黄绿色稀粪	困难	部分鸭、鹅有	严重出血	心冠出血、肺瘀血、气管出血	腺胃乳头、泄殖腔出血
传染性浆膜炎	2~6周龄	无	快	5%~100%	5%~70%	黄绿色稀粪	困难	角弓反张姿势	炎症	心包炎、气囊炎	肝周炎
大肠杆菌病	全龄	无	较慢	较高	较高	稀粪	困难	脑型有	炎症	心包炎、气囊炎	肝周炎
变形杆菌病	3~30日龄	梅雨季节	快	较高	较高	白色或绿色粪便	急促	无	正常	气管内充满分泌物、气囊炎、肺水肿	正常
支原体病	2~3周龄	冬、春季	较快	高	低	正常	困难	无	正常	上呼吸道炎症	窦炎、结膜炎
曲霉菌病	4~15日龄	无	无	较高	较高	间有腹泻	困难	部分鸭、鹅有	正常	肺、气囊有霉斑结节	有时有霉斑
气管吸虫病	全龄	夏、秋季	无	低	低	正常	困难	无	正常	从咽喉至肺细支气管充血	气管、支气管壁上有虫体
一氧化碳中毒	0~2周龄	无	无	较高	很高	正常	困难	有	正常	肺充血、呈樱桃红色	充血

第三节 常见疾病的鉴别诊断与防治

一、禽流感

禽流感是由A型流感病毒引起的不同品种、日龄水禽及其他禽类的一种传染病。由于鸭、鹅通常是带毒者，可能带来禽流感的新威胁，也有可能成为人类流感病毒的“储藏库”，所以，防治鸭、鹅流感具有公共卫生学的意义。高致病性禽流感已被世界动物卫生组织（OIE）规定为A类传染病，中华人民共和国农业农村部关于《一、二、三类动物疫病病种名录》的公告（第1125号）将其列为一类疫病。目前，我国高度重视高致病性禽流感的防控，免费发放疫苗并实行强制免疫。

【流行特点】患禽流感的病禽、病死禽、表面健康的带毒禽等为本病的传染源。病毒可通过多种途径传播，如污染的水源、空气、水禽贩等经过消化道、呼吸道、皮肤损伤和眼结膜传染，吸血昆虫可传播本病毒，病禽的蛋也可以带毒，因此也可通过蛋传播。带毒的野生鸟类常因迁徙而传播本病。各品种、日龄的鸭、鹅均可感染发病，临床上以20日龄以上的鸭群、鹅群多发。患病鸭、鹅的病死率与鸭、鹅的品种、日龄及有无并发或继发症有关。本病一年四季均可发生，但以每年的11月至第二年的4月或5月发病较多。发生本病的鸭群、鹅群易并发或继发传染性浆膜炎、大肠杆菌病、副伤寒、禽霍乱、球虫病等。

【临床症状】本病的潜伏期为数小时至数天，最长的可达21天。

（1）高致病性禽流感 患病鸭、鹅突然发病，病初体温升高，食欲减退甚至废绝，缩头，精神极度萎靡，羽毛松乱，昏睡（图3-8）。部分鸭、鹅出现神经症状，如扭颈、

图3-8 鸭（左）、鹅（右）精神萎靡，羽毛松乱，昏睡

喙触地、仰翻、侧卧、横冲直撞、共济失调、角弓反张（图 3-9 和图 3-10）等。腹泻，排白色或黄绿色稀粪（图 3-11）。多数病鸭、鹅眼睛流泪（图 3-12），眼结膜充血、潮红或出血（图 3-13）；有的出现角膜混浊，眼睛失明。患病鸭、鹅早期流浆液性鼻液（图 3-14），严重者鼻腔出血（图 3-15）。有的头面部肿大，下颌部水肿。感染鸭、鹅在出现症状后 1~3 天内大批死亡（图 3-16），其发病率可达 100%，死亡率为 85% 以上。

樊彦红 摄

樊彦红 摄

图 3-9 鸭仰翻、侧卧、角弓反张

张青 摄

张青 摄

图 3-10 鹅扭颈（左），仰翻、角弓反张（右）

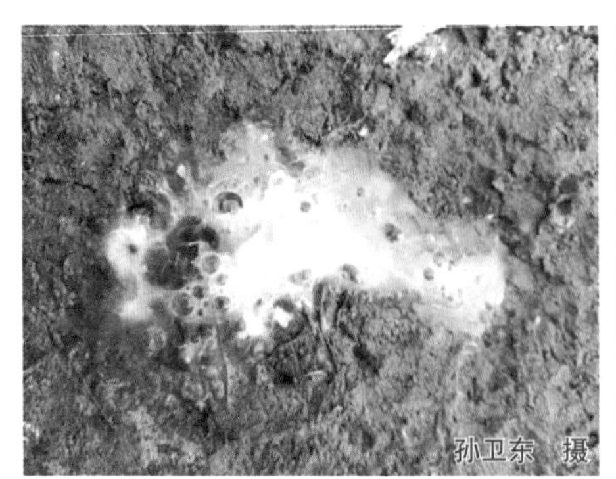
孙卫东 摄

孙卫东 摄

图 3-11 鸭、鹅排白色或黄绿色稀粪

图 3-12 鸭（左）、鹅（右）眼睛流泪

图 3-13 鸭眼结膜充血、潮红或出血

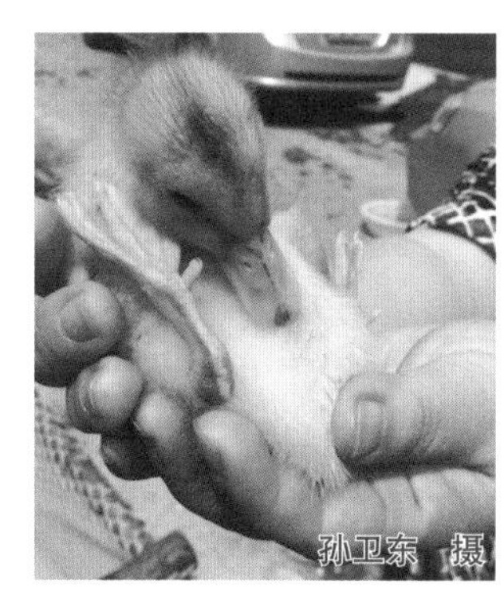

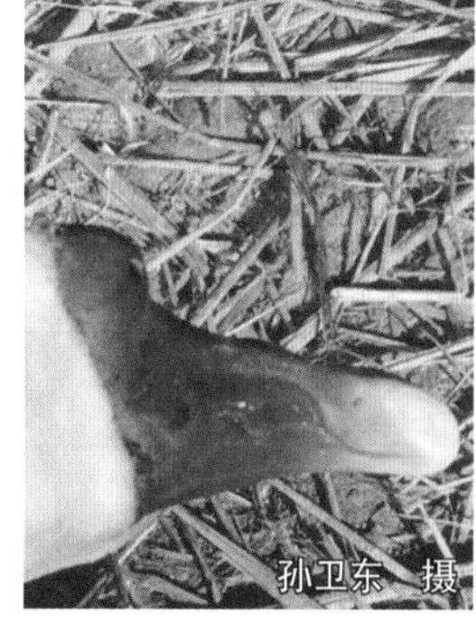

图 3-14 鸭（左）、鹅（右）流出浆液性鼻液

图 3-15 鸭蹲伏，鼻腔出血

图 3-16 鸭（左）、鹅（右）出现批量死亡

产蛋鸭感染后产蛋率骤降，由 90% 以上可降到 10% 以下或停产；即使产蛋，蛋变小，蛋重减轻（仅为正常蛋重量的 1/4~1/2），有的出现畸形蛋（如软壳蛋、粗壳蛋等）。濒死前多数鸭、鹅喙端（图 3-17）及脚蹼颜色发绀，有的可见脚部鳞片出血（图 3-18）。

（2）低致病性禽流感 病初出现打喷嚏，鼻腔内有浆液性或黏液性分泌物，鼻孔经常堵塞，呼吸困难，常有摆头、张口喘气。一侧或两侧眶下窦肿胀。有的患病鸭、鹅腿软无力，不能站立，伏卧地上。有的患病鸭、鹅出现体况消瘦、羽毛松乱、生长发育迟缓等现象。蛋鸭、鹅和种鸭、鹅患病时，死亡率低或无死亡发生，产蛋率下降。

图 3-17 病鸭濒死前喙端发绀

【病理剖检变化】 高致病性禽流感病死鸭、鹅常见头面部肿大，头颈部皮下出血（图 3-19）、呈胶冻样水肿，严重者下颌部也出现胶冻样水肿。有的气管黏

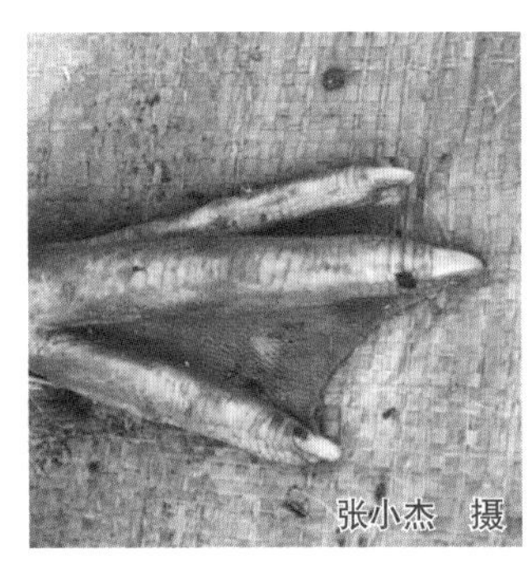

图 3-18 鸭（左）、鹅（右）脚部鳞片出血

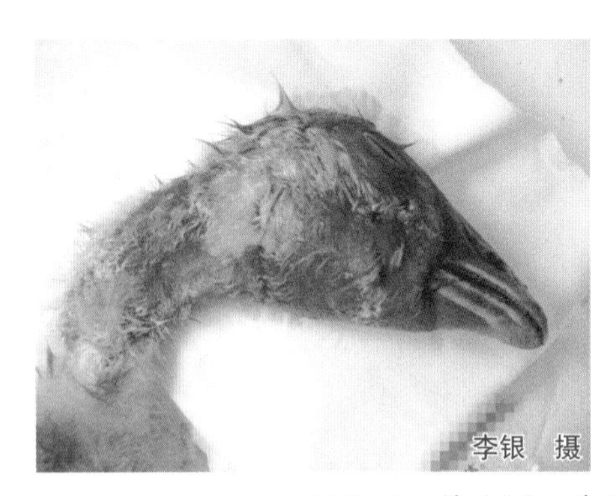

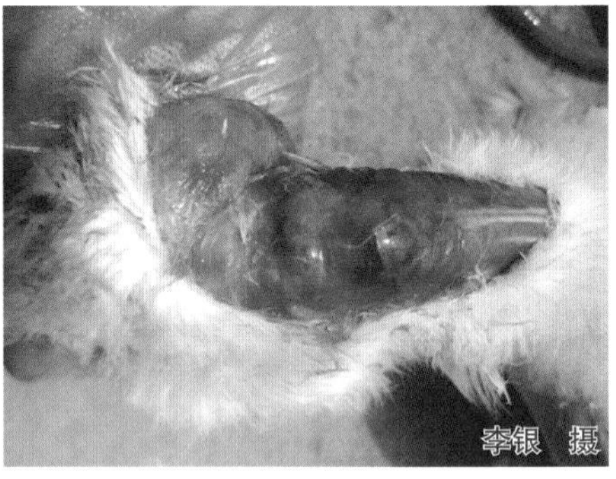

图 3-19 鹅（左）、鸭（右）头颈部皮下出血、水肿

膜、全身皮肤充血、出血，蹼充血、出血，皮下特别是腹部皮下充血和脂肪有散在性出血点。肝脏肿大，有散在的出血点和坏死点（图 3-20），病程稍长者质地变硬。胆囊扩张、肿大。脾脏肿大、瘀血，有散在的坏死点（图 3-21）。心冠脂肪（图 3-22）及心内膜出血（图 3-23），心肌表面有白色条纹样坏死（图 3-24）。肺出血、水肿（图 3-25）。部分病例腺胃乳头（图 3-26）、黏膜及肌胃角质膜下有出血斑，有的腺胃与食道交界处形成出血带（图 3-27）。小肠黏膜弥漫性出血（图 3-28），有

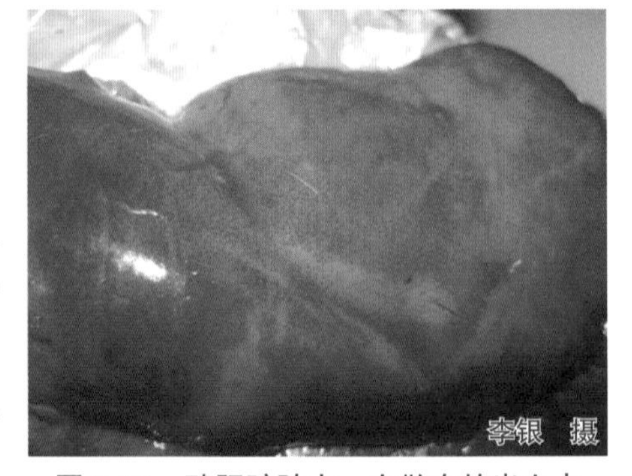

图 3-20 鸭肝脏肿大，有散在的出血点

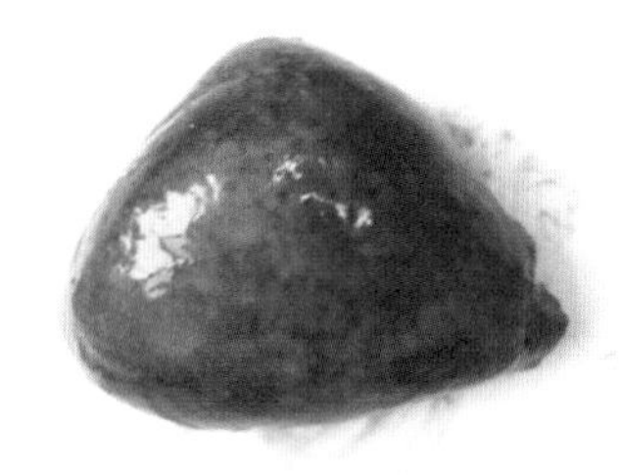

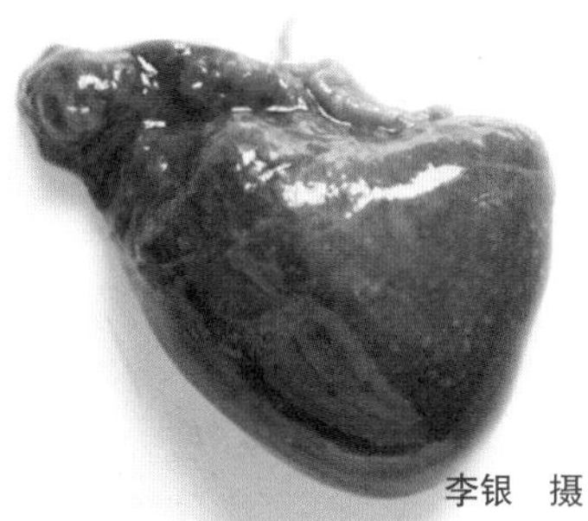

图 3-21 鸭（左）、鹅（右）脾脏肿大、瘀血，有散在的坏死点

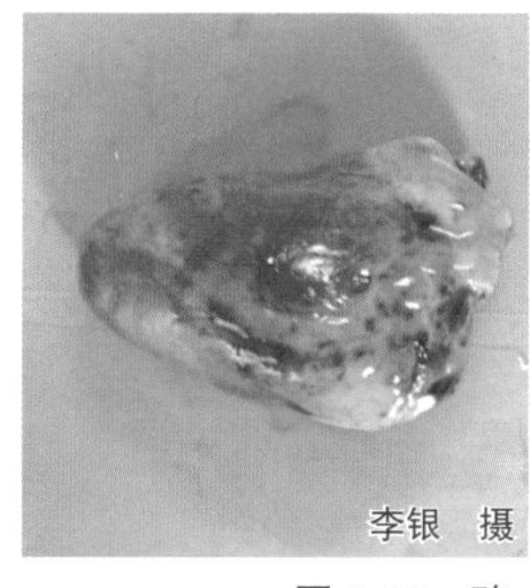

图 3-22 鸭（左）、鹅（右）心冠脂肪及心肌出血

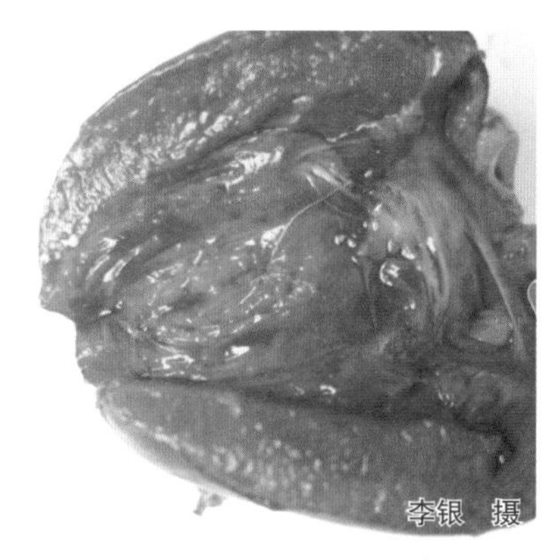

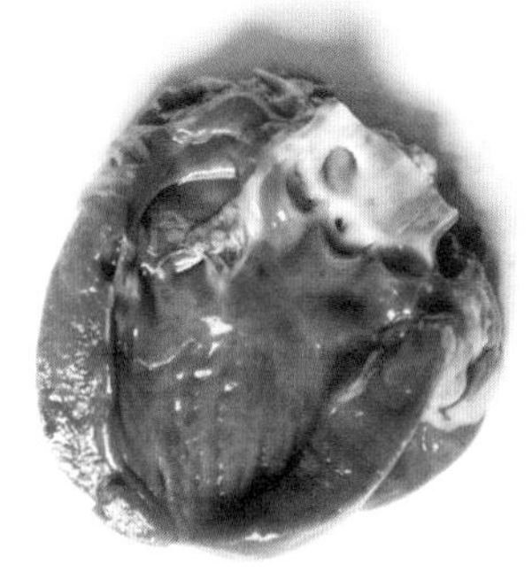

图 3-23 鸭（左）、鹅（右）心内膜出血

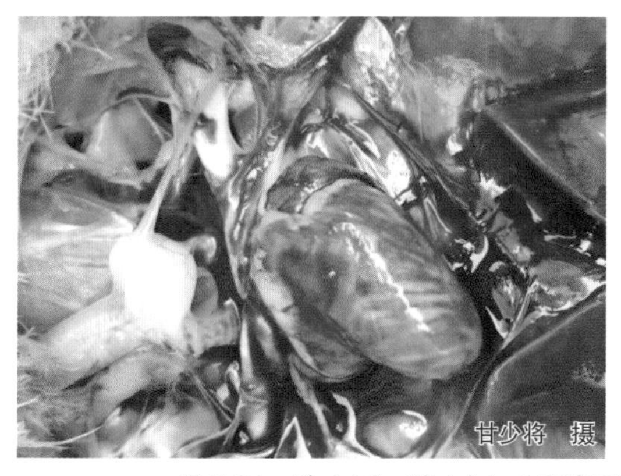

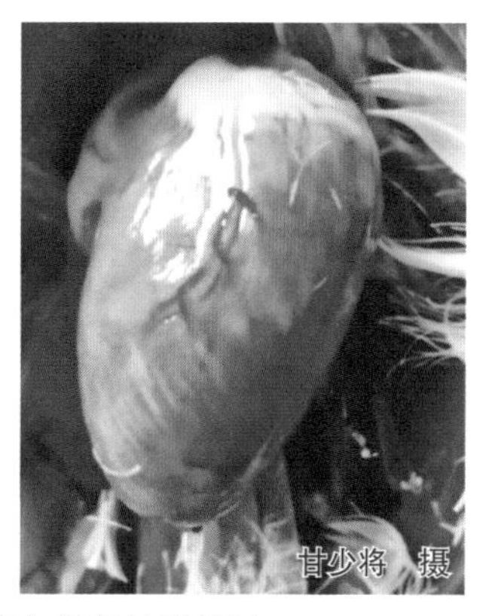

图 3-24 鸭（左）、鹅（右）心肌表面有白色条纹样坏死

的出现出血性溃疡灶，直肠黏膜及泄殖腔黏膜常充血、出血、坏死。有些整个肠道黏膜弥漫性充血、出血（图3-29）。胰腺液化、出血、坏死（图3-30~图3-32）。肾脏肿大，表面充血、出血。具有神经症状的病死鸭、鹅可见脑血管充血，有的脑组织出现大面积灰黄色坏死。雏鸭、鹅可见法氏囊肿大、出血。产蛋鸭、鹅泄殖腔黏膜充血、出血、水肿，卵泡变形、变性，出血呈紫葡萄状（图3-33）。有的病例输卵管系膜充血、出血（图3-34）。有的病例可见卵泡萎缩，有的蛋白分泌部有凝固的蛋清，有的卵泡破裂于腹腔内，输卵管肿胀（图3-35），输卵管内有乳白色脓样分泌物（图3-36）。低致病性禽流感病死鸭、鹅往往有呼吸道症状，有的病例剖检可见心包炎和轻度的气囊炎（图3-37）。产蛋鸭的卵泡轻度变形、变性、出血（图3-38和图3-39）。

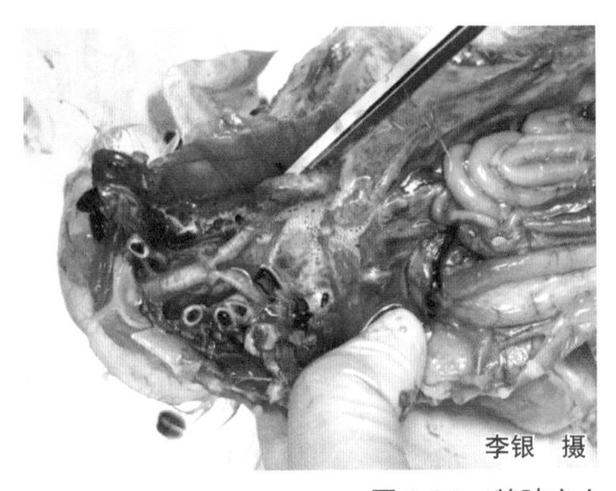

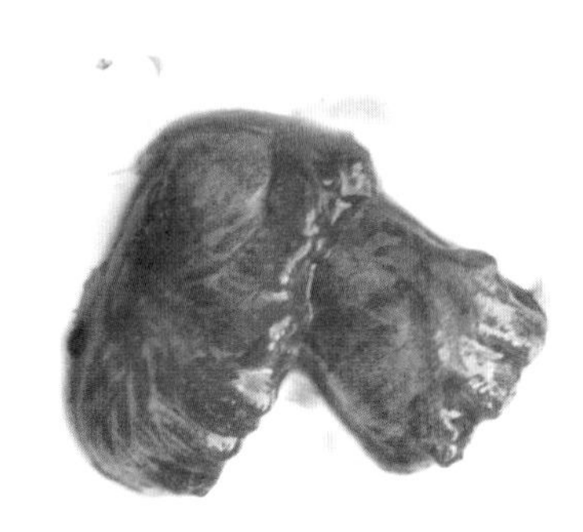

图3-25　鹅肺充血、出血、水肿

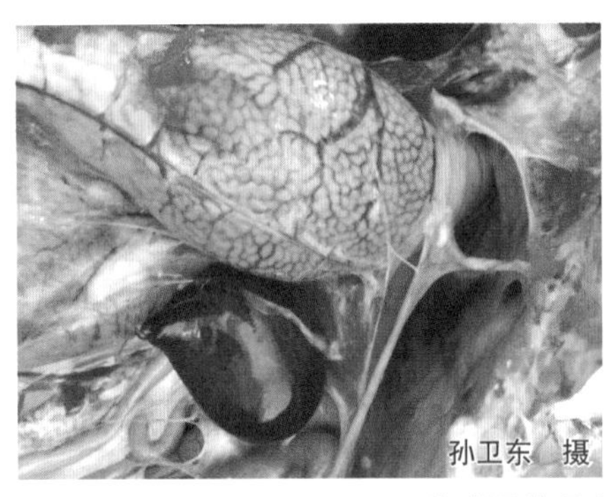

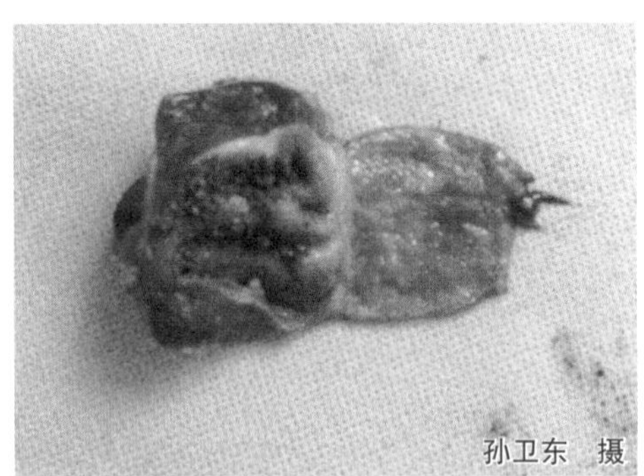

图3-26　鹅腺胃外观出血（左）和乳头出血（右）

图3-27　鹅腺胃与食道交界处形成出血带

图3-28　鹅小肠肿胀、浆膜弥漫性出血

图 3-29 鸭整个肠道充血、出血

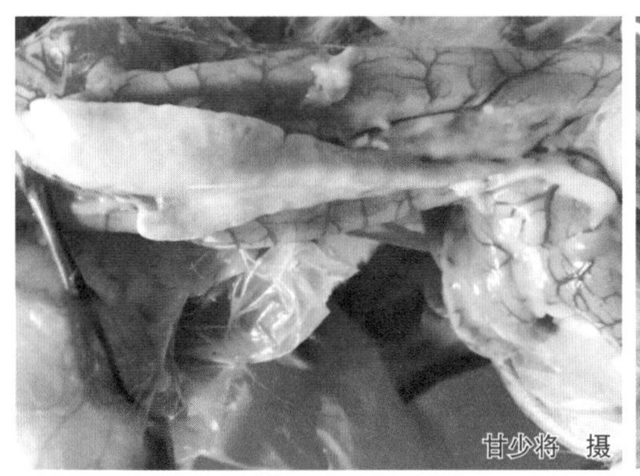

图 3-30 鸭（左）、鹅（右）胰腺液化

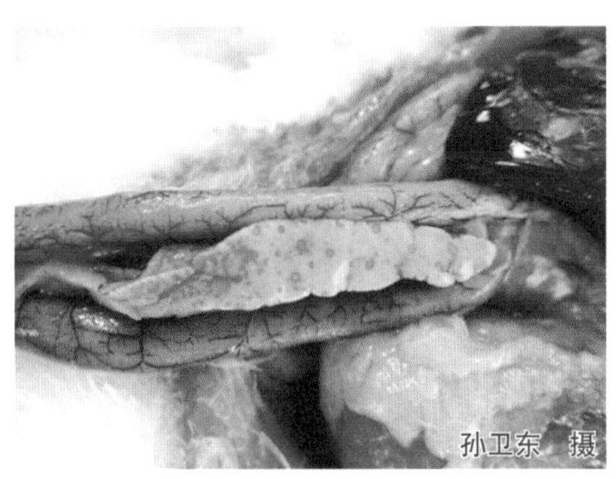

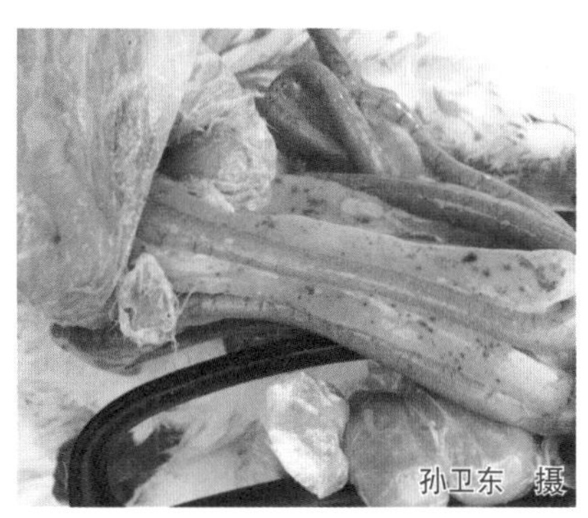

图 3-31 鸭（左）、鹅（右）胰腺出血

图 3-32 鸭（左）、鹅（右）胰腺出血、坏死

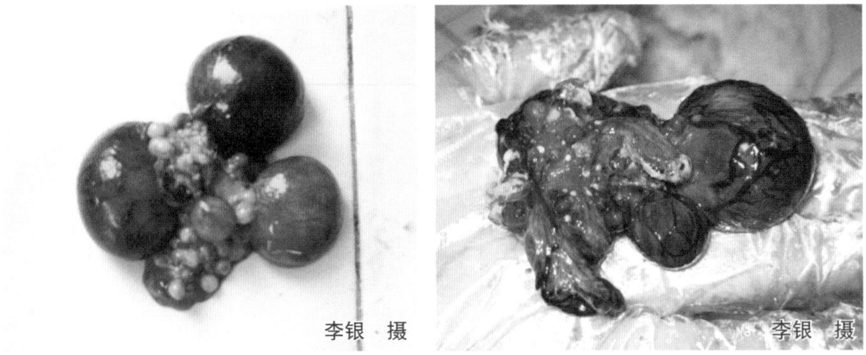

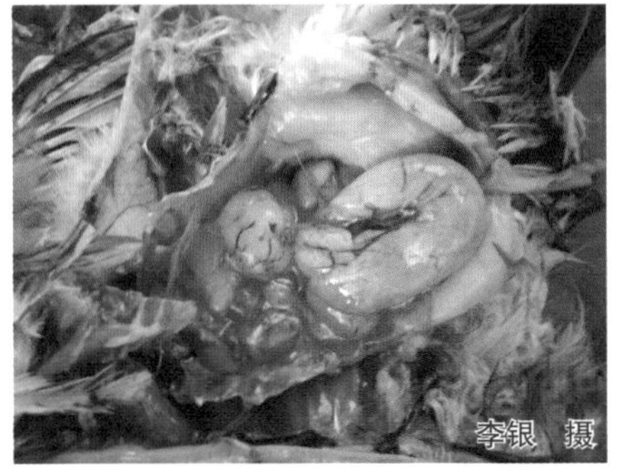

图 3-33 鸭卵泡变形、变性，出血呈紫葡萄状

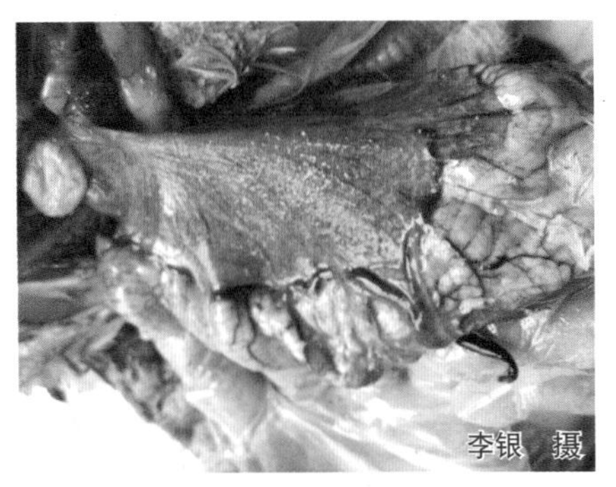

图 3-34 鸭输卵管系膜充血、出血

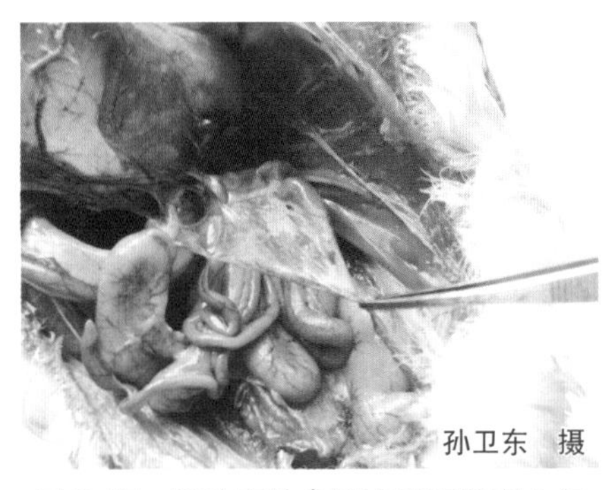

图 3-35 鸭卵泡破裂、输卵管肿胀

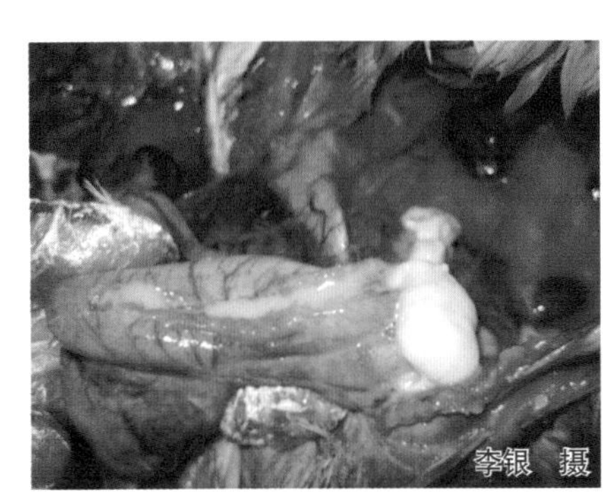

图 3-36 鸭肿胀输卵管内的乳白色脓样分泌物

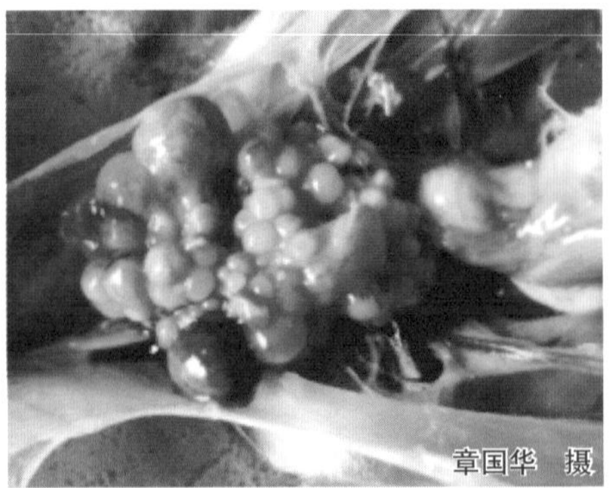

图 3-37 低致病性禽流感病死鸭有心包炎和轻度的气囊炎

图 3-38 低致病性禽流感致产蛋鸭的卵泡轻度变形、变性、出血

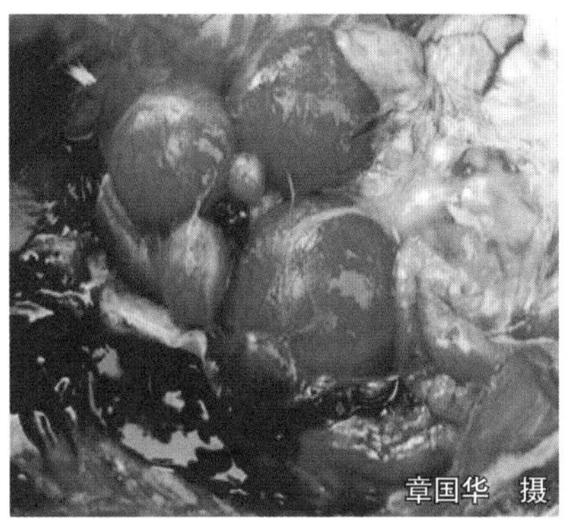

图 3-39 低致病性禽流感致产蛋鸭的卵泡轻度变形、出血

【类症鉴别】在临床诊断上，该病易与禽巴氏杆菌病、鸭病毒性肝炎、传染性浆膜炎、副黏病毒病等疾病相混淆，需根据各病的临床特征加以鉴别。

（1）与禽巴氏杆菌病的鉴别 禽巴氏杆菌病病理变化中的心冠脂肪、心肌出血与禽流感有相似之处。但禽巴氏杆菌病伴有肝脏的灰白色针尖大小坏死灶，而禽流感伴有胰腺出血、表面大量针尖大小的白色坏死点或透明样液化灶，心肌表面有白色条纹样坏死等，可作为鉴别之一。禽巴氏杆菌病多发生于青年鸭、鹅和成年鸭、鹅，而禽流感则可发生于各种日龄鸭、鹅，可作为鉴别之二。禽流感发病时一般会出现各种神经症状，如扭颈、头顶触地、仰翻、侧卧、横冲直撞、共济失调等，而禽巴氏杆菌病患病鸭、鹅则不表现神经症状，可作为鉴别之三。病死鸭肝脏接种马丁琼脂，鸭巴氏杆菌会长成露珠样小菌落，而鸭流感患病鸭肝脏接种马丁琼脂则无细菌生长，可作为鉴别之四。

（2）与鸭病毒性肝炎的鉴别 鸭病毒性肝炎病理变化中的肝脏出血和禽流感有相似之处。但禽流感还伴有胰腺出血、表面大量针尖大小的白色坏死点或透明样液化灶，心肌表面有白色条纹样坏死等，而鸭病毒性肝炎无此病变，可作为鉴别之一。鸭病毒性肝炎对 1~2 周龄的易感雏鸭有较高的发病率和致死率，超过 3 周龄的雏鸭不发病，而禽流感可发生于各种日龄鸭，可作为鉴别之二。鸭病毒性肝炎表现的神经症状以头颈背向呈角弓反张之状为主，且多在濒死前发生，而禽流感发病时一般会出现各种神经症状，如扭颈、头顶触地、仰翻、侧卧、横冲直撞和共济失调等，可作为鉴别之三。将病料接种易感鸭胚，若死亡胚尿囊液具有血凝活性，并能被禽流感抗血清所抑制，可认为是禽流感病毒所致；若死亡胚尿囊液无血凝活性，可认为是鸭病毒性肝炎，可作为鉴别之四。

（3）与传染性浆膜炎的鉴别 传染性浆膜炎在疾病后期病鸭表现神经症状，如头颈震颤、转圈、不停地点头或摇头，甚至角弓反张和抽搐，这一点与禽流感相似。但传染性浆膜炎的病变表现为心包炎、肝周炎和气囊炎，与禽流感完全不同，可作为鉴别之一。传染性浆膜炎多发生于 1~8 周龄各品种鸭，而禽流感则可发生于各种日龄鸭，可作为鉴别之二。用传染性浆膜炎病鸭的肝脏接种巧克力琼脂，鸭疫里默氏杆菌能生长；而禽流感病鸭无细菌生长，可作为鉴别之三。

（4）与副黏病毒病的鉴别 副黏病毒病患病鹅出现的扭头、转圈或歪脖等神经症状与禽流感相似。副黏病毒病胰腺的变化轻微，常见腺胃黏膜脱落和腺胃乳头轻微出血，心肌偶有出血，而禽流感还伴有胰腺出血、表面大量针尖大小的白色坏死点或坏死斑或透明样或液化样坏死点或坏死灶，心肌表面有白色条纹样坏死等，可作为鉴别之一。副黏病毒病多发于8~30日龄各品种鸭、鹅，中大鸭、鹅病情相对较轻，而禽流感则发生于各种日龄鸭、鹅，可作为鉴别之二。将病料接种易感鸭胚，死亡胚尿囊液具有血凝活性，若能被禽Ⅰ型副黏病毒抗血清所抑制，可认为是副黏病毒所致，若能被禽流感抗血清所抑制，可认为是禽流感病毒所致，可作为鉴别之三。

【预防】

（1）疫苗接种

1）疫苗的种类：灭活疫苗有H5亚型、H5-H9亚型或H5-H7亚型二价和变异株疫苗4类。

2）免疫接种要求：国家对高致病性禽流感实行强制免疫制度，免疫密度必须达到100%，抗体合格率达到70%以上。所用疫苗必须采用农业农村部批准使用的产品，并由动物防疫监督机构统一组织、逐级供应。所有易感禽类饲养者必须按国家制定的免疫程序做好免疫接种，当地动物防疫监督机构负责监督指导。预防性免疫，按农业农村部制定的免疫方案中规定的程序进行。参考免疫程序：

① 肉鸭、鹅：7~10日龄免疫接种，每只颈部皮下注射0.5毫升。种鸭、鹅和蛋鸭、鹅：14~21日龄进行初免，每只颈部皮下注射0.5毫升；间隔3~4周后加强免疫1次，每只肌内注射1.0毫升；以后根据抗体检测结果，每隔4~6个月再加强免疫1次，以确保高致病性禽流感的免疫效果。

② 肉鸭、鹅：8日龄首免，每只颈部皮下（腿内侧皮下）注射0.5毫升，15日龄二免，必要时，可在21日龄时三免。种鸭、鹅和蛋鸭、鹅：8~14日龄首免，每只颈部皮下（腿内侧皮下）注射0.5毫升；21日龄二免，每只皮下注射1毫升；50~60日龄三免，每只胸部肌内注射1.5毫升；产蛋前15~20天四免，每只胸部肌内注射2毫升；以后每隔5~6个月免疫1次，剂量为每只2毫升。

③ 肉鸭、鹅：根据雏鸭、鹅的母源抗体效价而定，当体效价低于4log2时，在5~7日龄首免；当母源抗体效价达到4log2时，在10日龄首免；当母源抗体效价高于4log2时，在15日龄首免，均是每只颈部皮下（腿内侧皮下）注射0.5毫升。由于首免后往往出现抗体上不去或合格率低等情况，若等到免疫后15天监测才得知抗体滴度偏低再进行二免，就太迟了，故可在首免后7天进行二免。种鸭、鹅和蛋鸭、鹅：一般情况下，种鸭场、种鹅场的条件优越，技术水平较高，雏鸭、鹅母源抗体水平较高，首免可在25~29日龄进行，如果周边有禽流感流行时，可适当提前在14日龄或21日龄首免，每只颈部皮下（腿内侧皮下）注射0.5毫升。在首免后15~20天进行免疫监

测，如果抗体效价达到 6log2~7log2 以上时，经 1 个月再监测，如果 HI 抗体效价还保持 6log2~7log2 以上者，可在 80 日龄进行二免，如果抗体效价下降至 4log2~5log2 或以下时，立即进行二免，每只胸部肌内注射 1 毫升。在产蛋前 2 周进行三免，每只胸部肌内注射 1.5~2 毫升。以后在禽流感流行季节，每隔 3~4 个月注射 1 次，冬季可 4~5 个月注射 1 次，剂量与三免相同。

（2）加强检疫和抗体监测 检疫物包括进口的水禽、野禽、观赏鸟类、精液、禽产品、生物制品等，严防高致病性禽流感病毒从国外传入国内。同时，做好免疫鸭群、鹅群的抗体检测工作，为优化免疫程序和及时免疫接种提供参考依据。

（3）加强饲养管理 坚持全进全出和（或）自繁自养的饲养方式，在引进种鸭、鹅及产品时，一定要来自无禽流感的养殖场；采取封闭式饲养，饲养人员进入生产区应更换衣、帽及鞋靴；严禁其他养禽场人员参观，生产区设立消毒设施，对进出车辆彻底消毒，定期对舍及周围环境进行消毒，加强带鸭、鹅消毒；设立防护网，严防野鸟进入舍；放牧时避免与其他野生水禽接触；定期消灭养鸭场、养鹅场内的有害昆虫（如蚊、蝇）及鼠类。

【临床用药指南】

（1）发生高致病性禽流感的措施 一旦发现可疑病例，应在最短时间内将疫情上报当地兽医行政主管部门，逐级上报，尽快确诊。确诊后必须严格按《中华人民共和国动物防疫法》的要求，采取果断措施扑杀感染鸭群、鹅群，对所有病死鸭、鹅，被扑杀鸭、鹅，以及其产品（包括肉、蛋、精液、羽绒、内脏、骨、血等）按照国家相关标准执行，常可收到阻止蔓延和缩短流行过程的效果。对养殖舍，饲槽、饮水器、用具及环境进行清扫和消毒。垃圾、粪便、垫草、吃后剩余饲料等清除、堆积发酵，或深埋或烧掉。

（2）发生低致病性禽流感的措施 应采取“免疫为主，治疗、消毒、改善饲养管理和防止继发感染为辅”的综合措施。目前，市面上的抗病毒冲剂等抗病毒药及多种清热解毒、止咳平喘的中成药对本病有一定的辅助治疗作用，可取得一定疗效，减少死亡。

① 禽流感多价卵黄抗体或抗血清：雏鸭（或鹅）用量 1~2 毫升，中大鸭（或鹅）2~3 毫升，及时肌内注射，每天 1 次，连用 2 天。

② 金丝桃素（贯叶连翘提取物）：预防剂量为每吨饲料中添加 400 克，连用 7 天；治疗剂量为每只鸭（或鹅）用 50~70 毫克，连用 3~4 天。也可选用中药金丝桃素口服液、抗病毒冲剂、板蓝根冲剂、芪蓝囊病饮、双黄连口服液、黄芪多糖等。

③ 在发病早期肌内注射禽用基因干扰素，每只 0.01 毫升，每天 1 次，连用 2 天，有一定疗效。也可选用干扰素诱导剂、聚肌胞合剂等。

④ 恩诺沙星按每千克体重 25 毫克，加入水中，连用 5 天。

⑤ 中草药防治方一：大黄 10 克、黄芩 10 克、板蓝根 10 克、地榆 10 克、槟榔

10克、栀子5克、松针粉5克、生石膏5克、知母5克、藿香5克、黄芪10克、秦艽5克、芒硝5克（50只鸭或鹅1天的治疗量或100只鸭或鹅1天的预防量），用开水泡1夜，上清液饮用，药渣拌料喂之，也可共研过20目筛，拌料喂服，连用2~3天。

⑥ 中草药防治方二：大青叶40克、连翘30克、黄芩30克、菊花20克、牛蒡子30克、百部20克、杏仁20克、桂枝20克、黄檗30克、鱼腥草40克、石膏60克、知母30克、款冬花30克、山豆根30克（为300~500只鸭或鹅1天剂量），煎汤饮水，每天1剂，连用2~3天。

二、传染性浆膜炎

传染性浆膜炎又称为鸭疫里默氏杆菌病，是由鸭疫里默氏杆菌引起的一种严重危害鸭、鹅及多种禽类的一种高致病性、接触性传染病，临床上呈急性或慢性败血症，病变以纤维素性心包炎、肝周炎、气囊炎、脑膜炎，以及部分病例出现干酪性输卵管炎、结膜炎、关节炎为特征。鸭、鹅养殖场一旦传入本病，病原即在发病场持续存在，引起不同批次的幼龄鸭、鹅感染发病，且难以扑灭，是当前危害鸭、鹅养殖业的主要传染病之一。

【流行特点】不同品种的鸭、鹅均易感，但以鸭最易感，尤其是肉雏鸭，其次是鹅。在临床上，2~6周龄的肉鸭多发，1周龄以下或8周龄以上的鸭很少发病；鹅发病主要见于3~5周龄，偶尔也见于青年鹅。本病一年四季均有发生，但以低温、阴雨潮湿的季节多见，在我国较为潮湿的南方地区更常见。本病病程较长，初期为败血症而死亡，后转为慢性经过。由于受不同菌株毒力差异、其他病原微生物的继发或并发感染、环境条件的改变、饲养管理水平等应激因素的影响，本病所造成的发病率和死亡率相差较大，发病率在5%~100%，死亡率为5%~70%或更高，日龄较小的鸭、鹅发病率及死亡率明显高于日龄较大的鸭、鹅。患病鸭、鹅通过呼吸道和粪便排出细菌，污染周围环境而成为传染源，病菌可通过污染的饲料、饮水、飞沫、尘土经呼吸道、消化道、刺破的皮肤伤口等多种途径传播。

【临床症状】本病潜伏期一般为1~3天，有时长达1周以上。根据病程可分为最急性型、急性型和慢性型。

（1）**最急性型** 往往出现在发病初期，常无任何症状而突然死亡。

（2）**急性型** 多见于2~3周龄的幼龄鸭、鹅。病鸭主要表现为精神沉郁，缩颈垂翅，厌食，不愿走动或伏卧不起。眼睛分泌物增多，眼眶周围的羽毛潮湿、粘连（图3-40）。鼻腔流出浆液性或黏液性分泌物，分泌物凝固后堵塞鼻孔（图3-41），使病鸭呼吸不畅。病鸭死前神经症状明显，如头颈震颤或阵发性痉挛、角弓反张，最后抽搐死亡。雏鹅感染后，主要表现为精神不振，翅膀下垂，一侧或两侧下颌窦肿胀，严重者面部红肿，眼结膜潮红、水肿，一般伴有呼吸道症状。

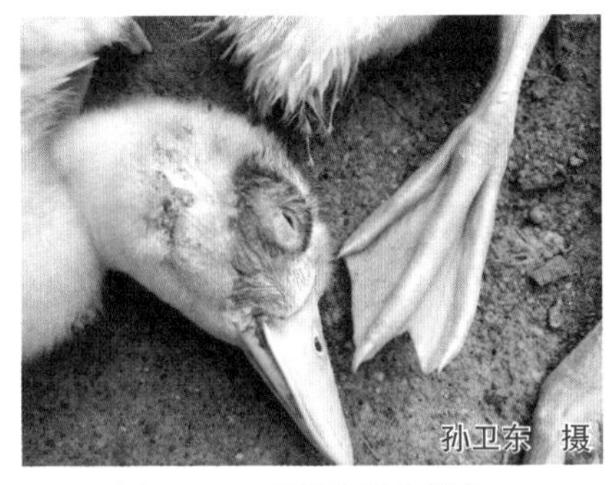

图 3-40　鸭眼分泌物增多，眼眶周围的羽毛潮湿

图 3-41　鸭分泌物凝固后堵塞鼻孔，死前震颤、痉挛

（3）**慢性型**　多见于 4 周龄以上的鸭、鹅，尤其是肉鸭，病程可达 1 周或 1 周以上。患病鸭食欲减退甚至废绝，多伏卧，不愿走动，常伴有呼吸道症状，腹泻，排出黄绿色稀粪（图 3-42）。有的病例（主要见于肉鸭）引起脑膜炎，头颈歪斜或仰头（图 3-43 和图 3-44），遇有惊恐，常出现痉挛转圈或倒退；有的病鸭较瘦弱，生长发育不良，有的还伴有脑膜炎的后遗症。有的病例会出现跗关节肿胀（图 3-45），运动障碍。若同时与其他致病力为中等或偏弱病毒并发，则会出现较多的死亡。鹅发生的慢性型病例主要见于青年鹅，常常表现为一侧或两侧窦腔炎和面部肿胀，病初精神欠佳，食欲减退，不愿行走，伏卧时头颈顾腹，有时出现呼吸困难。其病程较长，死亡率较低。

图 3-42　鸭排出黄绿色稀粪

图 3-43　鸭头颈歪斜

图 3-44　番鸭斜颈或仰头

【病理剖检变化】病死幼龄鸭、鹅剖检最明显的病理变化是浆膜面出现广泛的纤维素性渗出物，常可覆盖全身的浆膜，以心包、肝脏和气囊表面常见（俗称“三炎”病变）（图 3-46）。急性病例的心包积液明显增多，常伴有数量不等的白色絮状纤维素性渗出物；心包膜增厚，上面有一层浅黄色或灰黄色的纤维素性渗出物；病程稍长的病例，纤维素性渗出物使心外膜与心包膜粘连（图 3-47），难以剥离。肝脏肿大、质脆，表面覆盖着一层厚薄不均的浅黄色或灰黄色的纤维素性膜（图 3-48），病程短的纤维素性渗出物易剥离（图 3-49），病程长的则不易剥离。气囊混浊、增厚，有浅黄色纤维素性渗出物附着（图 3-50）。脾脏肿大，表面斑驳、呈大理石样（图 3-51）。感染严重和病程较长的病例可见输卵管阻塞（图 3-52）。有神经症状的病例，可见脑膜血管呈树枝状充血（图 3-53），脑水肿，有出血斑点；中枢神经系统严重感染的病例可出现纤维素性脑膜炎。局部感染的皮肤病变主要表现为局部颜色变深或发黄，切开后在皮肤和脂肪层之间有黄色渗出液。出现腹泻的病死鸭、鹅，常脱水，眼球下陷。出现单侧或两侧跗关节肿大的病例，切开关节可见关节内有血性或黏性渗出物（图 3-54）。

图 3-45 鸭出现跗关节肿胀

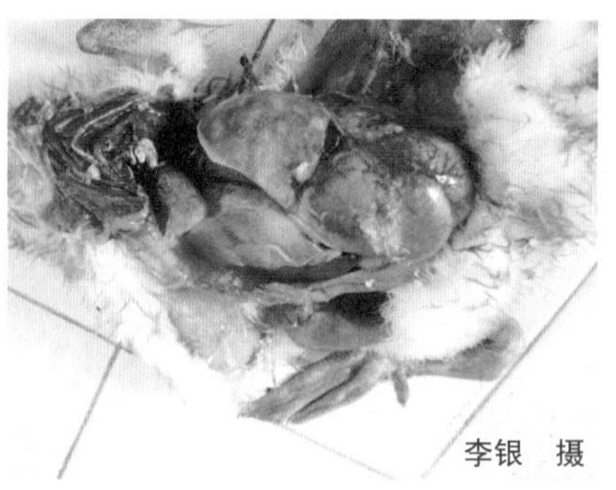

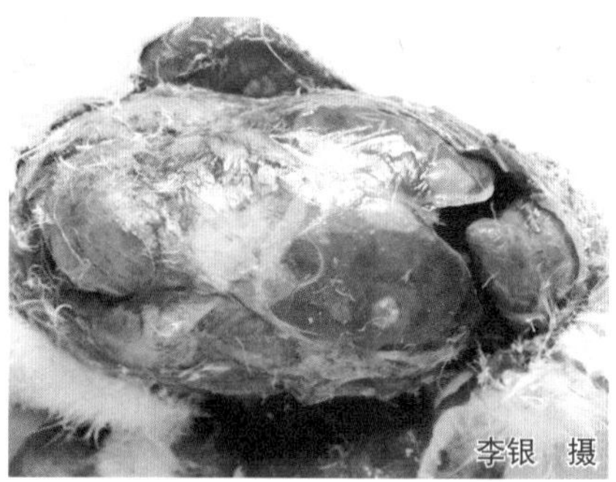

图 3-46 鸭（左）、鹅（右）心包、肝脏和气囊出现广泛的纤维素性渗出物

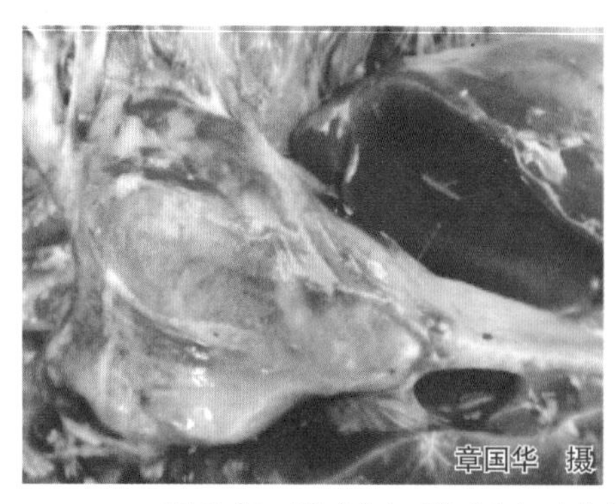

图 3-47 鸭（左）、鹅（右）心包膜上有一层纤维素性渗出物

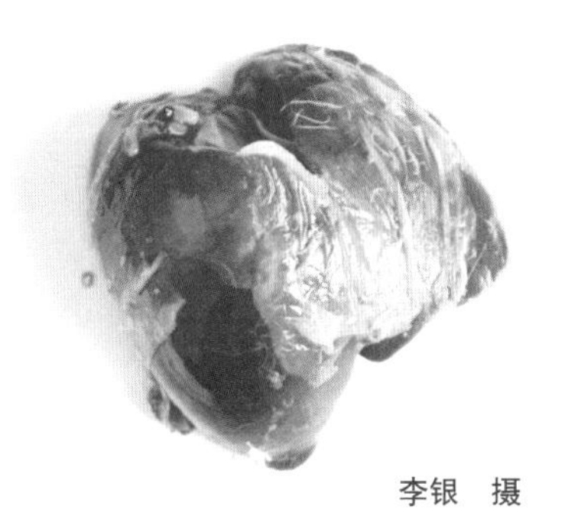

图 3-48 鸭（左）、鹅（右）肝脏被膜上有一层纤维素性渗出物

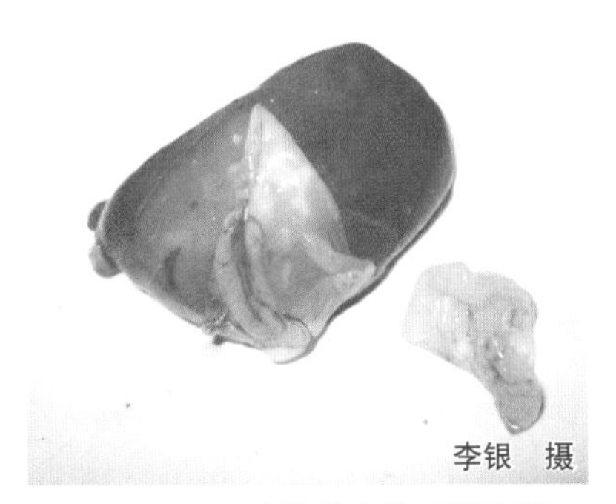

图 3-49 肝脏被膜上的纤维素性渗出物易剥离

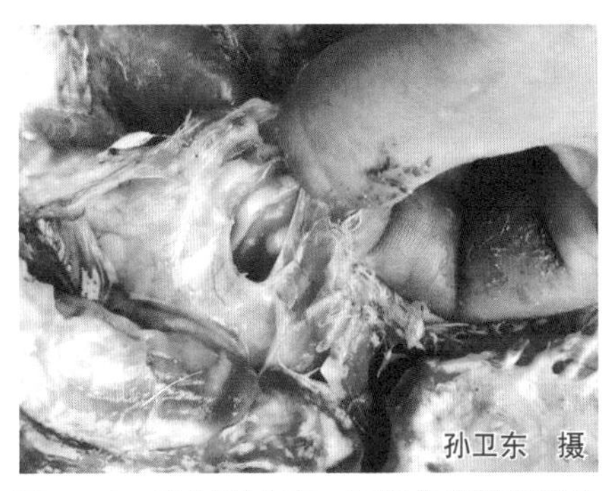

图 3-50 鸭气囊上有一层纤维素性渗出物

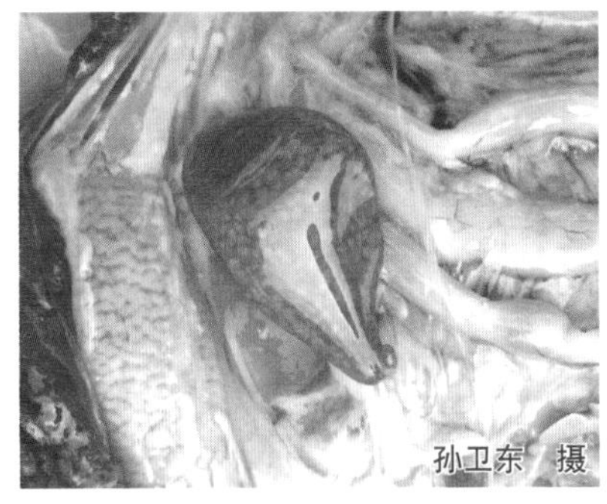

图 3-51 鸭脾脏肿大，表面斑驳、呈大理石样

图 3-52 鸭输卵管阻塞

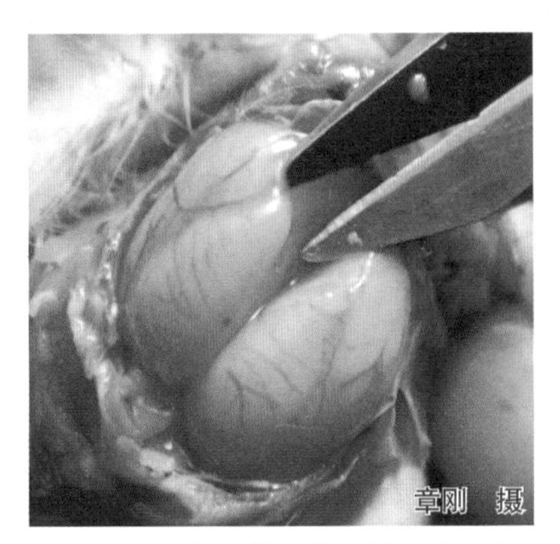

图 3-53 鸭脑膜血管呈树枝状充血

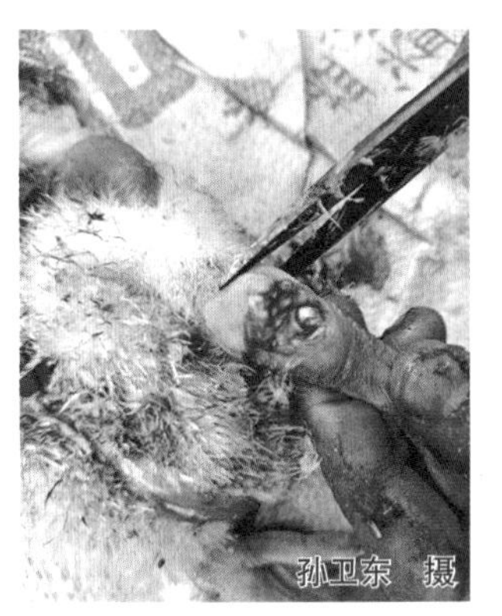

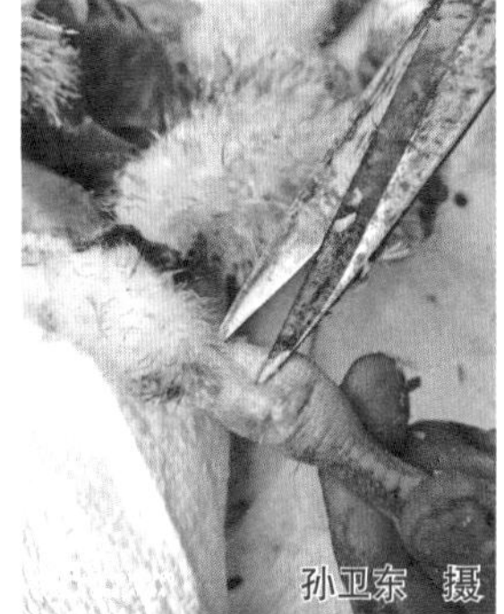

图 3-54 鸭跗关节内有血性和黏性渗出物

【类症鉴别】 临床诊断上应注意与大肠杆菌病、衣原体病、沙门菌病、禽流感、副黏病毒病、病毒性肝炎相区别。

（1）与大肠杆菌病的鉴别 大肠杆菌病的病变表现为心包炎、肝周炎和气囊炎，与传染性浆膜炎的病变非常相似。但大肠杆菌病病鸭心脏和肝脏表面附着的渗出物较厚，一般为干酪样，而传染性浆膜炎病鸭心脏和肝脏表面附着的渗出物较薄，一般较湿润，可作为鉴别之一。传染性浆膜炎病鸭表现头颈震颤、斜颈等神经症状，而大肠杆菌病病鸭一般不表现神经症状，可作为鉴别之二。用肝脏接种麦康凯平板，鸭疫里默氏杆菌不能生长，而大肠杆菌能长出亮红色菌落，可作为鉴别之三。

（2）与衣原体病的鉴别 衣原体病病理变化中的心包炎、肝周炎和气囊炎，与传染性浆膜炎的病变非常相似。但衣原体病病鸭粪便呈黄绿色水样，气味恶臭，而传染性浆膜炎病鸭常排白色黏稠样粪便，可作为鉴别之一。传染性浆膜炎病鸭表现头颈震颤、斜颈等神经症状，而衣原体病病鸭不表现神经症状，可作为鉴别之二。用肝脏接种巧克力琼脂，衣原体不能生长，而鸭疫里默氏杆菌能生长，可作为鉴别之三。

（3）与沙门菌病的鉴别 传染性浆膜炎的病鸭、鹅常排白色黏稠样粪便，而沙门菌感染的病鸭、鹅常排绿色或浅绿色水样粪便或黑褐色糊状粪便，可作为鉴别之一。二者病程较长后均可引起鸭、鹅喘气、消瘦和神经症状，但剖检时传染性浆膜炎的病鸭、鹅可见心包炎、肝周炎和气囊炎，而沙门菌感染的病鸭、鹅偶见心包炎，以肝脏呈古铜色、表面有灰白色小坏死点及盲肠肿胀、内有干酪样物质形成的栓子为特征，可作为鉴别之二。用肝脏接种麦康凯平板，鸭疫里默氏杆菌不能生长，而沙门菌能长出白色菌落，可作为鉴别之三。

（4）与禽流感的鉴别 禽流感表现的神经症状与传染性浆膜炎有相似之处。但禽流感表现心冠脂肪、心肌出血，胰腺出血、表面有大量针尖大小的白色坏死点或透明样液化灶等，与传染性浆膜炎的病变完全不同，可作为鉴别之一。禽流感发生于各种日龄鸭、鹅，而传染性浆膜炎多发生于1~8周龄各品种鸭、鹅，可作为鉴别之二。用肝脏接种巧克力琼脂，鸭疫里默氏杆菌能生长，而禽流感无细菌生长，可作为鉴别之三。

（5）与副黏病毒病的鉴别 副黏病毒病病鸭表现扭头、转圈或歪脖等神经症状，与传染性浆膜炎相似。但副黏病毒病表现胰腺的轻微出血或白色坏死点，腺胃黏膜脱落和腺胃乳头轻微出血，与传染性浆膜炎完全不同，可作为鉴别之一。用肝脏接种巧克力琼脂，鸭疫里默氏杆菌能生长，而副黏病毒病无细菌生长，可作为鉴别之二。将病料接种易感鸭胚，死亡胚尿囊液具有血凝活性并能被禽Ⅰ型副黏病毒抗血清所抑制，可认为是副黏病毒所致，而传染性浆膜炎的病料不会引起鸭胚死亡，可作为鉴别之三。

（6）与病毒性肝炎的鉴别 多数鸭肝炎病毒感染鸭在临死之前表现的神经症状与传染性浆膜炎有相似之处。但病毒性肝炎病鸭的肝脏明显肿大、质地脆弱、色泽暗淡或稍黄，肝脏表面有明显的出血点或出血斑，有时可见有条状或刷状出血带，而传染性浆膜炎表现心包炎、肝周炎和气囊炎，可以此进行鉴别。

【预防】

（1）**疫苗接种** 已经报道的使用的疫苗包括1、2、4和5型铝胶复合佐剂四价灭活疫苗、甲醛灭活苗、油乳剂灭活疫苗、蜂胶灭活疫苗、荚膜多糖苗、左旋咪唑灭活苗、鸭疫里默氏杆菌-大肠杆菌蜂胶（或油乳剂）灭活二联苗等均有一定的免疫效果。但鸭疫里默氏杆菌的血清型较多，不同血清型之间几乎没有交叉保护，故在鸭、鹅生产中应考虑使用当地主要流行菌株制作的多价灭活疫苗或自家场灭活疫苗。建议参考免疫程序：

① 肉鸭、鹅：在3~7日龄时颈背皮下注射灭活疫苗，每只0.3~0.5毫升；也可于2日龄时首免，7日龄二免，每只注射1毫升。

② 祖代及父母代种鸭、鹅：按上述方法首免、二免后，于产蛋前20~30天进行三免，160天四免，330天五免。

（2）**加强饲养管理** 雏鸭、鹅出壳后，每只滴喂复合维生素B液0.5毫升，1~7日龄用益生菌拌料，必要时可考虑调整雏鸭、鹅的日粮。育雏、幼龄鸭、鹅转舍或由舍内迁至舍外或放牧于水域中时，特别要做好保温工作，尤其在冬季，避免早上放牧，在舍内或在避风处设一个小水池任其戏水，避免过度驱赶，而夏季要做好防暑降温工作。平时应做好环境卫生，及时清理粪便，在此基础上，每3~5天选择合适的消毒药带鸭、鹅消毒1次。饲养密度要适中。圈养的鸭舍、鹅舍要通风，避免过度拥挤，保持适当的温度和湿度。网上饲养的雏鸭、鹅，应定期冲洗地面，减少污染。防止尖刺物刺伤脚蹼。尽量不从本病流行的鸭、鹅场引进种蛋和雏鸭、鹅，如必须引种，应做好疫病的调查。采用全进全出的饲养管理制度。必要时应当全场停养2~3周，对鸭舍、鹅舍彻底冲洗，然后用氢氧化钠溶液喷洒，用清水冲洗后，再用消毒药喷雾1次。

（3）**药物预防** 受本病污染的鸭场、鹅场，用磺胺喹沙啉等敏感药物在易感日龄前2~3天对雏鸭、鹅进行投药预防。

【临床用药指南】由于本病在鸭、鹅养殖场普遍存在，且鸭疫里默氏杆菌易产生耐药性，故临床用药方案最好建立在药敏试验的基础上，并要定期更换用药或几种药物交替使用。在治疗时勿忘病死鸭、鹅及其粪便的无害化处理，舍、场地及各种用具进行彻底、严格的清洗和消毒，从源头上减少病原菌的数量。

① 5%氟苯尼考：按0.2%拌料饲喂，连用5天；重症者用5%氟苯尼考注射液按每千克体重0.6毫升（即每千克体重30毫克）肌内注射，每天1次，连用2天。

② 磺胺类药物：在雏鸭、鹅的易感日龄，饮水中添加0.2%~0.25%磺胺二甲基嘧啶或饲料中添加0.1%~0.2%磺胺喹噁啉拌料饲喂，连喂3天，停药2天，再喂3天，可预防本病或降低死亡率。也可选用磺胺喹沙啉等。

③ 丁胺卡那霉素（又称为硫酸阿米卡星）：按每千克体重2.5万~3万单位，颈部或腹部皮下注射，每天1次，连用3天。或选用青霉素和链霉素，按雏鸭各5000~

10000 单位，中幼鸭、鹅各 4 万 ~8 万单位肌内注射，每天 2 次，连用 2~3 天。或选用硫酸新霉素，按 0.01%~0.02% 饮水，连饮 3 天。

④ 利高霉素：按药物有效成分的 0.0044% 比例拌料饲喂，连用 3~5 天。

⑤ 庆大霉素：按每千克体重 3000~5000 单位加阿莫西林（按每千克体重 20~50 毫克）混合肌内注射，每天 1~2 次，连用 2~3 天。

⑥ 环丙沙星：按每千克体重 5~10 毫克拌料饲喂，连用 3 天。也可选用盐酸二氟沙星拌料（每 40 千克料用 5 克），或按 0.015%~0.02% 饮水，每天 1 次，连用 3 天。

⑦ 中西药结合防治方一：中药，龙胆草 140 克、夏枯草 140 克、茯苓 120 克、泽泻 120 克、牛膝 120 克、桂枝 120 克、藿香 120 克、苍术 100 克、白术 100 克、防风 100 克、荆芥 100 克、陈皮 80 克、甘草 80 克。西药，盐酸环丙沙星水溶性粉（2%，50 克 / 包）250 克、维生素 AD_3E 粉（500 克 / 包，本品含维生素 A 250 万单位、维生素 D_3 50 万单位、维生素 E 2 克）500 克。将以上中药煎汁 2 次，每次药液与以上西药混合拌料，分早、晚供 1000~1200 只 15~20 日龄病雏食用，每天 1 剂，连用 3 天以上。对于不食的病鸭、鹅尚可采用维生素 C 注射液 10 毫升、盐酸普鲁卡因青霉素 80 万单位混合液注射，每只 1 次注射 1 毫升，每天 1 次，连用 2~3 天，同时灌服中药煎汁与盐酸环丙沙星混合液。

⑧ 中西药结合防治方二：龙胆草 20 克、茵陈 20 克、栀子 10 克、黄檗 10 克、黄芩 10 克、大黄 6 克、苍术 8 克、香附 10 克、甘草 6 克（为 100 只鸭或鹅 1 天用量）。兑煎取汁，兑入饮水或拌料饲喂；对于不食的病雏，将药汁滴服，每天 1 剂，连用 3~5 天。

三、大肠杆菌病

大肠杆菌病是指由致病性大肠杆菌引起鸭、鹅全身或局部感染的一种细菌性传染病，在临床上有脐炎、眼结膜炎、气囊炎、心包炎、败血症、关节炎、生殖道感染等特征。大肠杆菌在自然界中分布极广，凡是有哺乳动物和禽类活动的环境，其空气、水源和土壤中均有本菌的存在。各种血清型的大肠杆菌是人和动物肠道内的定居菌群，具有全球分布性。是水禽较为常见的疾病之一。

【流行特点】 从胚胎到成年种（蛋）鸭、鹅，各日龄均可发生感染，但以 2~6 周龄的鸭、鹅多见。其感染发病率和死亡率与日龄、饲养管理不当、养殖舍潮湿、环境卫生差等因素密切相关，发病率一般为 5%~30%，在商品鸭、鹅中死亡率可高达 50%，成年鸭、鹅主要以生殖道感染和腹膜炎比较多见，表现零星死亡。大肠杆菌大量存在于动物肠道和粪便内，可通过直接或间接接触及粪便传播，可通过消化道、呼吸道、伤口、生殖道、种蛋污染等途径感染和传播。种蛋污染可造成孵化期胚胎死亡和雏鸭早期感染死亡。患病水禽和带菌水禽是本病的主要传染源。本病一年四季均可发生，幼龄鸭、鹅以温暖潮湿的梅雨季节多发，而舍饲的肉用鸭、鹅则以寒冷的冬、春季多见。

【临床症状】

（1）**卵黄囊炎和脐炎型** 胚胎期感染表现为死胚增加。雏鸭、鹅多在3日龄以内发病，表现为腹部膨大，脐部发炎（大肚脐）、肿胀，有的脐孔破溃（图3-55）。病雏精神沉郁，喜卧、行动迟缓和呆滞，食欲减退甚至废绝，饮水少，常在发病后1~3天死亡。

图3-55 鸭脐部发炎、肿胀，脐孔破溃

（2）**眼炎型** 常见于1~2周龄的鸭、鹅。病鸭、鹅眼结膜发炎、流泪（图3-56），有的角膜混浊，眼角常有脓性分泌物（图3-57），严重者出现封眼，逐渐消瘦，衰竭死亡。

图3-56 鹅眼结膜发炎、流泪

图3-57 鹅眼角有脓性分泌物

（3）**脑炎型** 多见于10~50日龄的鸭、鹅。病鸭、鹅食欲减退甚至废绝，死前扭颈、抽搐（图3-58）。

（4）**关节炎型** 病雏一侧或两侧跗关节或趾关节炎性肿胀，跛行，运动受限，吃食减少，常在3~5天内衰竭死亡。

（5）**败血型** 可见于各种日龄的鸭、鹅，但以1~2周龄的鸭、鹅较为多见。最急性的常无任何临床症状而突然死亡；急性的常突然发病，精神委顿，食欲减退，渴欲增强，腹泻，喜卧，不愿活动。有的伴有呼吸道症状。病程为1~2天。

图3-58 脑炎型大肠杆菌病鸭死前扭颈、抽搐

（6）**浆膜炎型** 多见于2~6周龄的鸭、鹅。患病鸭、鹅精神委顿，食欲减退甚至废绝，出

现气喘、咳嗽、甩头等呼吸道症状，眶下窦肿胀（图 3-59），眼结膜和鼻腔常有分泌物（图 3-60），缩颈、垂翅，羽毛蓬松。常发生腹泻，泄殖腔周围羽毛沾有稀粪，脚蹼失水干燥。少数病例腹部膨大、下垂、行动迟缓，触诊腹部有波动感。

图 3-59 鸭眶下窦肿胀

图 3-60 鹅的鼻腔有较多的黏性分泌物

（7）**中耳炎型** 临床上较为少见。患病鸭、鹅精神委顿，食欲减退甚至废绝，耳外有大量黏脓性分泌物（图 3-61）。

（8）**输卵管型** 临床上多见于蛋鸭、鹅和种鸭、鹅。患病鸭、鹅产沙壳蛋，蛋的表面不光滑（图 3-62）。

图 3-61 鸭耳外有大量黏脓性分泌物

图 3-62 鸭所产的沙壳蛋

【病理剖检变化】 感染死胚，剖检可见胚胎尿囊液混浊（图 3-63），卵黄稀薄。死于卵黄囊炎和脐炎的幼龄鸭、鹅，剖检可见卵黄囊膜水肿、增厚，卵黄稀薄、腐臭、呈污褐色或混有凝固的豆腐渣样物质（图 3-64），有的可见卵黄吸收不良，卵黄囊表面血管充血（图 3-65）。患眼炎型病死雏鸭、鹅，可见可眼结膜肿胀，气囊轻度混浊。死于急性败血症的鸭、鹅，心包常有积液，心冠脂肪及心外膜有出血点。死于脑炎的鸭、鹅，剖检可见脑膜血管充血，脑实质有点状出血。患眼炎、脑炎、败血症的病死鸭、鹅还可见肝脏肿大，胆囊扩张、充盈，肠道黏膜呈卡他性炎症。死于关节炎的鸭、鹅，剖检可见跗关节或趾关节炎性肿胀，内有纤维素性或混浊的关节液。死于浆膜炎的鸭、鹅，其浆膜上往往有纤维素性膜覆盖（图 3-66），有的病例可见心包表面有一层灰白色或浅黄色纤维素性膜覆盖（图 3-67）；气囊混浊，有浅黄色纤维素性膜覆盖（图 3-68）；肝脏肿大，表面有灰白色或浅黄色纤维素性膜覆盖（图 3-69），病程短的纤维素性膜易剥离（图 3-70），病程长的则不易剥离。有的病例肝脏伴有坏死灶，病程较长的病例的腹腔内有浅黄色腹水（图 3-71），肝脏质地变硬。死于输卵管型的产蛋鸭常出现卵黄性腹膜炎（图 3-72）。

图 3-63　感染鹅胚死亡，尿囊液混浊

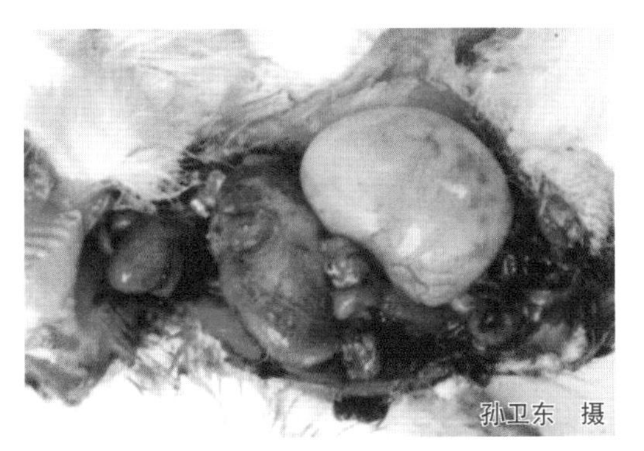

图 3-64　卵黄变性、凝固

图 3-65　卵黄吸收不良，卵黄囊表面血管充血

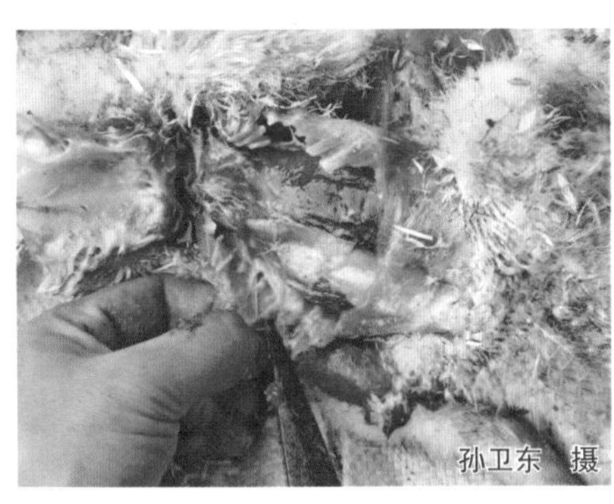

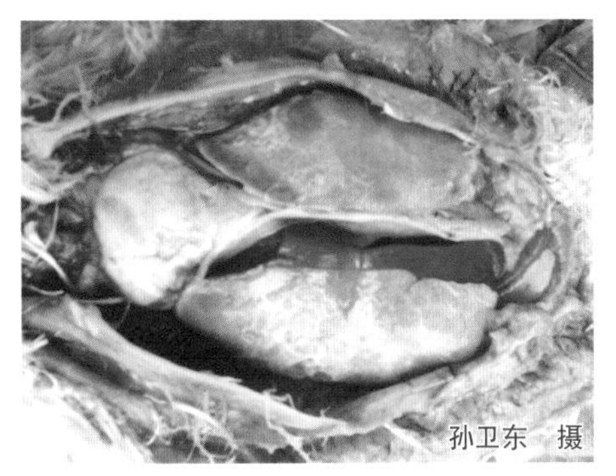

图 3-66　鸭（左）、鹅（右）浆膜上有纤维素性膜覆盖

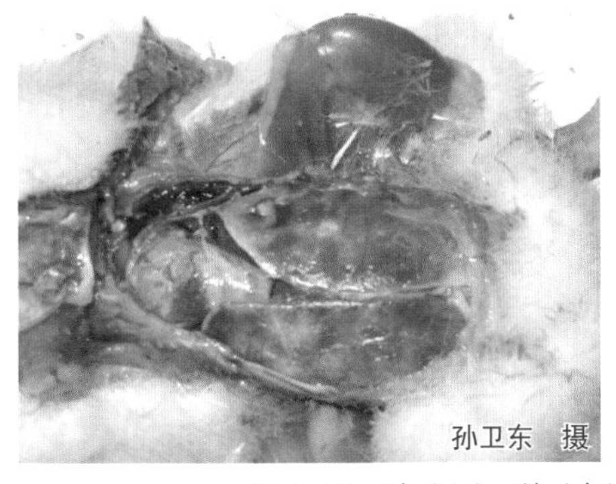

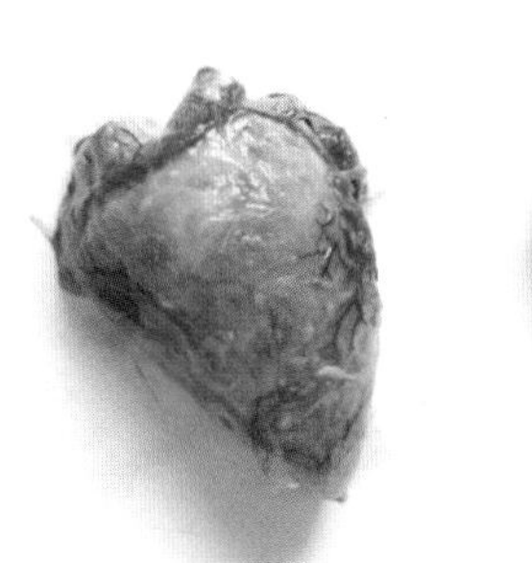

图 3-67　鸭（左）、鹅（右）心包上有纤维素性膜覆盖

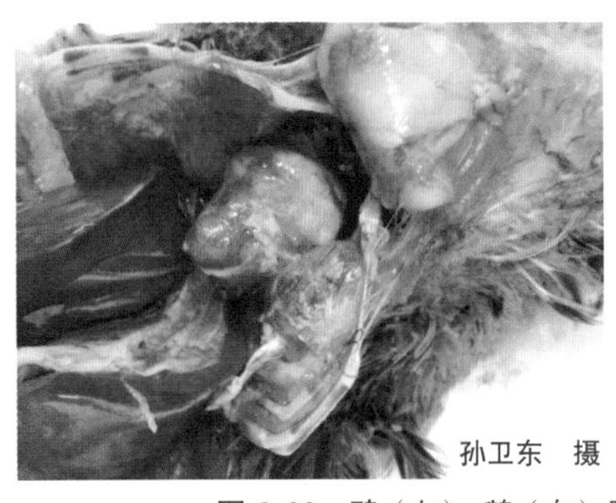

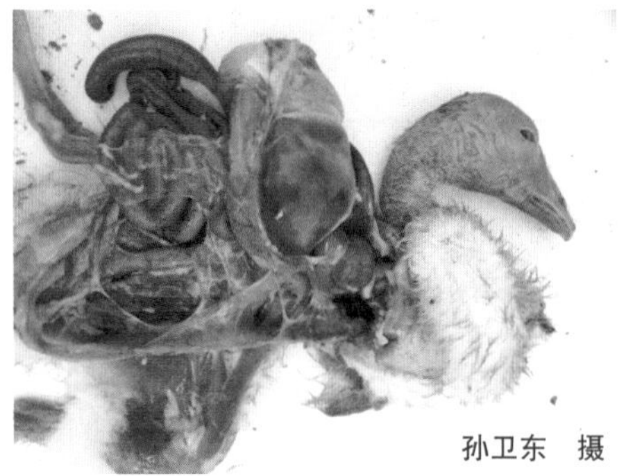

图 3-68 鸭（左）、鹅（右）胸腹气囊上有纤维素性膜覆盖

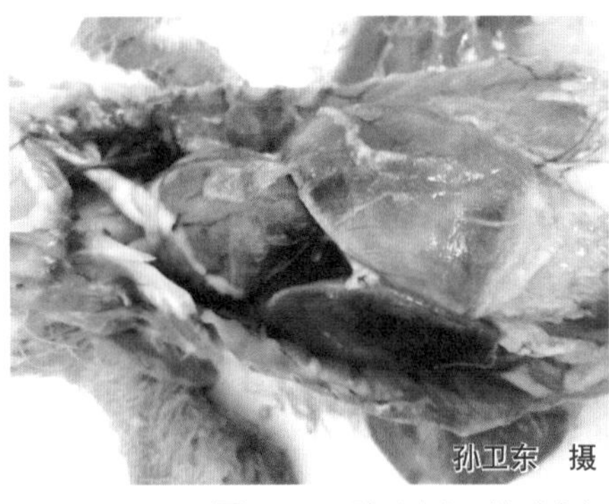

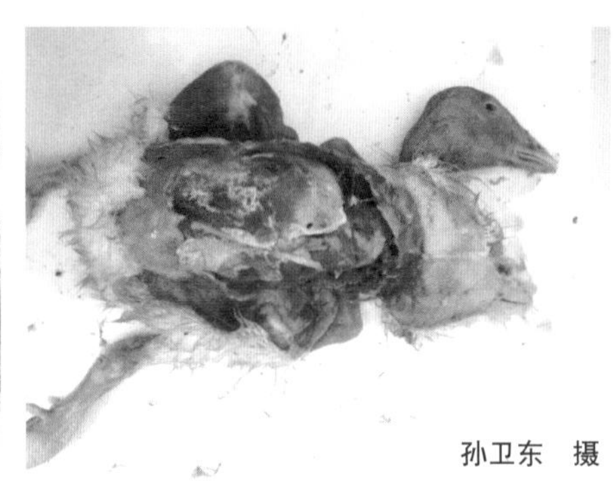

图 3-69 鸭（左）、鹅（右）肝脏被膜上有纤维素性膜覆盖

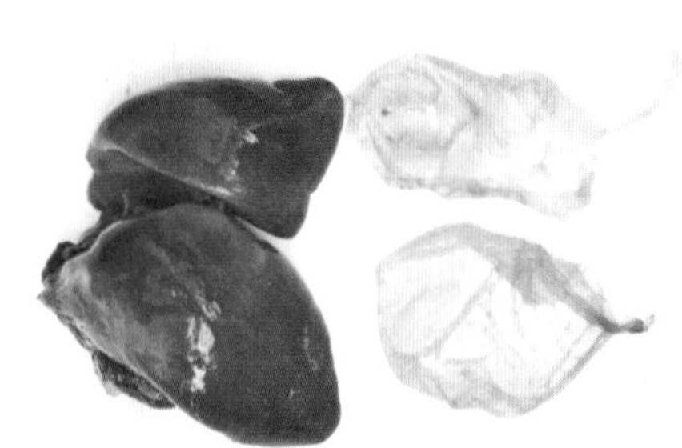

图 3-70 鸭（左）、鹅（右）肝脏上纤维素性膜易剥离

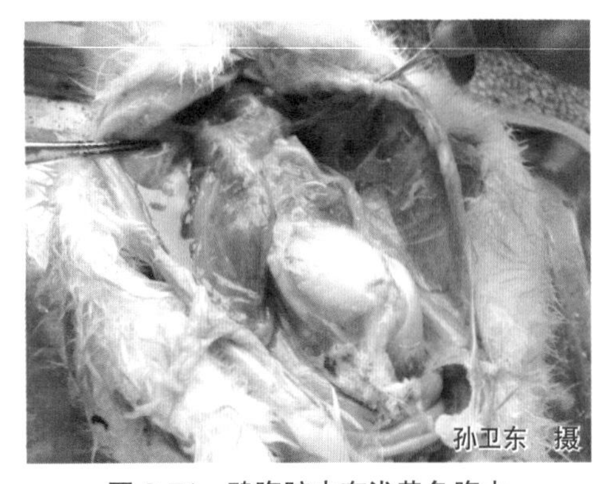

图 3-71 鸭腹腔内有浅黄色腹水

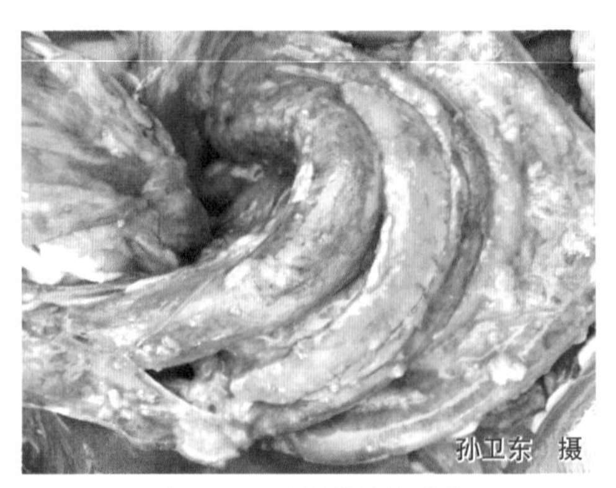

图 3-72 鸭卵黄性腹膜炎

【类症鉴别】 临床诊断时应注意与沙门菌病、传染性浆膜炎、鸭衣原体病等相区别。请参考传染性浆膜炎中类症鉴别部分的叙述。

【预防】

（1）疫苗接种 免疫接种疫苗是预防大肠杆菌病的重要手段之一，但由于大肠杆菌的血清型多而复杂，在鸭、鹅生产中也应考虑使用大肠杆菌多价油乳剂灭活苗或自家苗，商品肉鸭、鹅可选用大肠杆菌 - 鸭疫里默氏杆菌油乳剂（或蜂胶）灭活二联苗等。建议参考免疫程序：

① 雏鸭、鹅 7~10 日龄首免，每只颈部皮下注射 0.5 毫升，肉鸭、鹅免疫 1 次即可。

② 种鸭、鹅：7~10 日龄首免，2 月龄二免，每只肌内注射 1 毫升，产蛋前 15~20 天三免，每只注射 1.5 毫升，以后每隔半年免疫 1 次，每只 2 毫升。

（2）保持饮水和放牧水域的洁净 加强饮水的卫生监测，定期在饮水中加入含氯量 0.125% 的次氯酸钠溶液。保持戏水池中的水定期更换和消毒；对于利用水塘（水库）、河流、鱼塘等的养殖场（户），在枯水季节应注意补水，并做好水域的消毒，确保鸭、鹅接触水的质量符合要求；对于放牧的鸭、鹅，应远离被污染的水域放牧。

（3）加强饲养管理 注意孵化场和种蛋的卫生消毒，避免种蛋遭受病原菌的污染，对防控大肠杆菌病起着关键性作用。保持舍内通风良好，饲养密度合理，在育成期和产蛋期还要有大于室内面积 1/3 以上的室外运动场。饲喂优质、无污染、无霉变全价饲料。保持舍内干燥，及时清粪，地面育雏时要勤换垫料（草）。做好舍内的常规消毒工作，并持之以恒。定期灭鼠。采取“全进全出”的饲养方式。严禁外来人员接触鸭群、鹅群。

（4）药物预防 有一定的效果，一般在雏鸭、鹅出壳后开食时，在饮水中加入庆大霉素，剂量为 0.04%~0.06%，连饮 1 天，然后在饲料中添加微生态制剂，连用 7~10 天。

【临床用药指南】

（1）加强隔离和消毒 封闭养殖舍，隔离病鸭、鹅。病死鸭、鹅必须在指定的地点剖检、焚烧或进行其他无害化处理。清理的粪便应堆积发酵处理后运出。

（2）治疗 由于大肠杆菌极易产生耐药性，因此在临床治疗时，应根据所分离细菌的药敏试验结果选择高敏药物；在未做药敏试验之前，可先选用本场、本地区过去较少使用的药物治疗。要定期更换用药或几种药物交替使用，以防产生耐药性菌株。

① 庆大霉素：按每千克体重 3000~5000 单位，肌内注射，每天 2 次，连用 3 天；或按每 2 万 ~4 万单位兑 1 升水，连饮 2~3 天。也可选用硫酸卡那霉素针剂，按每千克体重 5~7.5 毫克，肌内注射，每天 1 次；按每千克饲料 15~30 毫克拌料，或按每升水 30~120 毫克饮水，连用 2~3 天。

② 25% 恩诺沙星注射液：按每千克体重 0.2 毫升肌内注射，每天 1 次，连用 3 天。

③ 氨苄西林钠 + 舒巴坦钠（效价比 2∶1）：按每千克体重 10 毫克（以氨苄西林计），1 次肌内注射，每天 2 次，连用 3 天。也可选用氨苄西林，按每千克体重 10~25

毫克，1次内服，或按药品说明书剂量肌内注射，每天1次，连用3天；或阿莫西林，按每千克体重10~15毫克，1次内服，每天2次，连用3天。

④ 盐酸多西环素（土霉素、金霉素、四环素等）：按每升水50~100毫克，饮用，连用3~4天。也可选用硫酸安普霉素（阿普拉霉素），按每升水250~500毫克，饮用，连用5天；或盐酸大观霉素，按每升水500~1000毫克，饮用，连用3~5天。

⑤ 磺胺甲基嘧啶和磺胺二甲基嘧啶：将两者混在饲料中投喂，用量为0.2%~0.4%，连用3天，再减半量用1周。0.05%~0.1%磺胺喹噁啉也有较好的效果，连用2~3天后，停药2天，再减半量用2~3天。也可选用磺胺甲基嘧啶与复方新诺明（0.3%拌料饲喂）。

⑥ 氟苯尼考（氟甲砜霉素）或甲砜霉素：按每千克体重20~30毫克，1次内服，每天2次，连用3~5天。

⑦ 新霉素：按10克兑50千克水，或每千克体重35~70毫克饮水，连用1~2天。

⑧ 中草药防治方一：三黄汤，包括黄连1份、黄芩1份、大黄0.5份，每天每只0.5~1.0克，拌料或饮水，连服3~5天。注意：也可选用加味三黄汤，黄连30克、黄芩30克、大黄20克、穿心莲30克、苦参20克、夏枯草20克、龙胆草20克、连翘20克、二花15克、白头翁15克、车前子15克、甘草15克，加水煎至10千克，去掉药渣，将药液加水40千克稀释后，供250只鸭或鹅自由饮用。也可将药烘干粉碎，按1%比例混料饲喂，连用3天。

⑨ 中草药防治方二：黄芩散，由黄芩、双花、板蓝根、栀子、山药、黄连、女贞子、丹皮、麻黄、杏仁、秦皮、地榆、乌梅、黄芪、甘草、赤芍、白术、半夏等组成。按一定比例取各药，制成每毫升含生药1克的药液，每天每只灌服2毫升，连用3天，预防可减半用药。

其他治疗方案可参考传染性浆膜炎、沙门菌病、巴氏杆菌病等的治疗方案。

四、支原体病

支原体病又称为传染性窦炎或慢性呼吸道病，是由支原体引起的主要侵害鸭、鹅的一种急性或慢性传染病。感染鸭、鹅临床上以打喷嚏、鼻窦炎、产蛋率和孵化率下降等为特征，耐过鸭、鹅生长缓慢。本病广泛发生于世界各地的鸭、鹅养殖区，但由于本病的研究报道不多，未能引起鸭、鹅养殖者的重视。

【流行特点】 各种日龄的鸭、鹅均可感染，但以2~3周龄多发，填鸭与成年鸭少见。病鸭、鹅和带菌鸭、鹅是传染源，鸭舍、鹅舍的不良环境是构成本病发生和传播的重要应激因素。本病可以通过被污染的空气经呼吸道传染，也可通过带菌的种蛋垂直传染。发病率高，但病死率较低，若并发其他细菌（如大肠杆菌）或病毒（如低致病性禽流感）感染时，病死率明显增加。本病一年四季均可发生，但以春季和冬季多发。

【临床症状】雏鸭、鹅发病最早可见于5日龄，7~15日龄雏鸭、鹅易感性最高，发病率可高达60%，甚至100%，但病死率较低，一般为1%~2%。病鸭、鹅打喷嚏，眼鼻流出浆液性分泌物，一侧或两侧眶下窦肿胀，形成隆起的鼓包（图3-73和图3-74）。发病初期触摸柔软，有波动感。随病程的发展，鼻孔周围出现干痂，窦内分泌物变成黏性或脓性，甚至干酪样，鼓包变硬。病鸭、鹅食欲减退、不安、易惊，时有甩头动作，用爪搔抓鼻窦部，暴露出红色皮肤。有些鸭、鹅眼内充满分泌物或失明。病程可持续20~30天，多数病鸭、鹅可自愈，耐过鸭、鹅眶下窦肿胀慢慢消失，但增重缓慢，较正常鸭、鹅出栏推迟1周左右。种鸭、鹅产蛋率和孵化率下降。

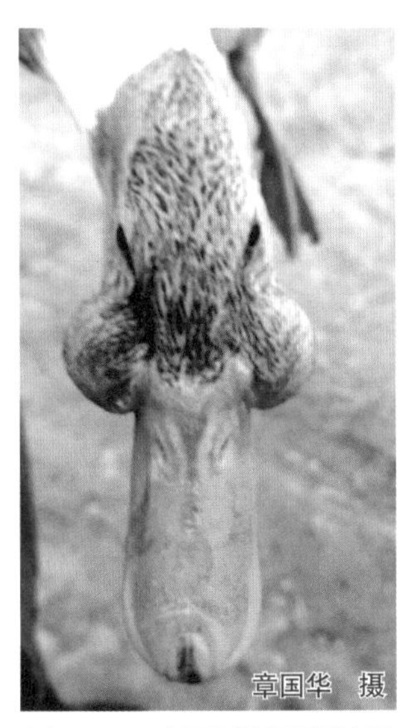

图3-73 鸭两侧眶下窦肿胀

图3-74 鹅一侧眶下窦肿胀

【病理剖检变化】较轻微的变化不易观察，鼻孔、鼻窦、气管和肺中出现较多的黏性液体、卡他性分泌物，偶见少量干酪样物质。严重病例可见眶下窦肿大，内充满透明或混浊的浆液性、黏液脓性渗出物或有干酪样渗出物蓄积，窦黏膜充血、水肿、增厚（图3-75）。气管黏膜充血，并有一层浆液-黏液性分泌物附着。气囊混浊、内有泡沫样分泌物（图3-76）。

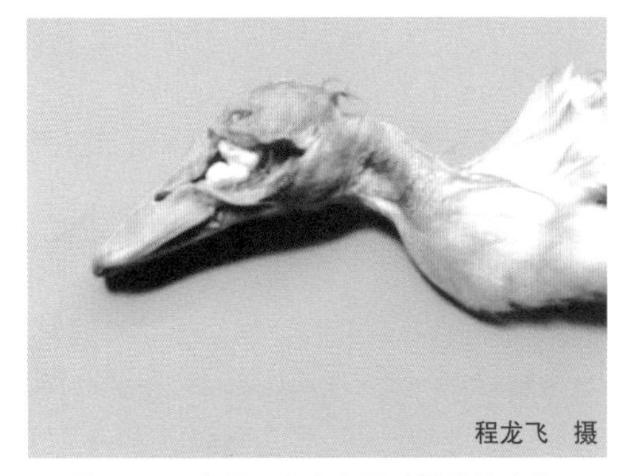

图3-75 鸭眶下窦内有干酪样的渗出物，窦黏膜充血、水肿

【类症鉴别】鸭、鹅存在由支原体为主所引起的传染性窦炎，但其他病原（如大肠杆菌、禽流感病毒、Ⅰ型副黏病毒等）也可引发窦炎，这些病原之间有些是继发，有些是并发或协同发病，应注意区别。

【预防】

（1）疫苗接种 雏鸭、鹅可试用鸡支原体弱毒疫苗或油乳剂灭活疫苗免疫。

（2）改善饲养管理水平 特别是舍饲期间的舍内卫生，如通风、保温、防湿、饲养密度不宜过大。做好舍内清洁卫生及消毒工作。饲喂全价饲料，适当加大维生素A用量，提高雏鸭、鹅的抗病力。争取在育雏期间做到“全进全出”，有条件的可空舍15天（在此期间加强消毒2~3次）后才进雏苗。采用上述措施后，可大大降低发病率。

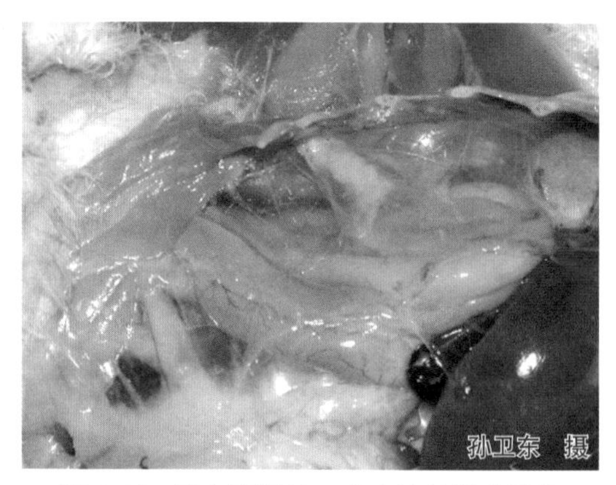

图3-76 鸭气囊混浊、内有泡沫样分泌物

（3）加强种蛋管理和检疫 严禁从感染支原体的养殖场购进种苗或种蛋；对可能被支原体感染的种蛋，应进行药物处理，将孵化前的种蛋加温到37℃后立即放入4~5℃的抑制支原体的抗生素（四环素、链霉素、枝原净、红霉素等）溶液中15~20分钟，然后沥干水分再入孵，或应用45℃的恒温处理种蛋14小时，而后转入正常孵化。对可能被支原体感染的种群，应定期进行检疫，淘汰阳性者。

（4）药物预防 对刚出壳的雏鸭、鹅要进行药物预防，雏鸭、鹅一开食，即在饮水中加入泰乐菌素、枝原净、普杀平、福乐星、红霉素或洁霉素饮水，连用5~7天。

【临床用药指南】 一旦发病，应及时隔离病鸭、鹅，淘汰重症鸭、鹅。及时清理粪便，地面勤洗刷消毒。每天用0.2%过氧乙酸带鸭、鹅消毒1次，保持舍内清洁卫生，通风透气。在此基础上选用下列药物进行治疗。

① 泰乐菌素：按每千克体重25~50毫克肌内注射，每天1次，连用3天；或按0.1%~0.2%混饮，或按0.01%~0.02%拌料，连用3~5天。也可选用枝原净等。

② 土霉素：按0.1%拌料，或按0.02%~0.05%饮水，连用3~5天。

③ 强力霉素（多西环素）：按0.02%~0.08%拌料，或按0.01%~0.05%饮水，连用3~5天。

④ 北里霉素：按每千克体重27~50毫克肌内注射，或按0.02%~0.05%饮水，或按0.05%~0.1%拌料，连用3~5天。

五、曲霉菌病

曲霉菌病又称为霉菌性肺炎，是由烟曲霉等致病性霉菌引起的一种常见真菌病。临床上以急性暴发，死亡率高，肺及气囊发生炎症和形成霉菌性小结节为特征。本病多见于幼龄鸭、鹅，尤其以雏鹅为甚，常呈急性暴发，可造成大批死亡，是当前危害幼龄鸭、鹅的一种重要传染病。

【流行特点】 不同品种的鸭、鹅对曲霉菌均有易感性，但以4~15日龄的鸭、鹅易感性最高，多呈急性暴发，发病率很高，死亡率达50%以上。成年鸭、鹅多呈散发，大多因采食霉变的饲料引起。本病主要发生在我国南方地区，特别是梅雨季节发病较多。北方多见于地面育雏的鸭群、鹅群。主要的感染或传播途径是被曲霉菌污染的垫草和饲料。当温度和湿度适合时，曲霉菌大量增殖，可经呼吸道感染鸭、鹅，也可经消化道感染。此外，本病也可经被污染的孵化器传播，当雏鸭、鹅孵出后不久即患病，出现呼吸道症状。

【临床症状】

（1）**急性病例** 主要发生于1周龄以下的鸭、鹅，表现为精神不振，缩头闭眼，两翅下垂，气喘，呼吸急促，常伸颈、张口呼吸（图3-77）。呼吸时常发出特殊的“沙哑”声或“呼哧”声，鼻腔常流出浆液性分泌物，体温升高，食欲减退甚至废绝，但渴欲增强，腹泻，常在发病后2~3天死亡。

图3-77 雏鸭（左）、雏鹅（右）伸颈、张口呼吸

（2）**慢性病例** 常见于1~2周龄的鸭、鹅，病鸭、鹅呈阵发性喘息，食欲减退，腹泻，逐渐消瘦，衰竭死亡。病程为1周左右。若霉菌感染到脑部，则可引起雏鸭、鹅霉菌性脑炎，出现神经症状（图3-78）。成年鸭、鹅患病后常见张口呼吸，食欲减退，间有腹泻，病程可达10天。产蛋鸭、鹅感染本病则表现产蛋减少或停产，病程延至数周。

图3-78 雏鹅出现神经症状

【病理剖检变化】 死于本病的幼龄鸭、鹅可见肺（图3-79）和气囊有蛋黄色纤维素渗出或混有数量不等的蛋黄色霉菌结节。霉菌结节柔软、有弹性，内容物呈干酪样（图3-80）。有的病例在肋骨（图3-81）、肝脏（图3-82）、肌胃（图3-83）等器官组织上也可看到霉菌结节。部分病例鼻腔内有浆液性分泌物，喉头及气管黏膜充血、出血。

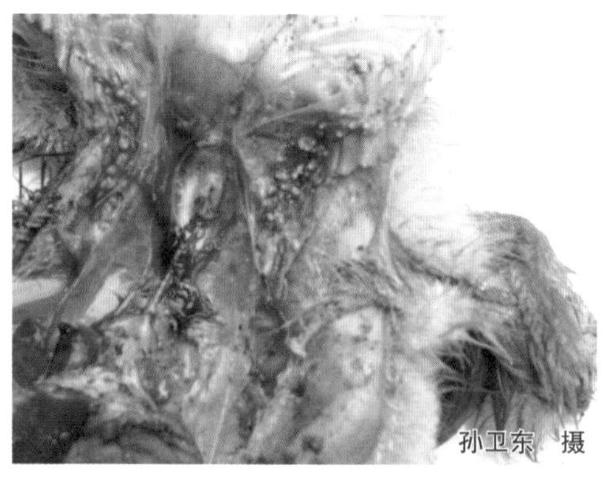

图 3-79　雏鸭（左）、雏鹅（右）肺有数量不等的蛋黄色霉菌结节

重症病例可见气管黏膜表面有霉菌斑块（图 3-84）。具有神经症状的鸭、鹅，可见颅骨充血、出血，脑水肿、脑血管呈树枝状充血，或见脑组织因霉菌感染而出现浅黄色坏死灶。青年和成年鸭、鹅可见肺脏表面（图 3-85）和气囊内（图 3-86）有圆碟状、中央微凹的成团霉菌斑块或有霉菌结节，脾脏肿大、有点状坏死灶（图 3-87），肝脏肿大、发绿（图 3-88）。

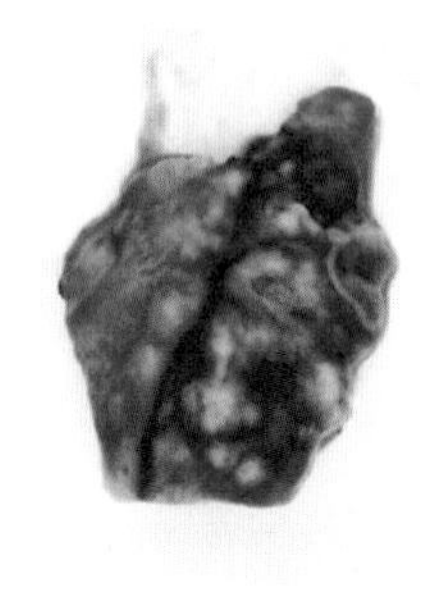
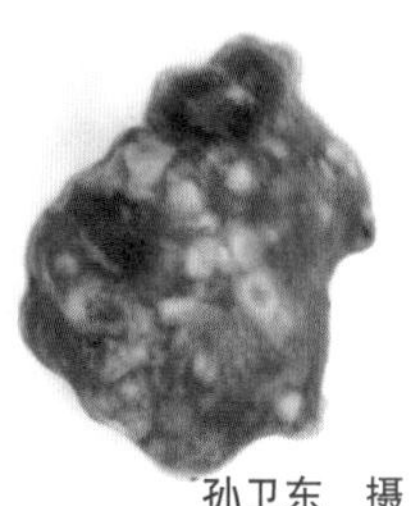

图 3-80　雏鹅肺的霉菌结节柔软、有弹性，内容物呈干酪样

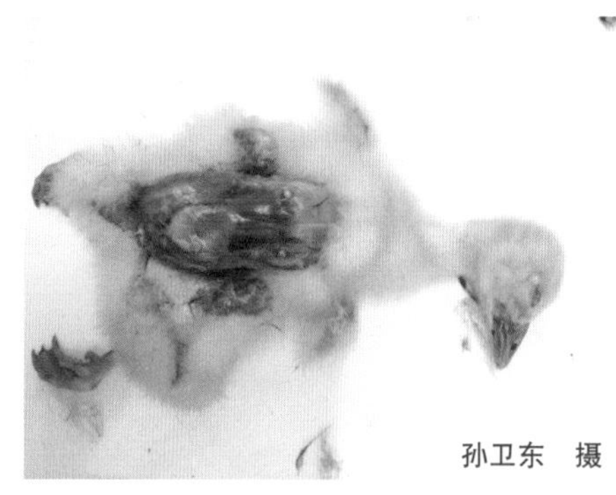

图 3-81　雏鹅肋骨外（左）和肋骨内（右）表面的霉菌结节

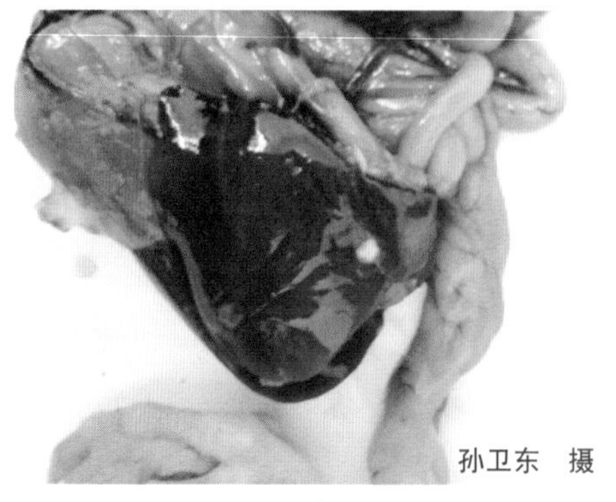

图 3-82　雏鹅肝脏表面的霉菌结节

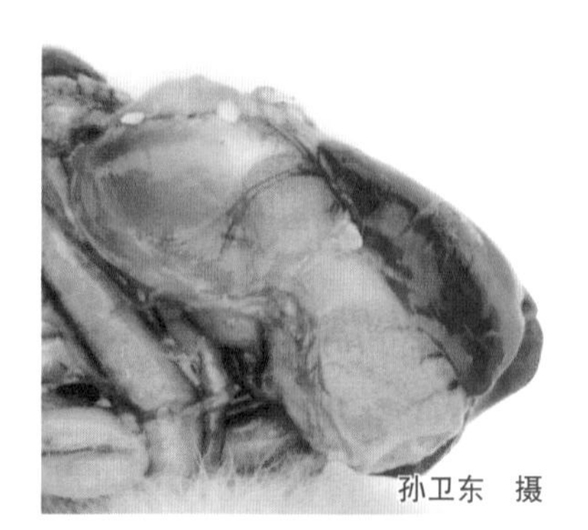

图 3-83　雏鹅肌胃表面的霉菌结节

图 3-84 鸭气管黏膜上的霉菌斑块

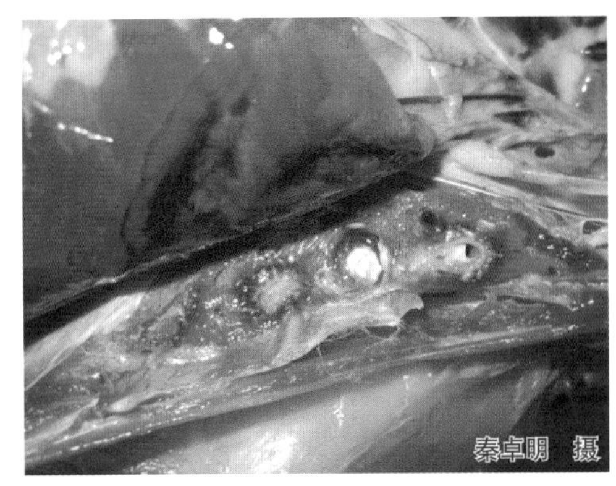

图 3-85 成年鸭肺脏表面的霉菌斑块

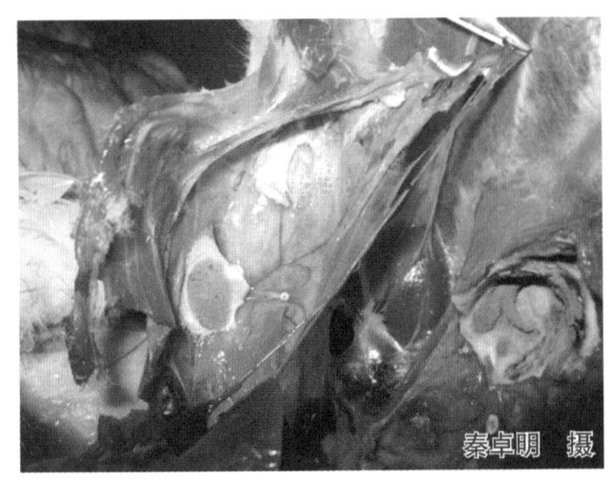

图 3-86 成年鸭气囊内的霉菌斑块

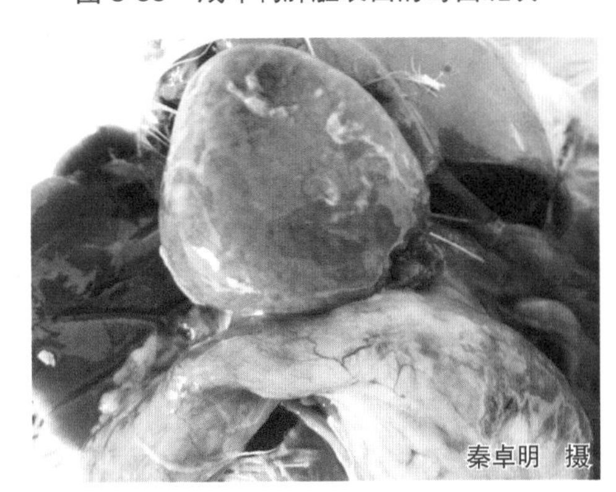

图 3-87 成年鸭脾脏肿大、有点状坏死灶

【类症鉴别】 临床诊断时应注意与鸭结核病和鸭伪结核病等相区别。

【预防】

（1）加强饲养管理，搞好环境卫生 特别是鸭舍、鹅舍的通风换气和防潮湿，保持舍内干燥、清洁，经常更换垫料，尤其在梅雨季节，防止霉菌生长繁殖以免污染环境而引起本病的发生。及时添加维生素及矿物质，提高鸭、鹅的抵抗力。不用发霉的垫草和禁喂发霉饲料。

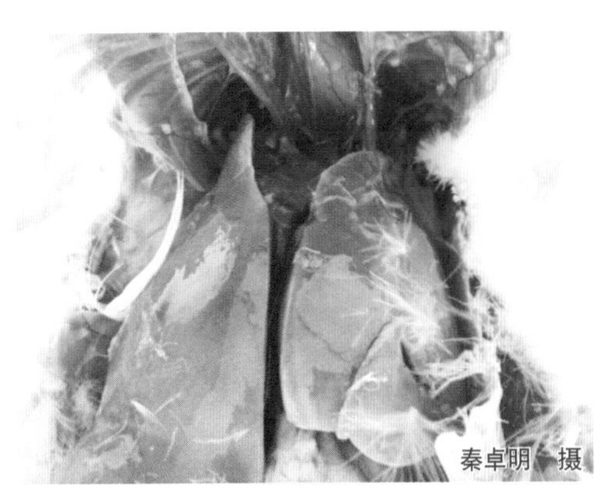

图 3-88 成年鸭肝脏肿大、发绿

（2）熏蒸消毒 鸭舍、鹅舍用福尔马林熏蒸消毒，或用 0.5% 新洁尔灭和 0.5%~1.0% 甲醛消毒。孵化前或对已入孵的鸭、鹅蛋应在 12 小时内用福尔马林熏蒸消毒，以杀灭蛋壳表面的霉菌或霉菌孢子及其他细菌和病毒。

【临床用药指南】

（1）加强隔离和消毒 及时隔离发病幼龄鸭、鹅，清除垫草和更换饲料，消毒鸭舍、鹅舍，并在饲料中加入 0.1% 硫酸铜溶液，以防再发。放牧鸭群、鹅群发病后应更换牧地，脱离污染环境。

（2）治疗 本病无特效疗法。

① 制霉菌素：幼龄鸭、鹅每只5000~8000单位，成年鸭、鹅按每千克体重2万~4万单位，内服，每天2次，连用3~5天。同时用硫酸铜（1∶3000）饮水，连用5天，并在100千克饲料中添加维生素C 100克。

② 防止继发感染：用0.02%的恩诺沙星饮水，每天2次。也可选用金霉素、卡那霉素等。同时饮水中添加葡萄糖、速补，防止应激和缓解肝肾损害，同时注意通风换气。

③ 碘化钾：口服碘化钾有一定的疗效，每次饮水中加碘化钾5~10克。还可以将碘1克、碘化钾1.5克溶于1500毫升水中，进行咽喉灌入，成年鸭、鹅每天4~5毫升，加热至25℃，1次注入。当天配制，当天使用。

④ 灰霉素：每只按500毫克口服，每天2次，连服3天；或用克霉唑（抗真菌1号），按每千克体重10~20毫克口服，每天2次，连服3天；或用两性霉素B，雏鸭、鹅按每只0.12毫克混饮，1~2天1次，连用3~5天；或用氟康唑，按每千克饲料加20毫克搅拌均匀饲喂，连用1~2周；或用伊曲康唑，按每千克饲料加20~40毫克搅拌均匀饲喂，连用5~7天。

⑤ 中草药防治方一：桔梗260克、蒲公英500克、苏叶500克、枇杷叶15克、知母20克、金银花30克，上药共煎汤得1000毫升（1000只雏鸭1天用量），拌料内服，每天3次，连服5~7天。另外在饮水中加0.1%高锰酸钾。同时对重症雏鸭进行特殊护理，用滴管滴服上述中药液，每天2次，每次0.5毫升。

⑥ 中草药防治方二：金银花30克、连翘30克、炒莱菔子30克、丹皮15克、黄芩15克、柴胡18克、知母18克、桑白皮12克、枇杷叶12克、生甘草12克，煎汤取汁1000毫升，每天4次拌料喂服，重症鸭、鹅每只灌服0.5毫升，每天1剂，连用4剂。

⑦ 中草药防治方三：鱼腥草、水灯芯、金银花、薄荷叶、枇杷叶、车前草、桑叶各100克，明矾30克，甘草60克，煎水喂100~200只鸭或鹅，每天2次，连用3天。

六、一氧化碳中毒

一氧化碳中毒是煤炭在氧气不足的情况下燃烧所产生的无色、无味的一氧化碳气体或者排烟设施不完善导致一氧化碳倒灌，被鸭、鹅吸入后导致全身组织缺氧而引起的一种中毒病。

【临床症状】 鸭舍、鹅舍内有燃煤保温的设施（图3-89）或发生排烟管漏烟、排烟倒灌现象。雏鸭、鹅轻度中毒时，表现为精神不振、运动减少，采食量下降，羽毛松乱。严重中毒时，首先是烦躁不安，接着出现呼吸困难，运动失调，昏迷、嗜睡，头向后仰，死前出现肌肉痉挛和惊厥，出现大量或全部死亡（图3-90），死亡鸭、鹅的喙或喙端发绀（图3-91）。

图 3-89 雏鸭（左）、雏鹅（右）舍内有燃煤保温的设施

图 3-90 鸭中毒后短时间内出现大量死亡

图 3-91 死亡鸭（左）、鹅（右）的喙或喙端发绀

【病理剖检变化】病死鸭、鹅扑杀或剖检可见血液呈鲜红色或樱桃红色，肺颜色鲜红（图 3-92），嗉囊、胃肠道内空虚，肠系膜血管呈树枝状充血，脾脏肿大。有的病例出现肝脏肿大，心肌变性、坏死（图 3-93）；有的病例出现肝脏肿大，心包积液（图 3-94）。

图 3-92　鸭（左）、鹅（右）的肺呈弥漫性充血、出血，颜色鲜红

图 3-93　鸭肝脏肿大，心肌变性、坏死

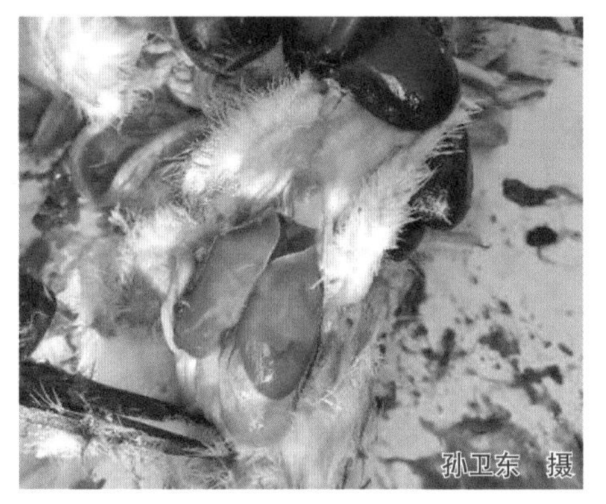

图 3-94　鸭肝脏肿大，心包积液

【预防】育雏室采用烧煤保温时应经常检查保温设施，防止烟囱堵塞、漏烟或排烟倒灌；定期检查鸭舍、鹅舍内通风换气设备的运行情况，保证其空气流通。另外，麦收季节注意燃烧秸秆引起的烟雾进入鸭舍、鹅舍。

【临床用药指南】一旦发现鸭、鹅中毒，应立即打开鸭舍、鹅舍的门窗或通风设备进行通风换气，同时还要尽量保证舍内的温度。或立即将所有的鸭、鹅转移到空气新鲜的环境中，病鸭、鹅吸入新鲜空气后，轻度中毒鸭、鹅可自行逐渐康复；重症者可皮下注射糖盐水及强心剂，有一定的疗效。必要时可用输氧等方法治疗。

第四章 泌尿生殖系统疾病的鉴别诊断与防治

第一节 泌尿生殖系统疾病概述

一、蛋的形成与产出

在生殖激素的作用下，成熟卵泡破裂而排卵，排出的卵泡被漏斗部接入，进入输卵管的膨大部。卵在膨大部首先被腺体分泌的浓蛋白包绕，由于输卵管的蠕动作用，卵泡做被动性的机械旋转，使这层浓蛋白扭转而形成系带；然后膨大部分泌的稀蛋白包围卵泡形成稀蛋白层，之后又形成浓蛋白层和最外层稀蛋白层。膨大部蠕动作用促使卵进入峡部，在此处形成内外蛋壳膜。在卵进入子宫后的约前 8 小时，由于内外蛋壳膜渗入了子宫液（水分和盐分），使蛋的重量增加了近 1 倍，同时使蛋壳膜膨胀成蛋形。在膨胀初期钙的沉积很慢，进入约 4 小时之后，钙的沉积开始加快，到 16 小时就达到稳定的水平。子宫上皮分泌的色素卵嘌呤均匀分布在蛋壳和胶护膜上，在蛋离开子宫时在蛋壳表面覆有极薄的、有色可透性角质层。

二、疾病发生的因素

（1）**生物性因素** 包括病毒（如鸭坦布苏病毒、产蛋下降综合征病毒、副黏病毒、禽流感病毒等）、细菌（如大肠杆菌等）、霉菌（如赭曲霉毒素等）和某些寄生虫等。

（2）**饲养管理因素** 如鸭舍、鹅舍阴暗潮湿，饲养密度过大，光照不足，运动不足等。

（3）**营养因素** 如维生素 A 缺乏，饲料中动物性蛋白质含量过高，日粮中钙磷比例不合理（尤其是钙含量过高）等。

（4）**药物因素** 如磺胺类药物、庆大霉素、卡那霉素，以及药物配伍不当等引起的肾脏损伤。

（5）**其他因素** 如人工授精的器具未严格消毒，人工授精所用精液或精液的稀释液被病原污染等。

第二节 常见疾病的鉴别诊断与防治

一、鸭坦布苏病毒病

鸭坦布苏病毒病又称为“鸭黄病毒病”“鸭出血性卵巢炎”等，是由鸭坦布苏病毒引起的一种急性、烈性传染病。临床上以蛋鸭采食量下降、产蛋量骤然减少为主要症状；以卵泡膜出血、充血，卵泡变形为主要病理特征。本病自2010年春季在我国主要蛋鸭饲养区出现以来，给我国鸭、鹅养殖业造成了严重经济损失。

【流行特点】鸭坦布苏病毒病除引起蛋鸭发病外，还可引起种鸭、肉鸭及鹅发病，发病鸭中又以麻鸭感染最多，其次为樱桃谷鸭、番鸭等。鸭坦布苏病毒为库蚊传播，鸟类特别是家禽为其储存宿主。从鸭场内死亡麻雀体内检出鸭坦布苏病毒，提示病毒可经鸟类传播。从泄殖腔可分离到病毒，表明该病毒能经粪便排毒，污染环境、饲料、饮水、器具、运输工具等而造成传播。病鸭的卵泡膜中鸭坦布苏病毒的检出率高达93%，推测该病毒可能会经卵垂直传播。该病毒在种鹅中可通过鹅胚传到下一代。

【临床症状】在蛋鸭和种鸭上的主要表现是发病初期采食量突然下降，在5~7天可下降到原来的50%甚至更多，产蛋率随之大幅下降，可从高峰期的90%~95%下降到5%~10%，甚至停产。蛋变小，蛋壳颜色变浅（图4-1），偶见畸形蛋（图4-2）、沙壳蛋。病鸭体温升高，排（黄）白绿色稀粪（图4-3），发病率最高可达100%，感染鸭群的死亡率和淘汰率为5%~28%。本病在流行的早期，发病种鸭一般不会出现神经症状，而在流行的后期神经症状明显，表现为瘫痪、翻滚、站立不稳及共济失调（图4-4）。野鸭也有类似的转圈、共济失调、角弓反张等神经症状（图4-5）。有的病例排绿色粪便；有的病例的眼睛混浊、带灰白伪膜（图4-6），在后期有个别病例会失明（图4-7）。发病期间所产种蛋受精率、孵化率严重下降。病程为1~1.5个月，可自行逐渐恢复。首先采食量在15~20天开始恢复，绿色粪便逐渐减少，产蛋率也缓慢上升，状况较好的鸭群，尤其是刚开产和产蛋高峰期鸭群，多数可恢复到发病前水平，但老龄鸭一般恢复缓慢且难以恢复到原来水平。种鸭恢复后期多数有明显的换羽过程（图4-8）。

图4-1 产蛋鸭产出的蛋变小，蛋壳颜色变浅

图 4-2 产蛋鸭产出的畸形蛋

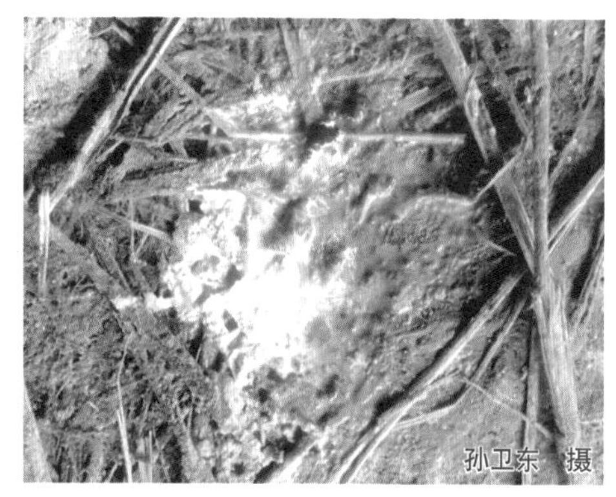

图 4-3 鸭排出（黄）白绿色稀粪

图 4-4 蛋鸭站立不稳、翻滚、共济失调、瘫痪

图 4-5 野鸭转圈、共济失调

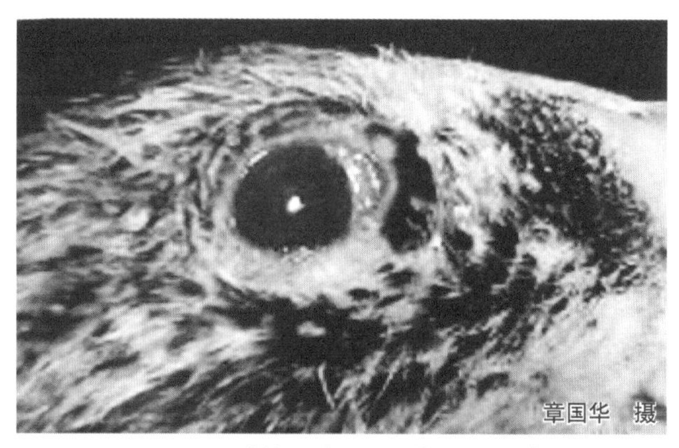

图 4-6 鸭的眼睛混浊、带灰白伪膜

图 4-7 鸭失明，离群独立，人靠近后不知道躲避

商品肉鸭可在 2~3 周龄感染发病，以出现神经症状为主要特征，表现为站立不稳、运动失调、仰翻或倒地不起（图 4-9），病鸭仍有饮欲和食欲，但多数因行动困难无法采食，因饥饿或被践踏而死亡，死淘率一般在 10%~30%，个别的高达 70%。

鹅群感染后的临床表现与鸭相似，出现采食量下降，一般为 20%~30%。种鹅产蛋率下降 20%~50%，病死率为 2% 左右。肉鹅 18~56 日龄发病，病死率一般在 10%，高的可达 21%。日龄越小发病越严重，死亡率越高。发病后 8~10 天达高峰，病程为 3~4

周。发病后体温升高，羽毛沾水，不爱下水或下水后浮在水面不动，有时出现腿瘫、仰卧、转圈、摇头等神经症状。

图 4-8　种鸭恢复后期多数有明显的换羽过程

图 4-9　肉鸭站立不稳、倒地不起、行走无力

【病理剖检变化】病死蛋鸭病变主要在卵巢，初期可见部分卵泡充血和出血（图 4-10），中后期可见卵泡严重出血、变性和萎缩（图 4-11），严重时破裂，引发卵黄性腹膜炎，少部分鸭输卵管内出现胶冻样或干酪样物。恢复期的病鸭仍可见卵泡轻度出血（图 4-12）。肝脏轻微肿大、有出血或瘀血，胆囊充盈（图 4-13），有些肝脏表面有针尖大小白色点状坏死。部分鸭脾脏肿大，表面有灰白色坏死点（图 4-14）。小肠黏膜出血。

图 4-10　蛋鸭部分卵泡充血和出血

病死肉鸭可见心包积液和心肌出血（图 4-15）；气囊有炎性渗出物（图 4-16）；脑盖骨出血，尤其是小脑部位（图 4-17）；脑组织有出血点，脑组织水肿（图 4-18）；脾脏有的肿大且有点状坏死灶，肌胃及肠道内有绿色内容物。

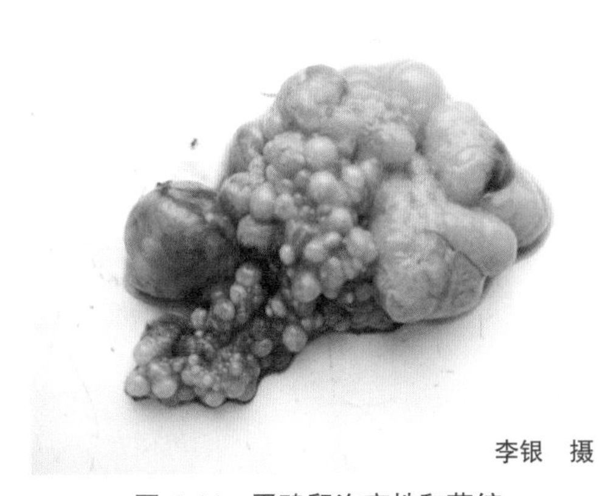

图 4-11　蛋鸭卵泡变性和萎缩

图 4-12　恢复期蛋鸭的卵泡轻度充血、出血

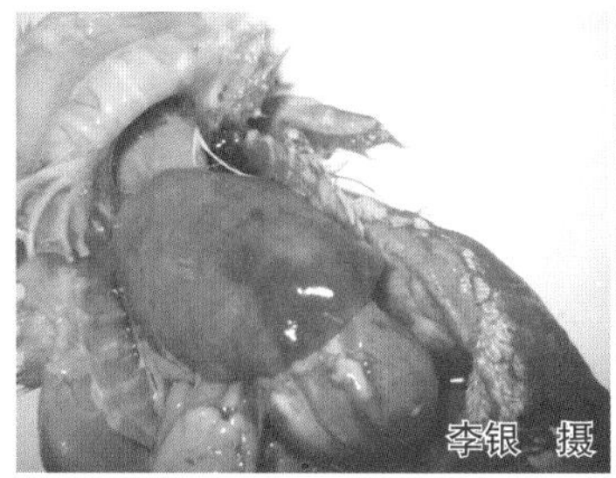

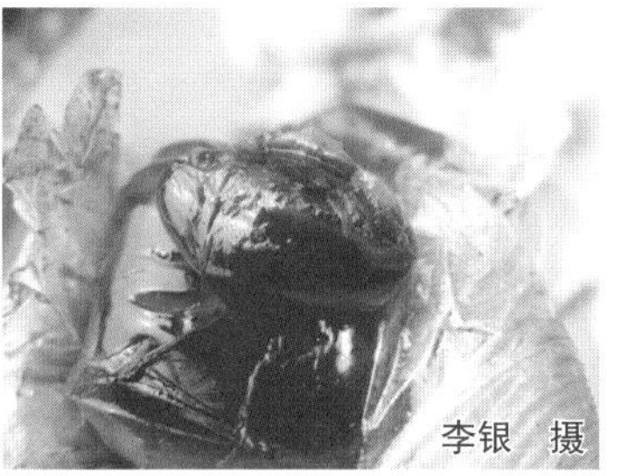

图 4-13 蛋鸭肝脏轻微肿大、出血或瘀血（左），胆囊充盈（右）

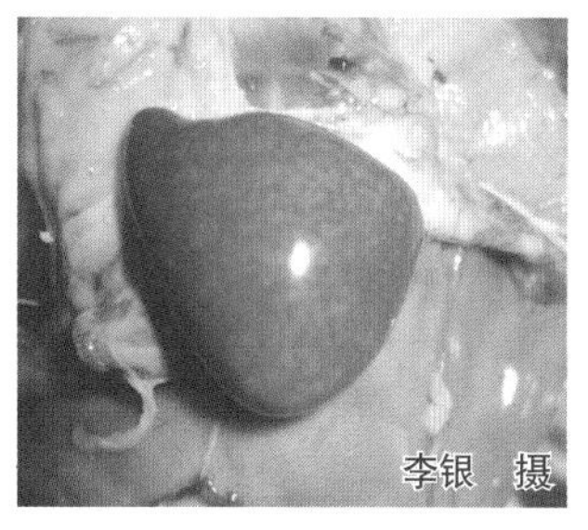

图 4-14 蛋鸭脾脏肿大，表面有灰白色坏死点

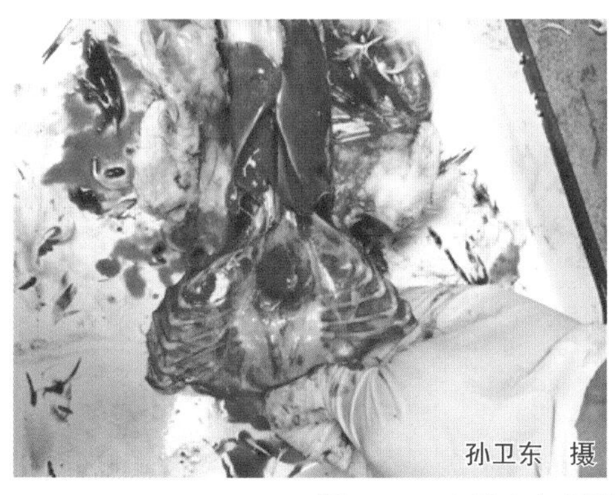

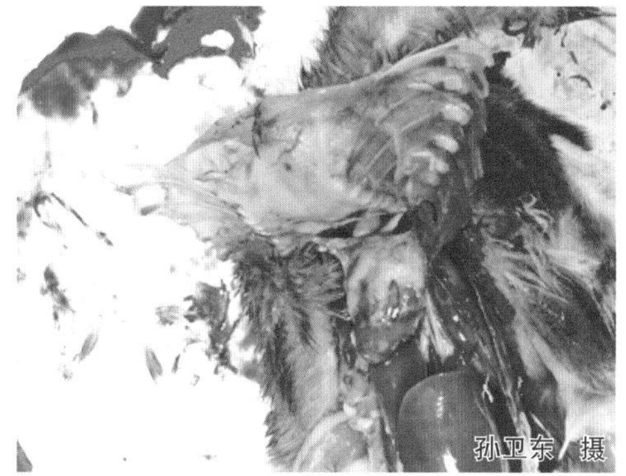

图 4-15 肉鸭心包积液（左）和心肌出血（右）

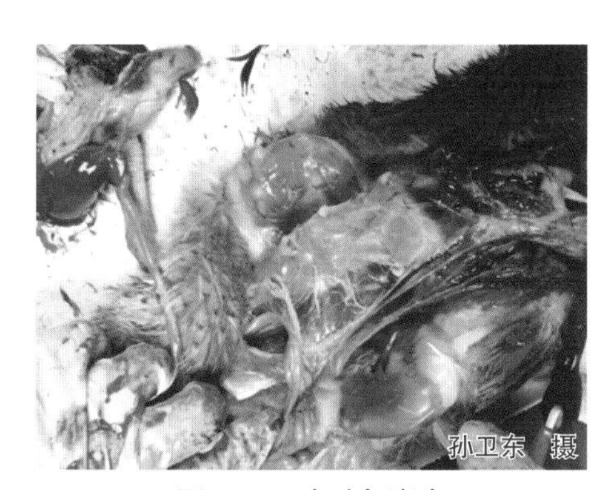

图 4-16 肉鸭气囊炎

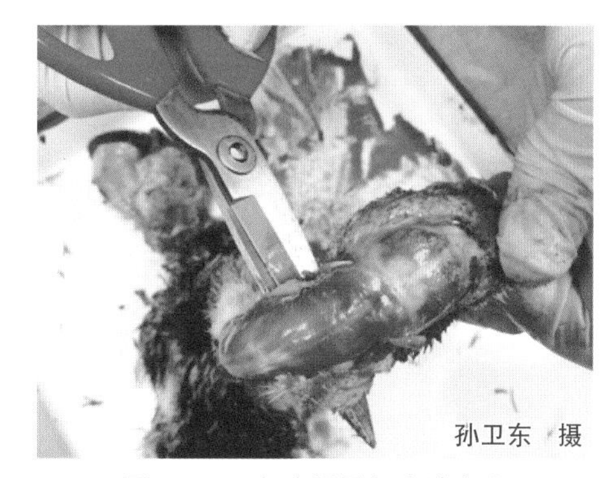

图 4-17 肉鸭颅骨与小脑出血

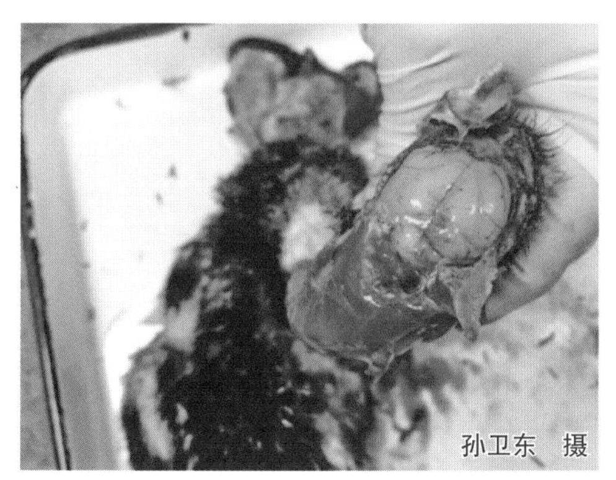

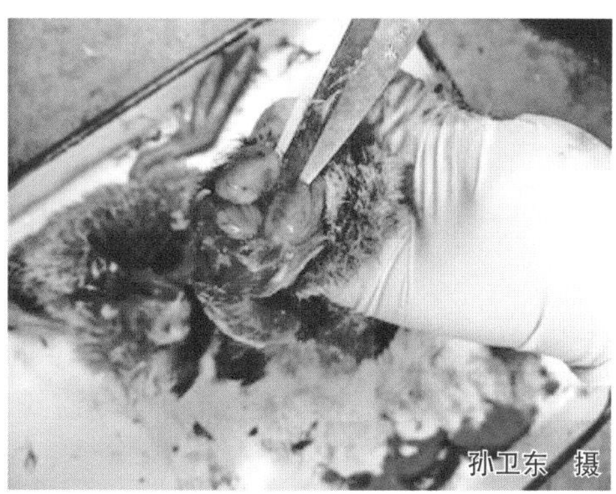

图 4-18 肉鸭的脑组织出血（左）和脑组织水肿（右）

【类症鉴别】本病的产蛋率下降与禽流感、鸭腺病毒病、禽霍乱和卵黄性腹膜炎有相似之处，应注意区别。

（1）与禽流感的鉴别 禽流感可引起不同品种、不同日龄鸭群感染发病，有的毒株自然感染时发病率和死亡率高达 100%。发病后 2~3 天鸭群大批死亡，蛋鸭产蛋率大幅下降。急性死亡病鸭全身皮肤充血、出血，腹部皮下脂肪有散在性出血点；胰腺充血、出血，且有点状坏死、液化；心冠脂肪出血等。对禽流感病毒分离后进行血凝试验和血凝抑制试验，有血凝活性，可被阳性血清抑制，鸭坦布苏病毒则无血凝活性，据此可做出初步诊断，采用禽流感通用引物对分离病毒进行 RT-PCR 扩增，可确诊禽流感。

（2）与鸭腺病毒病的鉴别 鸭腺病毒病主要引起蛋鸭或种鸭发病，一般病鸭无明显症状，采食量稍有减少，主要表现为产蛋率下降，蛋鸭产蛋率可降至产蛋高峰期的 50% 左右，期间软壳蛋、薄壳蛋和畸形蛋大量增加，一般不引起病鸭死亡。病鸭主要病变在卵巢，表现为卵泡充血、出血、萎缩、坏死，其他组织脏器则无明显病变。采集病鸭血清进行血凝抑制试验或采集病料进行病毒分离试验，病鸭血清抗体效价很高，分离的鸭腺病毒有血凝活性；鸭坦布苏病毒则无血凝活性，据此可做出鉴别诊断。也可直接提取发病鸭病变卵巢或分离病毒的 DNA，用产蛋下降综合征引物进行 PCR 扩增，鉴定出鸭腺病毒。

（3）与禽霍乱的鉴别 禽霍乱多发于青年鸭及成年鸭，发病率较低，但死亡率较高。病鸭多呈心肌出血，肝脏肿大，表面散布灰白色、针尖大小的坏死点等特征性病变。采集病鸭肝脏涂片，进行瑞氏染色，镜检可见两极着色的蓝色杆菌。对病鸭用敏感抗生素治疗有较好疗效，而鸭坦布苏病毒病用抗生素治疗无效，据此可做出鉴别诊断。

（4）与卵黄性腹膜炎的鉴别 卵黄性腹膜炎是由大肠杆菌引起的产蛋鸭、鹅特别是高产期蛋鸭的一种常见多发性疾病。发病率较低，病鸭、鹅临床表现为排绿色稀粪，严重者脚软不能站立而伏卧于地面，驱动时能勉强爬动。主要病变为腹膜增厚，有大量黄白色渗出物附着于腹膜，卵泡充血、出血，绝大部分病例输卵管中有大小不一、像煮熟样的蛋白团块滞留，部分卵泡破裂充满整个腹腔。卵黄性腹膜炎引起的产蛋率较低，用敏感的抗菌药物治疗有较好的疗效，而鸭坦布苏病毒病用抗生素治疗无效，据此可做出鉴别诊断。

【预防】

（1）疫苗接种

① 灭活疫苗：以该疫苗免疫产蛋鸭，免疫 3 周后进行攻毒保护试验，结果显示免疫组产蛋率仅下降 10% 左右，而未免疫组产蛋率下降达 40% 以上，表明灭活疫苗使产蛋鸭对抵抗鸭坦布苏病毒的感染起到较好的保护作用。

② 弱毒疫苗：以弱毒株研制了预防或治疗鸭坦布苏病毒病的疫苗，无论是作为活

疫苗还是灭活疫苗，在免疫雏鸭和产蛋鸭后，对强毒攻击有较高的保护率。

（2）**生物安全措施** 养殖场应建在背风向阳、排水方便的地方，远离公路、活禽交易市场、屠宰场及畜禽养殖场、畜产品加工厂等病毒易存在的地区；严禁从疫区引进种鸭、鹅；病死鸭、鹅及粪便要及时处理并实行焚烧等无害化处理。由于鸭坦布苏病毒属于蚊媒病毒类，因此要做好杀虫、灭鼠、控制飞鸟的工作，夏、秋季养殖场要做好驱蚊、灭蚊；同时，养殖场周围要保持清洁，污水、垃圾及卫生死角等要及时彻底清除。加强饲养管理，定期消毒。注意天气变化，及时调整鸭群的饲养密度，处理好通风和保湿，定期清理消毒使用过的料槽、饮水器具等，应避免不同禽类混养。

【临床用药指南】本病目前尚无有效的治疗措施。因此，发病后可用抗病毒中药（如黄芪多糖、双黄连等）对症治疗，也可适当添加一定量的复合维生素，以提高鸭、鹅的免疫力。具体可参考下面疗法。

① 疫毒干扰素（主要成分：板蓝根、黄连、金银花及连翘等 18 味中药提取物配合阿昔洛韦、聚肌胞等）、金叶清瘟（主要成分：黄连、黄芩、黄檗、栀子、金银花、黄芪多糖、金丝桃素、溶菌酶和维生素 C）+ 氨苄西林，按推荐剂量混合饮水，连用 5 天，或者黄芪多糖口服液，连饮 7 天。

② 板青颗粒（主要成分：板蓝根、黄芪、淫羊藿和甘草等）+ 百病消（主要成分：头孢喹肟、黄芪甲苷、增效剂和维生素 E 等）+ 克霉唑等，按推荐剂量混合拌料，连用 5 天。

③ 清开灵（按每千克体重 0.2 毫升）+ 注射用头孢噻呋钠（按每千克体重 0.1 毫升），混合肌内注射，每天 1 次，连用 5 天。

二、鸭腺病毒病

鸭腺病毒病是由禽的Ⅲ群腺病毒引起的一种传染病。一般认为鸭是产蛋下降综合征（EDS-76）病毒的天然中间宿主，但在一定的条件下，可以引起鸭群发病，引起鸭的产蛋率下降。

【流行特点】本病主要发生于产蛋鸭群，病原主要通过呼吸道、消化道水平传播，也可通过种蛋垂直传播。

【临床症状】病鸭一般无特殊症状，主要表现为突然发生产蛋率明显下降，比发病前下降约 50%。病鸭产软壳蛋（图 4-19）、沙壳蛋（图 4-20）、薄壳蛋、畸形蛋（图 4-21）增多，破蛋率增加（图 4-22）。鸭蛋的蛋清稀薄如水（图 4-23）。多数鸭采食正常，病鸭死亡率很低。

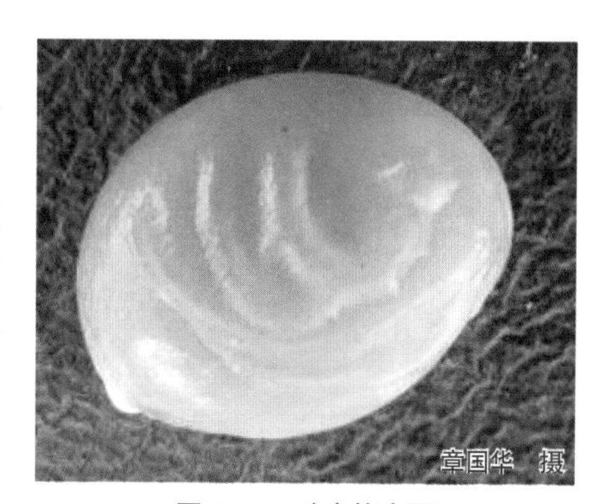

图 4-19 鸭产软壳蛋

图 4-20 鸭产沙壳蛋

图 4-21 鸭产畸形蛋

图 4-22 鸭所产蛋的蛋壳易碎

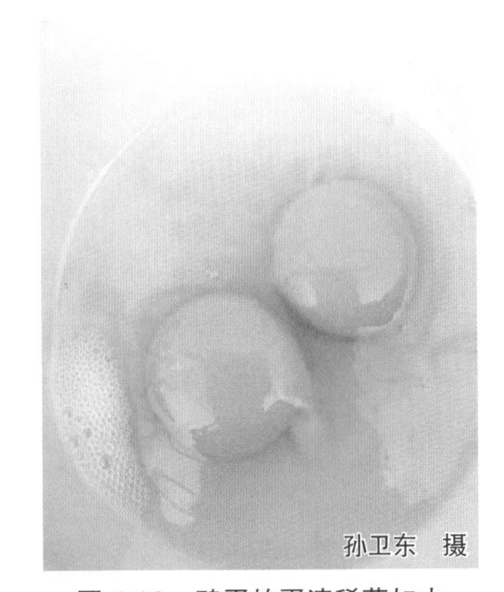

图 4-23 鸭蛋的蛋清稀薄如水

【病理剖检变化】发病鸭卵泡发育不良、出血（图 4-24），卵泡软化（图 4-25），输卵管萎缩（图 4-26），子宫和输卵管黏膜水肿、出血（图 4-27），有的输卵管内滞留干酪样物质或白色渗出物。

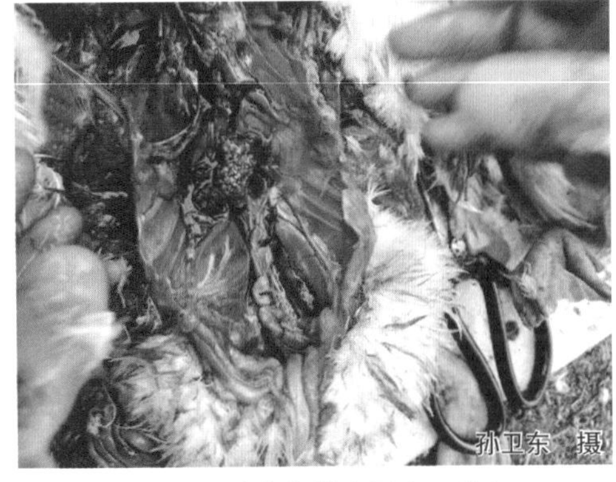

图 4-24 鸭卵泡发育不良、出血，输卵管发育不良

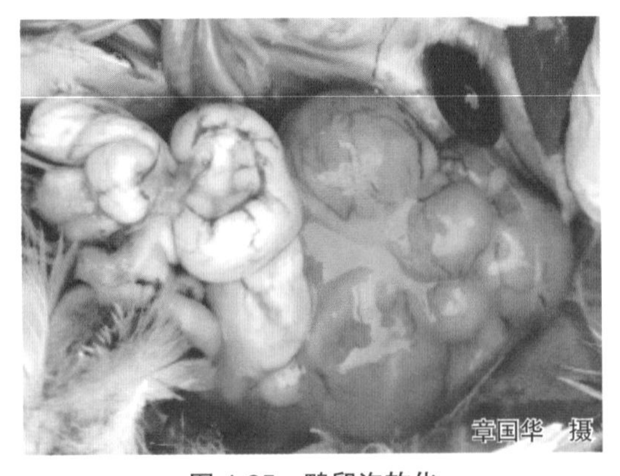

图 4-25 鸭卵泡软化

图 4-26 鸭输卵管萎缩

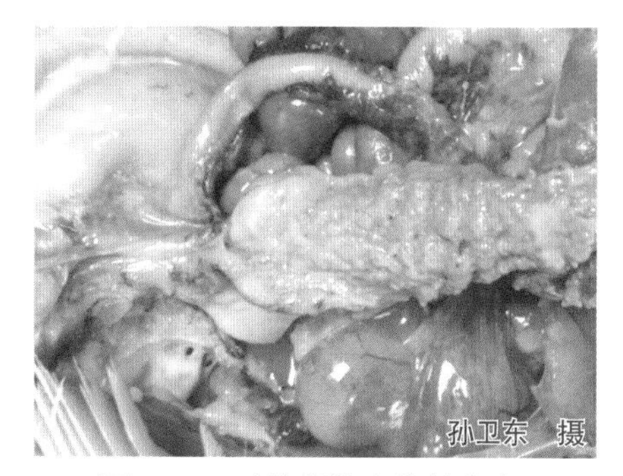

图 4-27 鸭输卵管卡他性炎症，黏膜水肿、出血

【预防】

（1）疫苗接种 用鸡产蛋下降综合征（EDS-76）油乳剂疫苗，在蛋鸭 120 日龄时每只皮下注射 1 毫升。

（2）加强检疫 因本病可通过种蛋垂直传播，所以引种要从非疫区引进，引进种鸭要严格隔离饲养，产蛋后经血凝抑制试验鉴定，确认抗体阴性者，才能留作种用。

（3）严格卫生消毒 对被鸭腺病毒病污染的鸭场（群），要严格执行兽医卫生措施。鸭场和鸡场之间要保持一定的距离，更不能鸡鸭混养；加强鸭场和孵化室的消毒工作，日粮配合时要注意营养平衡，注意对各种用具、人员、饮水和粪便进行消毒。

（4）加强饲养管理 提供全价日粮，特别要保证鸭群必需氨基酸、维生素及微量元素的需要。

【临床用药指南】一旦鸭群发病，在隔离、淘汰重症鸭的基础上，可进行疫苗的紧急接种，以缩短病程，促进鸭群的早日康复。本病目前尚无有效的治疗方法，多采用对症疗法（如用中药清瘟败毒散拌料，用双黄连制剂、黄芪多糖饮水；同时添加维生素 AD_3 和抗菌消炎药）。在产蛋恢复期，在饲料中可添加一些增蛋灵 / 激蛋散之类的中药制剂，以促进产蛋的恢复。

三、鹅星状病毒感染

鹅星状病毒感染是由星状病毒引起的雏鹅致死性传染病，临床上以死亡鹅心脏、肝脏、肾脏表面有大量尿酸盐沉积为主要特征。

本病自 2015 年报道以来，在河北、山东、河南、江苏、安徽、江西、湖南、福建、广东、四川、广西等地均有报道。目前，星状病毒感染在世界范围内广泛流行，给养鹅业造成了很大的经济损失。

【流行特点】有人在 2017 年分离到新发肾致病型鹅星状病毒。该星状病毒主要通过粪口途径水平传播，部分星状病毒甚至可以垂直传播。胚胎感染星状病毒可导致侏儒胚甚至死胚，对禽类的孵化造成了较严重的影响。

【临床症状】自然感染鹅群于5~6日龄时陆续发病和死亡，12~15日龄达到死亡高峰，之后鹅群死亡率逐渐降低。发病鹅表现精神沉郁、头颈震颤、四肢瘫软、消瘦、食欲废绝、呼吸困难，眼睑和角膜混浊。受惊吓应激时奔跑单侧跛行，跗、趾关节肿胀。排出白色奶油样半黏稠状含有尿酸盐的泡沫粪便（图4-28）。大部分雏鹅出现症状不久即死亡（图4-29）。发病率为30%~60%，死亡率达50%。雏鹅经皮下注射、口服和滴鼻3种不同途径实验感染星状病毒，感染后出现类似的临床症状。

图4-28　雏鹅排出白色奶油样半黏稠状含有尿酸盐的泡沫粪便

图4-29　鹅大量死亡

【病理剖检变化】剖检死亡鹅可见皮下及肌肉有尿酸盐沉积（图4-30），心脏、肝脏表面覆盖一层尿酸盐沉积物（图4-31）。心脏心肌壁明显变薄，部分心脏可见心房肥大。肝脏表面有明显的点状出血，胆囊膨大，呈现亮白色（图4-32），剪破可见大量白色尿酸盐颗粒（图4-33）。肾脏肿胀，表面及输尿管内也可见明显的灰白色尿酸盐（图4-34），腿部关节内可见点状或片状的尿酸盐沉积（图4-35）。

图4-30　鹅皮下及肌肉有尿酸盐沉积（实验感染病例）

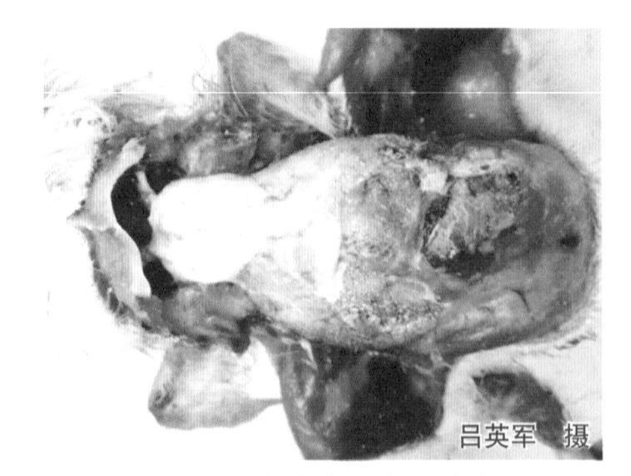

图4-31　鹅内脏表面有尿酸盐沉积（实验感染病例）

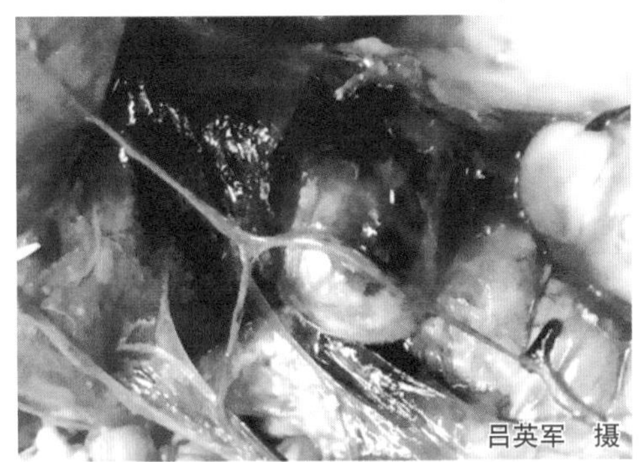

图 4-32 鹅胆囊膨大，呈现亮白色（实验感染病例）

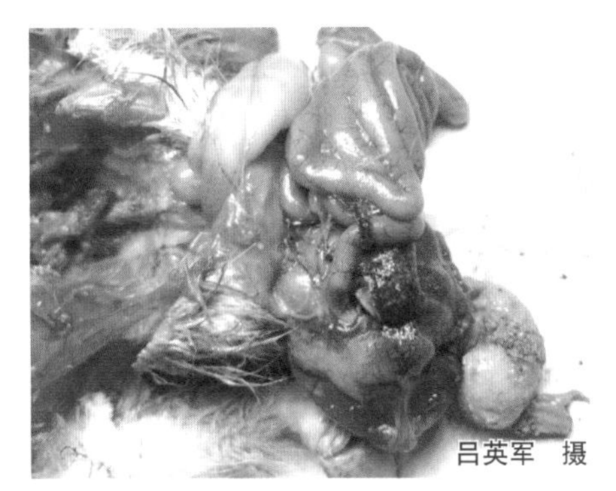

图 4-33 剪破胆囊可见大量白色尿酸盐颗粒（实验感染病例）

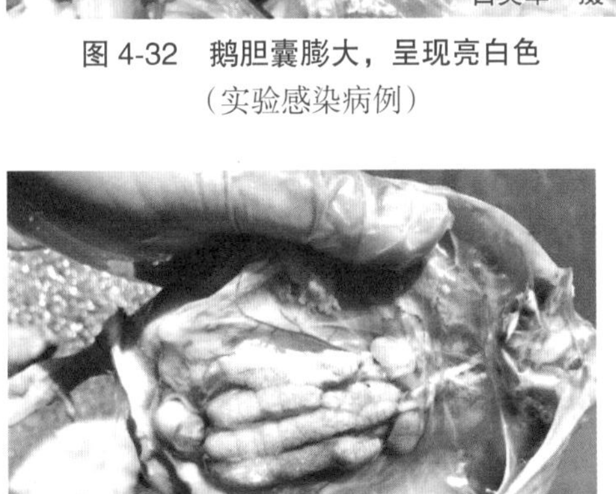

图 4-34 肾脏表面及输尿管内有明显的灰白色尿酸盐（实验感染病例）

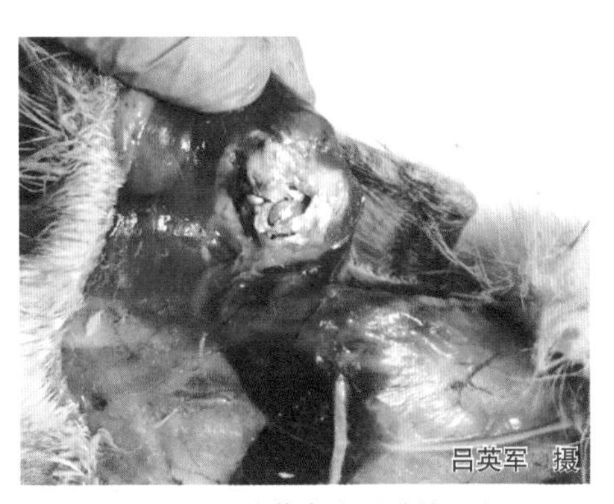

图 4-35 关节内有尿酸盐沉积（实验感染病例）

【类症鉴别】本病出现的肾脏肿大、内脏器官尿酸盐沉积与痛风、磺胺类药物中毒类似，应注意区别。本病出现的关节肿大、变形、跛行与痛风、鸭疫里默氏杆菌、葡萄球菌、大肠杆菌等引起的关节炎症状类似，应注意区别。

【预防】星状病毒由于缺乏适宜增殖的细胞系或胚胎，导致用于该病毒防控的弱毒或灭活疫苗产品相对较少。此外，严格的生物安全（包括延长空舍时间、合理的消毒措施及恰当的环境隔离）是极大降低畜禽星状病毒感染的关键。

【临床用药指南】有人采用星状病毒卵黄抗体（精致抗体）对发病鹅进行注射治疗，有一定的治疗效果，但在注射时应及时更换针头。其他对症疗法主要是在适当使用增加机体抵抗力的药物基础上，参照痛风的综合防治措施。

四、鹅传染性腹膜炎

鹅传染性腹膜炎又称为鹅蛋子瘟、传染性卵黄性腹膜炎或鹅大肠杆菌性生殖器官病，是产蛋母鹅在产蛋期间发生的以输卵管发炎、卵泡破裂、卵泡变形或变性为特征，最终导致弥漫性、卵黄性腹膜炎的一种细菌性传染病。病鹅治愈后往往失去种用价值，给养殖者造成较大的经济损失。

【流行特点】本病发生于产蛋期的公、母鹅，往往在产蛋初期或中期开始，贯穿整个产蛋期，发病率可达25%以上，死亡率为15%左右。病鹅所产种蛋的受精率和出雏率明显降低。通过带菌公鹅与产蛋母鹅交配传染是本病的主要传播途径。当母鹅停止产蛋后，本病的流行即终止。

【临床症状】

（1）**母鹅** 病初表现为精神沉郁，食欲减退甚至废绝，独居或在水面漂浮，产沙壳蛋（图4-36），偶见畸形蛋，产蛋率呈直线下降，泄殖腔周围羽毛上粘有污物。最具特征的是，排泄物中混有黏性蛋白状物（图4-37）及凝固的蛋白和卵黄小凝块（图4-38）。到后期食欲废绝，消瘦，产蛋停止，腹部膨大，眼球凹陷，脱水，行走困难，最后衰竭死亡。

图4-36 鹅产的沙壳蛋

图4-37 鹅排出的黏性蛋白状物

图4-38 鹅排出的凝固蛋白和卵黄小凝块

（2）**公鹅** 主要症状是阴茎严重充血、肿大2~3倍，螺旋状的精沟难以被看清，其表面有大小不等的黄色脓性或干酪样结节；有的阴茎脱出体外不能缩回，剥除结痂呈出血性的溃疡面，失去配种能力。多数公鹅在泄殖腔周围也有同样的结节。

【病理剖检变化】病死的母鹅常见眼球凹陷，喙端发绀。最主要的病变在生殖器官，有的病例的输卵管极度膨胀（图4-39），蛋白分泌部有大小不等的凝固蛋白团块滞留（图4-40），在输卵管的其他部位，含有凝固的卵黄或蛋白块，或有干瘪的蛋壳。在一些急性病例中，有的病例出现成熟卵泡破裂，腹腔内充满乳白色或浅黄色卵黄碎片或液体（图4-41），或形成卵黄性腹膜炎（图4-42）；有的病例出现卵泡变形、变性（图4-43）。输卵管黏膜充血，输卵管黏膜和伞部有针尖大小的出血点（图4-44），输卵管的不同部位有黄色或浅黄色卡他性（图4-45）、纤维素性干酪样渗出物附着（图4-46）。公鹅的病变局限在外生殖器部分，表现为阴茎表面有芝麻或绿豆大小的结痂，剥去结痂为溃疡灶，其他器官均无异常。

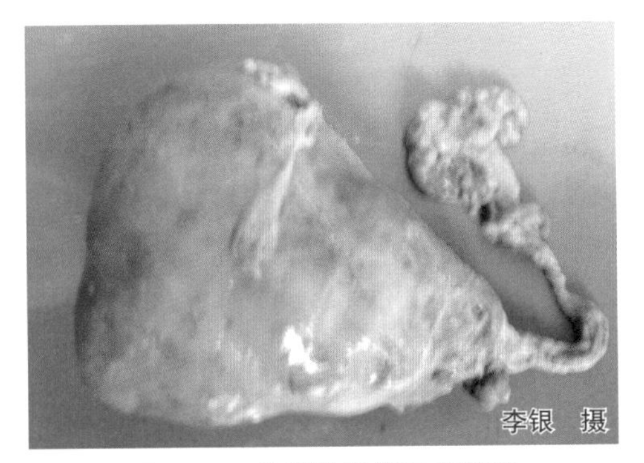

图 4-39 种鹅输卵管极度膨胀

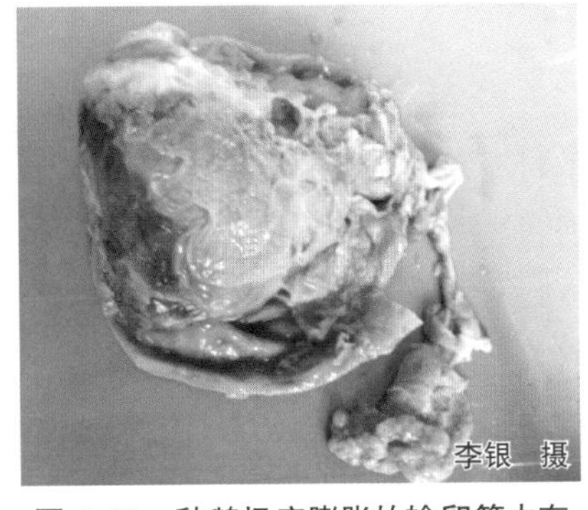

图 4-40 种鹅极度膨胀的输卵管内有凝固蛋白团块滞留

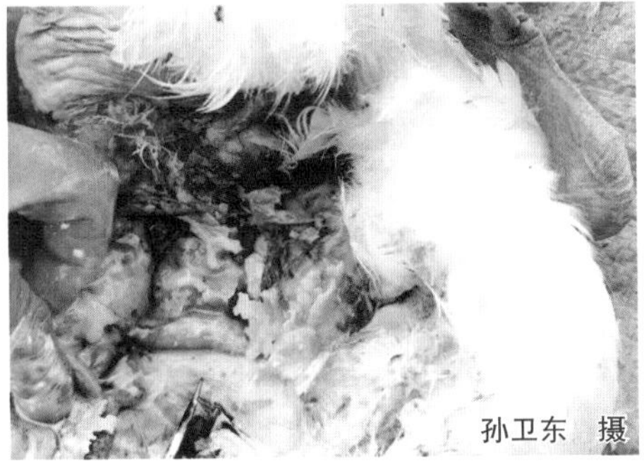

图 4-41 种鹅成熟卵泡破裂后腹腔内有浅黄色卵黄碎片

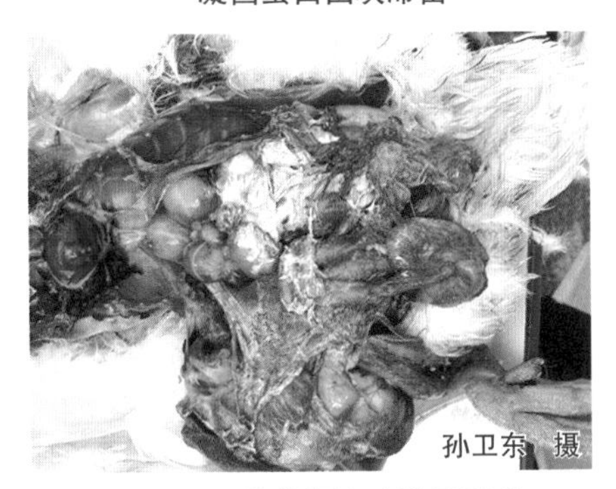

图 4-42 种鹅卵泡破裂后形成卵黄性腹膜炎

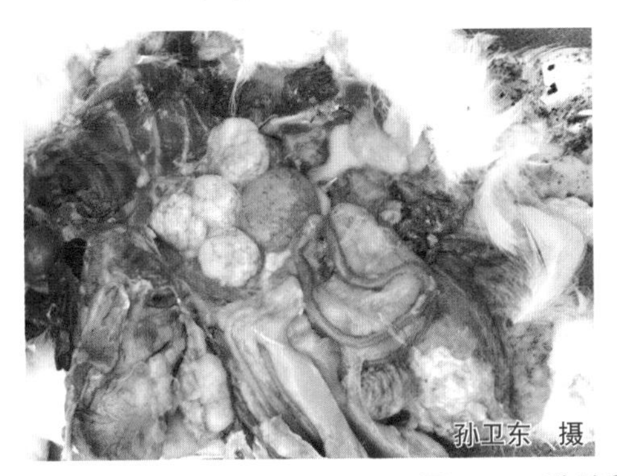

孙卫东 摄

图 4-43 种鹅卵泡变形、变性

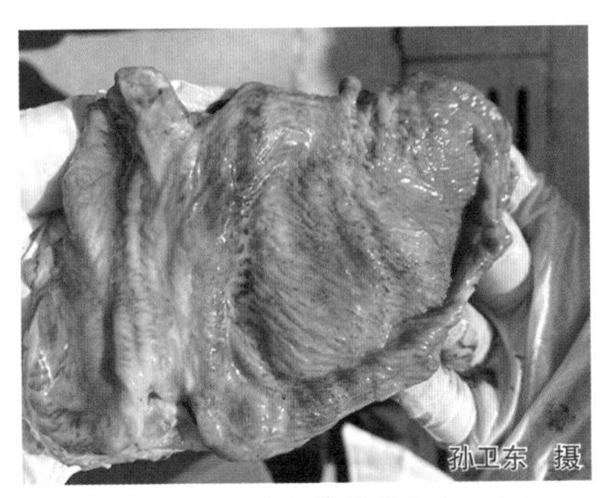

图 4-44 种鹅输卵管黏膜充血、出血

图 4-45 种鹅输卵管内卡他性渗出物

【预防】

（1）疫苗接种 在种鹅产蛋前15天注射疫苗可有效预防本病的发生。对已发病的鹅群做紧急预防接种，注射疫苗7天后，可有效控制本病的流行。

（2）精选鹅群，分群饲养 从流行病学调查的结果可知，本病主要发生于产蛋期，也就是说从性成熟开始交配时发生本病，说明本病主要通过交配传播。因此，鹅群在产蛋前半个月，在注射蛋子瘟疫苗的同时要检查公鹅的生殖器官，凡是阴茎红肿或带有结痂的立即淘汰。泄殖腔周围潮湿并带黏稠粪便的母鹅也要淘汰。种鹅要按公母比1∶5比例分群饲养，每群20只左右，既可提高种蛋的受精率，又能有效防止和控制鹅传染性腹膜炎的传播。

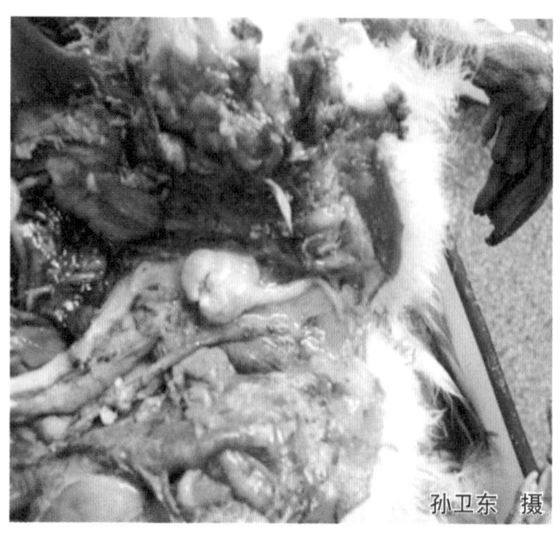

图4-46 种鹅输卵管内有黄色或浅黄色纤维素性干酪样渗出物

（3）选好场址是养好种鹅的关键 种鹅场应选择背风向阳靠近河流、水库、水草丰盛的地方，水域应有一定的宽度和深度，最好是流动的河水，不能流动的水域深度应在1.5米以上，要防止污染的水流入其中。如找不到合适的自然水域，可人工建造水池，一般水池宽3米、深0.6米，长度可根据场地情况灵活掌握。建议：水池不要建在地下，池底要高出地平面，两侧留出放水口，能注能排，排空后有利于消毒，始终保持水质清洁无污染。

【临床用药指南】将病鹅及疑似病鹅全部隔离饲养，将生殖器官有病变的公鹅和症状严重的母鹅及早淘汰。对鹅舍、用具用百毒杀或癸甲溴氨喷洒消毒，用石灰水对地面消毒，每天1次，连续5天；调整饲养密度，保持鹅舍通风良好，空气新鲜，温度适宜；对产生的粪便进行堆积发酵，对死鹅全部做无害化处理。在药敏试验的基础上选用下列药物进行治疗。

（1）对于病情较轻的病鹅 采用土霉素拌料，每50千克饲料中加200克，预防量减半，连用3~5天；或氟苯尼考，每千克体重20~30毫克拌料（或每100克氟苯尼考兑水800千克，自由饮用），连用3~5天；或强力霉素（多西环素），每千克体重5~10毫克拌料，连用3~5天。

（2）对于病情较重的病鹅 每只肌内注射硫酸链霉素10万单位，每天2次，连用5天；或每只肌内注射庆大霉素4万单位，每天2次，连用5天。

（3）中药疗法

①地榆80克、白头翁100克、金银花75克、黄芩70克、黄檗70克、连翘70克、白芍60克、栀子60克、黄连40克，加水5000毫升，煮沸后再用文火煮半小时，滤

取药液，给 200 只鹅平分灌服，每天 2 次，每副药煎 2 次，连用 3~5 天。

② 黄连 20 克、黄芩 30 克、黄檗 30 克、白头翁 30 克、紫花地丁 30 克、板蓝根 30 克、穿心莲 20 克、赤芍 40 克、藿香 20 克、雄黄 5 克、木通 50 克、知母 30 克、甘草 30 克，混合粉碎，按 1% 比例混于饲料中，喂 3~5 天；对病情较重的也可 1 次煎水供鹅自饮，连用 3~5 天。

五、痛风

痛风又称为肾功能衰竭症、尿酸盐沉积症或尿石症，是指由多种原因引起的血液中蓄积过量尿酸不能被迅速排出体外而引起的高尿酸血症。其病理特征为血液尿酸水平增高，尿酸盐在关节囊、关节软骨、内脏、肾小管及输尿管和其他间质组织中沉积。本病多发生于青绿饲料缺乏的寒冬和早春季节，不同品种和日龄的鸭、鹅均可发生，但临床上主要见于幼龄鸭、鹅，尤其是雏鹅更为常见。

【病因】本病发生原因较为复杂，各种外源性、内源性因素导致血液中尿酸水平增高和肾功能障碍，在血液中尿酸水平升高的同时肾脏排泄尿酸的数量也增高，并损害肾脏，发生尿酸盐阻滞，反过来又促使血液中尿酸水平升高更多，造成恶性循环。临床常见的致病因素有：

① 长期饲喂大量的动物内脏（肝脏、肾脏、脑、胸腺、胰腺）、肉粉、鱼粉、大豆、豌豆、莴苣、菠菜、开花的白菜等富含蛋白质和核蛋白的饲料，缺乏充足的维生素 A 和维生素 D，矿物质含量比例失调（饲料中含钙、镁、钼、铜过高）。临床发现番鸭鸭胚和出壳不久的雏鸭，呈现典型的内脏痛风病变，可能与母鸭维生素 A 缺乏、日粮中含大量动物性饲料等有关。

② 某些药物使用不当、过量、中毒等引起肾脏受损，促进尿酸血症的发展，如饲喂磺胺类药物过多、慢性铅中毒等。近年发现不少养殖户超量使用感冒通（人医药品）来防治鸭感冒而致急性内脏痛风造成大量死亡的病例。

③ 管理不善，鸭舍、鹅舍拥挤、潮湿、阴冷，鸭、鹅缺乏运动，日光照射不足，特别是幼龄鸭、鹅长途运输、缺乏饮水等，均可诱发本病。

【临床症状】根据尿酸盐沉积的部位，可分为内脏型和关节型。

（1）内脏型 常见于 1~2 周龄的鸭、鹅，也可见于青年或成年鸭、鹅。幼龄鸭、鹅患病后精神委顿，缩头、垂翅，食欲废绝，两腿无力，行走困难（图 4-47），消瘦，衰弱，脱水，喙和脚蹼干燥，排石灰样或白色奶油样半黏稠状含有尿酸盐的粪便

赵孟孟 摄

图 4-47 雏鹅两腿无力，行走困难

（图 4-48），常沾在泄殖腔周围的羽毛上。患病鸭、鹅常在发病后 1~2 天内死亡。青年或成年鸭、鹅患病后，精神、食欲减退，病初口渴，继而食欲废绝，消瘦（图 4-49），行走无力，排稀薄或半黏稠状含有大量尿酸盐的粪便，逐渐衰竭死亡，病程为 3~7 天。偶见鸭、鹅在捕捉过程中突然死亡。产蛋鸭、鹅产蛋减少甚至停产。

图 4-48 雏鹅排出白色奶油样半黏稠状含有尿酸盐的泡沫粪便

图 4-49 青年鸭消瘦

（2）关节型 病初脚趾和腿部关节发生软而痛的、界限多不明显的炎性肿胀和跛行。其后形成硬而轮廓明显的、间或可以移动的结节，导致翅、跗关节（图 4-50）、脚趾关节（图 4-51）肿胀变形，使其运动受到限制，重症者不能行走。

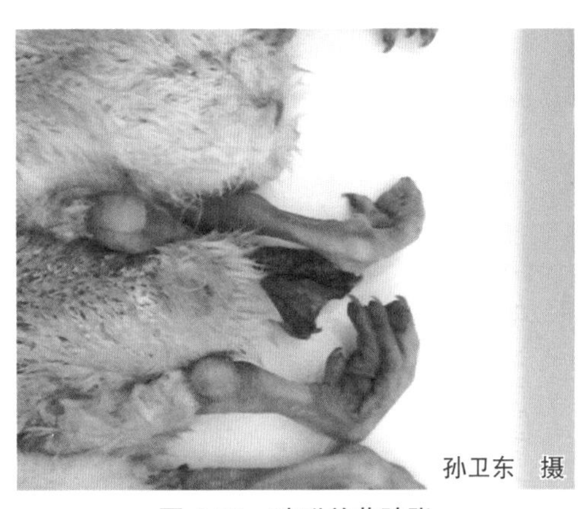

图 4-50 鸭跗关节肿胀

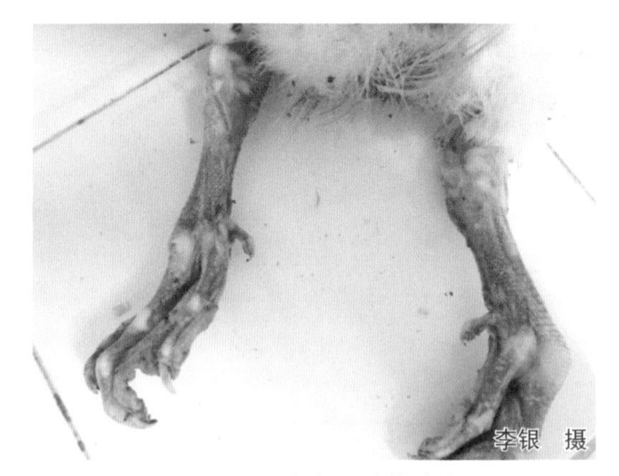

图 4-51 鹅脚趾关节肿胀

【病理剖检变化】

（1）内脏型 剖检病死鸭、鹅可见内脏表面沉积大量的白色尿酸盐，像冬季早晨下的一层重霜。常见心包膜表面（图 4-52）、肝脏表面（图 4-53）、腺胃和肌胃浆膜（图 4-54）、胰腺（图 4-55）及肠系膜表面有尿酸盐沉积。成年鸭、鹅还可见脂肪表面有尿酸盐沉积，产蛋鸭、鹅在卵泡表面及周围组织有尿酸盐结晶。严重的病例在肺脏（图 4-56）、气囊的表面（图 4-57）、气管（图 4-58）和食道黏膜表面及皮下疏松结缔组织（图 4-59）也有尿酸盐沉积。胆囊膨大，外观可见亮白色颗粒（图 4-60），剪破可见大量白色尿酸盐颗粒（图 4-61）。肾脏肿大、色浅，肾小管内充满尿酸盐致使肾脏呈花斑状（图 4-62），输尿管扩张，内有尿酸结晶（图 4-63），有的甚至形成尿酸结石。

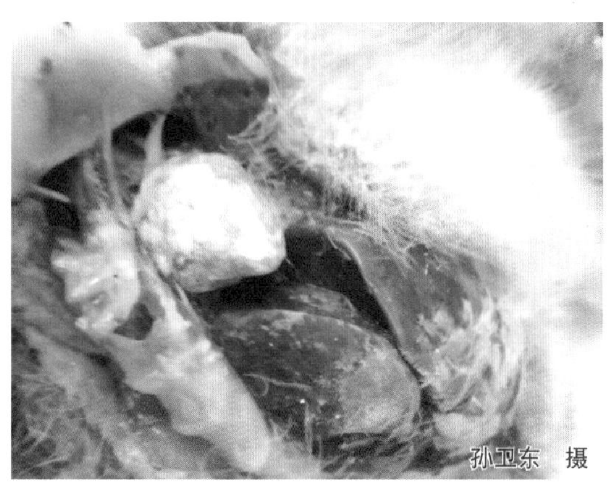

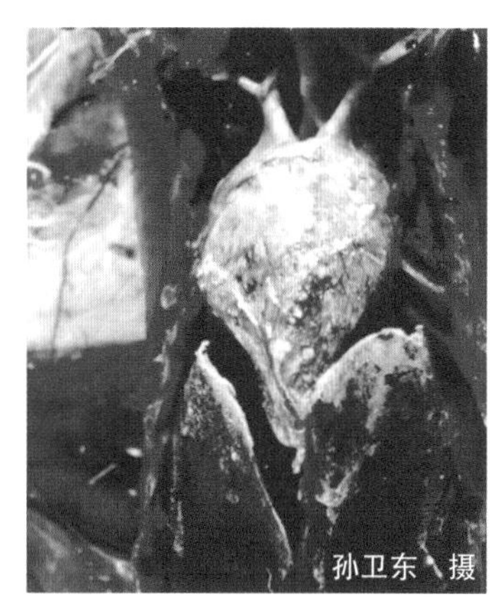

图 4-52 鹅（左）、鸭（右）心包膜表面有尿酸盐沉积

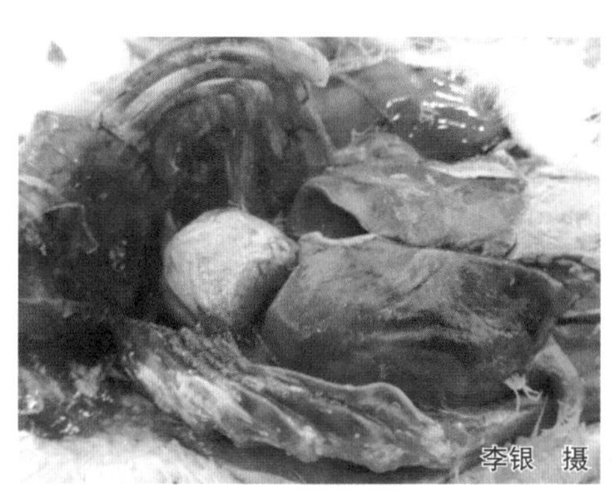

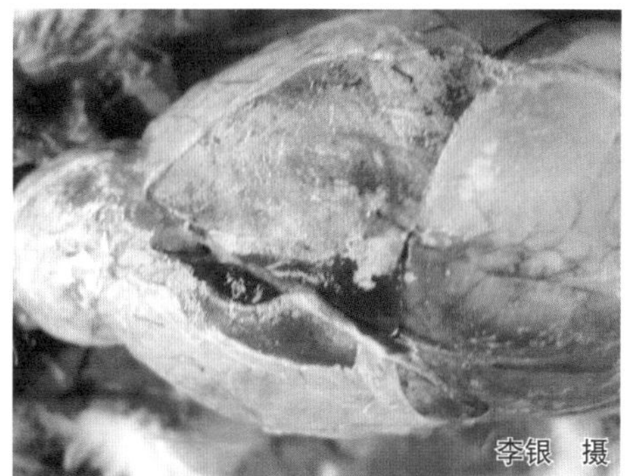

图 4-53 鹅（左）、鸭（右）肝脏表面有尿酸盐沉积

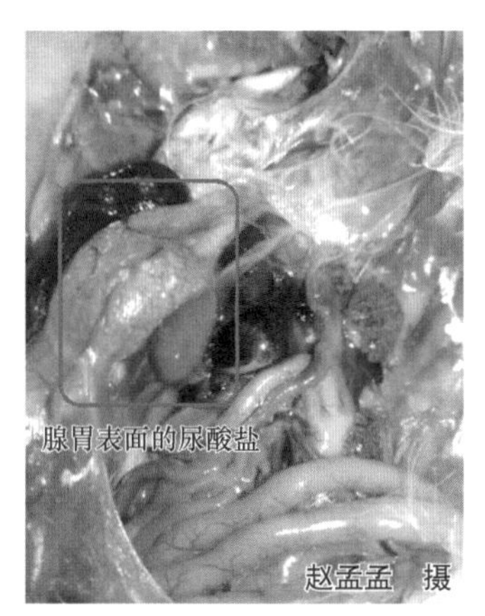

图 4-54 鹅腺胃表面有尿酸盐沉积

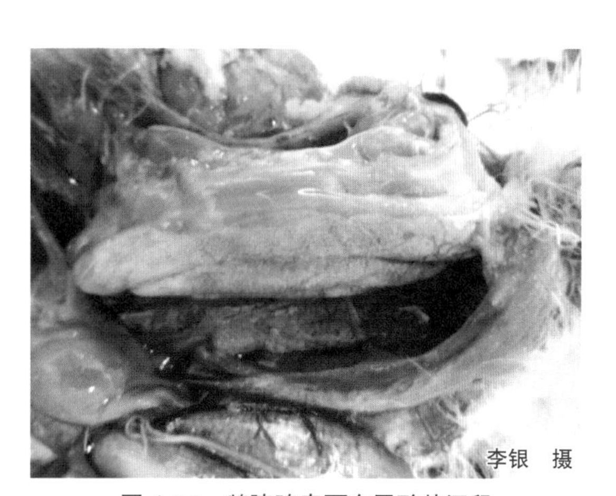

图 4-55 鹅胰腺表面有尿酸盐沉积

图 4-56　鹅肺脏表面有尿酸盐沉积

图 4-57　鸭气囊表面有尿酸盐沉积

图 4-58　鸭（左）、鹅（右）气管环上有尿酸盐沉积

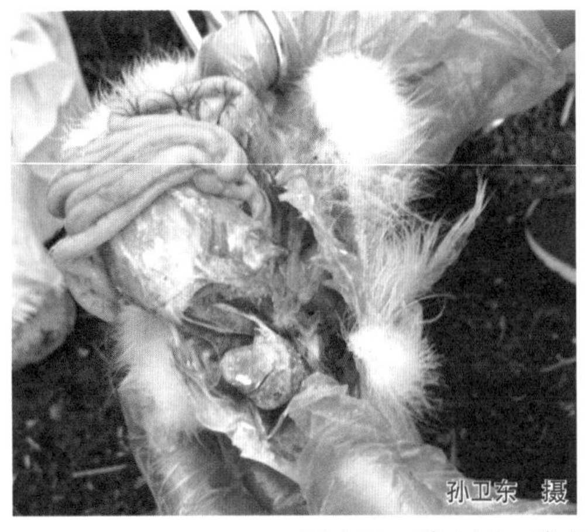

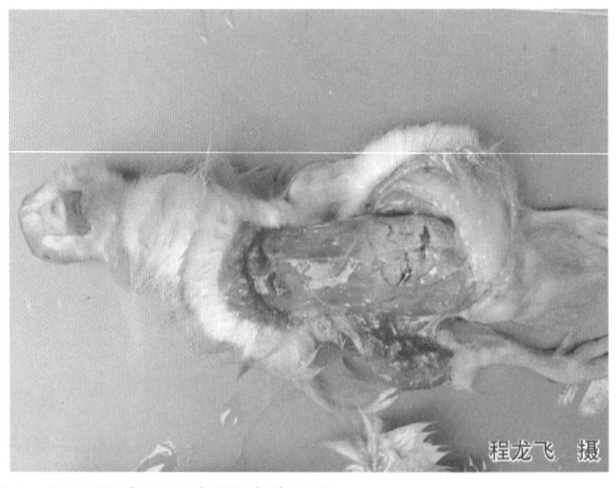

图 4-59　鹅（左）、鸭（右）皮下结缔组织有尿酸盐沉积

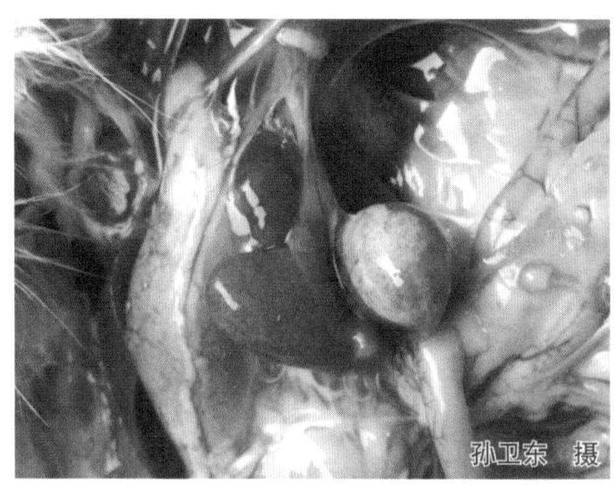

图 4-60 鸭胆囊膨大，外观可见亮白色颗粒

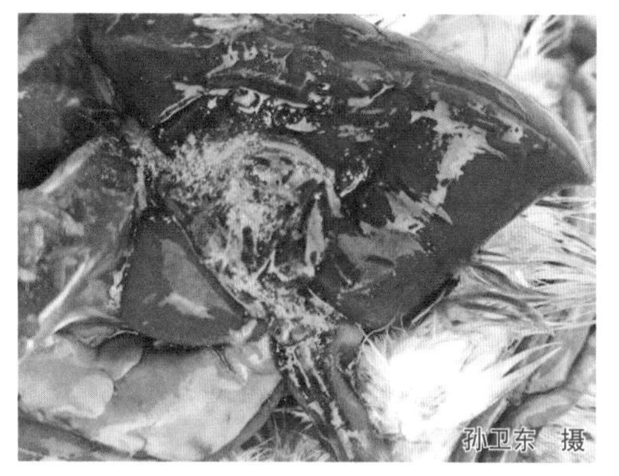

图 4-61 鸭胆囊剪破后可见大量白色尿酸盐颗粒

（2）**关节型** 将肿大的关节切开后，可见关节滑膜面和关节周围等部位有白色黏稠的尿酸盐沉积（图 4-64），有些关节面及周围组织发生糜烂和关节囊溃疡、坏死（图 4-65）。

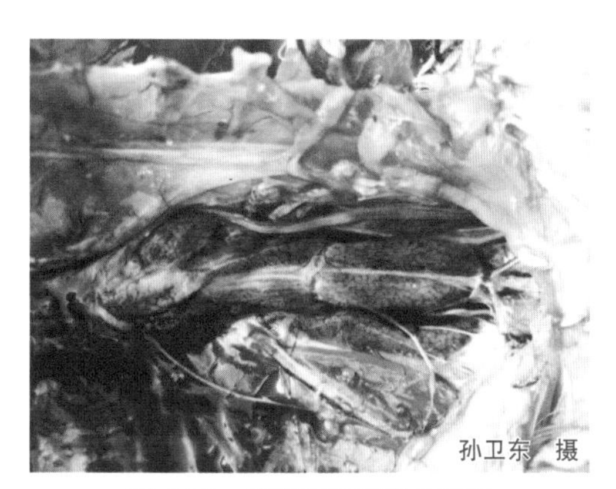

图 4-62 鸭肾脏有尿酸盐沉积

图 4-63 鸭肾脏输尿管扩张，且有尿酸盐沉积

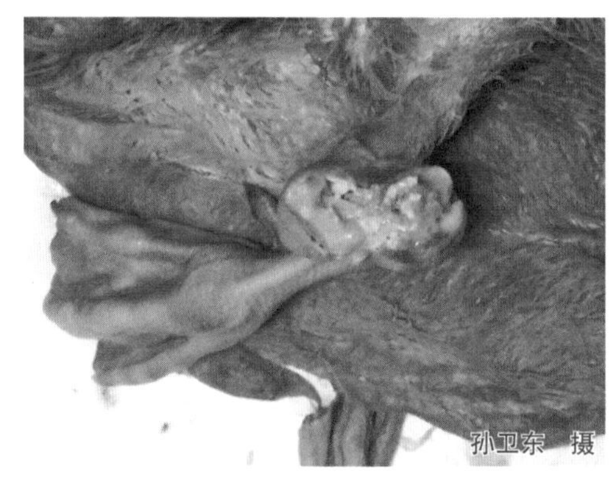

图 4-64 鸭跗关节内有白色黏稠的尿酸盐沉积

图 4-65 鹅跗关节内有白色黏稠的尿酸盐沉积，关节软骨表面有损伤

【类症鉴别】本病出现的肾脏肿大、内脏器官尿酸盐沉积与星状病毒感染、磺胺类药物中毒相似，应注意区别。本病出现的关节肿大、变形、跛行与星状病毒感染、

鸭疫里默氏杆菌、葡萄球菌、大肠杆菌等引起的关节炎症状相似，应注意区别。

【预防】自配饲料时应当按不同品种、不同发育阶段、不同季节的饲养标准设计配方，配制营养合理的饲料。饲料中钙、磷比例要适当，钙的含量不可过高；饲料配方中蛋白质含量不可过高，以免造成肾脏受损和形成尿结石；防止过量添加鱼粉等动物性蛋白质饲料，供给充足新鲜的青料和饮水，适当增加维生素 A、维生素 D 的含量。具体可采取以下措施。

（1）**添加酸制剂** 因代谢性碱中毒是痛风发生的重要诱发因素，因此日粮中添加一些酸制剂可降低本病的发病率。在幼龄鸭、鹅日粮中添加高水平的蛋氨酸（0.3%~0.6%）对肾脏有保护作用。日粮中添加一定量的硫酸铵（5.3 克 / 千克）和氯化铵（10 克 / 千克）可降低尿的 pH，尿结石可溶解在尿酸中成为尿酸盐而排出体外，减少尿结石的发病率。

（2）**日粮中钙、磷和粗蛋白质的允许量应该满足需要量但不能超过需要量** 建议另外添加少量钾盐，或更少的钠盐。钙应以粗粒而不是粉末的形式添加，因为粉末状钙易使鸭、鹅患高钙血症，而大粒钙能缓慢溶解而使血钙浓度保持稳定。

（3）**合理用药** 在预防用药时，慎用对肾脏有毒害作用的抗菌药物，更不宜长期或过量使用。还要注意防止慢性铅、钼中毒。

（4）**其他** 保证饲料不被霉菌污染，存放在干燥的地方；对于圈养鸭、鹅要经常检查饮水系统，确保鸭、鹅能喝到充足的饮水；使用水软化剂可降低水的硬度，降低痛风的发病率。

【临床用药指南】

（1）**西药疗法** 目前尚没有特别有效的治疗方法。可试用阿托方（又名苯基喹啉羟酸）0.2~0.5 克，每天 2 次，口服；但伴有肝脏、肾脏疾病时禁止使用。此药是为了增强尿酸的排泄，以及减少体内尿酸的蓄积和关节疼痛。但对重症病例或长期应用者有副作用。有的试用别嘌呤醇（7- 碳 -8 氯次黄嘌呤）10~30 毫克，每天 2 次，口服。此药化学结构与次黄嘌呤相似，是黄嘌呤氧化酶的竞争抑制剂，可抑制黄嘌呤的氧化，减少尿酸的形成。用药期间可导致急性痛风发作，给予秋水仙碱 50~100 毫克，每天 3 次，能使症状缓解。

近年来，对患病鸭、鹅使用各种类型的肾肿解毒药，可促进尿酸盐的排泄，对鸭、鹅体内电解质平衡的恢复有一定的作用。投服大黄苏打片，每千克体重 1.5 片（含大黄 0.15 克、碳酸氢钠 0.15 克），重症病例逐只直接投服，其余拌料，每天 2 次，连用 3 天。在投用大黄苏打片的同时，饲料内添加电解多维（如活力健）、维生素 AD_3 粉，并给予充足的饮水。或在饮水中加入乌洛托品或乙酰水杨酸（阿司匹林）进行治疗。

在上述治疗的同时，加强护理，减少喂料量，比平时减少 20%，连续 5 天，并同时补充青绿饲料，多饮水，以促进尿酸盐的排出。

（2）中草药疗法

① 降石汤：取降香 3 份、石苇 10 份、滑石 10 份、鱼脑石 10 份、金钱草 30 份、海金砂 10 份、鸡内金 10 份、冬葵子 10 份、甘草梢 30 份、川牛膝 10 份，粉碎混匀，拌料喂服，每只每次服 5 克，每天 2 次，连用 4 天。说明：用本方内服时，在饲料中补充浓缩鱼肝油（维生素 A、维生素 D）和维生素 B_{12}，病例可在 10 天后病情好转，产蛋鸭、鹅产蛋量在 3~4 周后恢复正常。

② 八正散加减：取车前草 100 克、甘草梢 100 克、木通 100 克、扁蓄 100 克、灯芯草 100 克、海金沙 150 克、大黄 150 克、滑石 200 克、鸡内金 150 克、山楂 200 克、栀子 100 克，混合研细末，混饲料喂服，体重 1 千克以下的鸭、鹅，每只每天 1~1.5 克，体重 1 千克以上的鸭、鹅，每只每天 1.5~2 克，连用 3~5 天。

六、维生素 A 缺乏症

维生素 A 缺乏症是因日粮中维生素 A 或其前体胡萝卜素供给不足或机体吸收障碍而引起鸭、鹅的一种营养代谢病，临床上以生长发育不良、器官黏膜损害、上皮角化不全、视觉障碍及胚胎畸形为特征。不同品种和日龄的鸭、鹅均可发生，但临床上多见于幼龄鸭、鹅，常发生在缺乏青绿饲料的冬季和早春季节。1 周龄以内的鸭、鹅患病常与种鸭、鹅维生素 A 缺乏有关。

【病因】饲料中维生素 A 或胡萝卜素不足或缺乏是本病的原发性病因。饲料加工、储存不当，以及存放过久、陈旧变质，均可促使其中的胡萝卜素遭受破坏，长期饲用这样的饲料，易发生维生素 A 缺乏。鸭、鹅运动不足，饲料中矿物质缺乏，饲料管理不当及消化系统疾病，可诱发本病。

【临床症状】雏鸭、鹅多于 1~2 周龄出现症状，表现为厌食，生长停滞，羽毛蓬松，体质虚弱，步态不稳，有的甚至不能站立。喙和脚蹼黄色变浅。常流鼻液，流泪，眼睑羽毛粘连、干燥形成一干眼圈（图 4-66）等症状。有些雏鸭、鹅眼内流出黏性或脓性分泌物，眼睑粘连或肿胀隆起，甚至失明，剥开可见白色的干酪样渗出物

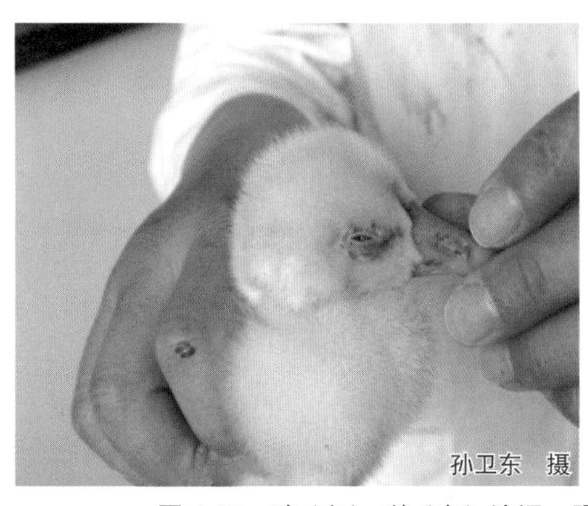

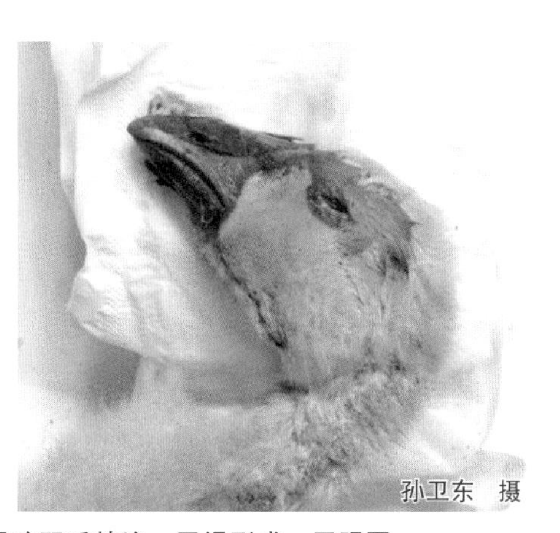

图 4-66 鸭（左）、鹅（右）流泪，眼睑羽毛粘连、干燥形成一干眼圈

（图 4-67）；有的病鸭、鹅角膜混浊，视力模糊。病情严重者可出现脚蹼底部粗糙（图 4-68）、运动失调。此外，发病鸭、鹅易发生消化系统、呼吸系统疾病，引起食欲减退、呼吸困难等症状。成年鸭、鹅维生素 A 缺乏时表现为产蛋率、受精率、孵化率降低，也可出现眼、鼻分泌物增多，黏膜脱落、坏死等症状。种蛋孵化初期死胚较多，出壳雏鸭、鹅体质虚弱，易患眼病和其他传染病。种公鸭、鹅性机能衰退。

图 4-67　鸭眼睑内有白色的干酪样渗出物

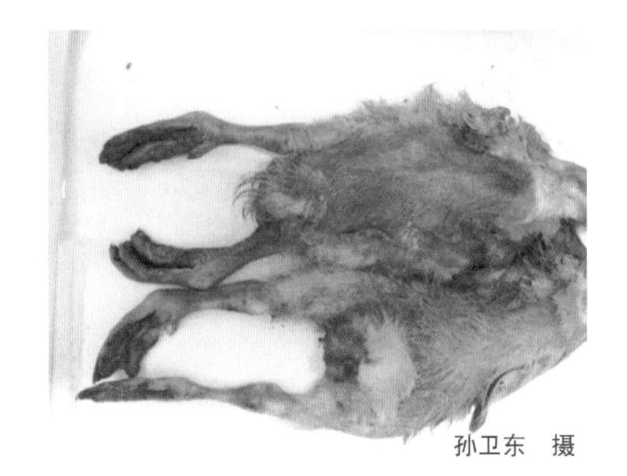

图 4-68　鹅脚蹼底部粗糙

【病理剖检变化】 剖检病死雏，可见消化道黏膜（尤以咽部和食管）出现明显的灰白色坏死灶（图 4-69），不易剥落，有的呈白色伪膜状覆盖，呼吸道黏膜及其腺体萎缩、变性，原有的上皮被一层角质化的复层鳞状上皮代替。肾脏肿胀，颜色变浅，肾小管、输尿管充满尿酸盐（图 4-70），严重时心包、肝脏、脾脏等表面也有尿酸盐沉积。小脑肿胀，脑膜水肿，有微小出血点。剖检死胚，可见畸形胚较多，胚皮下水肿，常见尿酸盐在肾脏及其他器官沉着，眼肿胀。

图 4-69　鸭食道黏膜出现明显的灰白色坏死灶

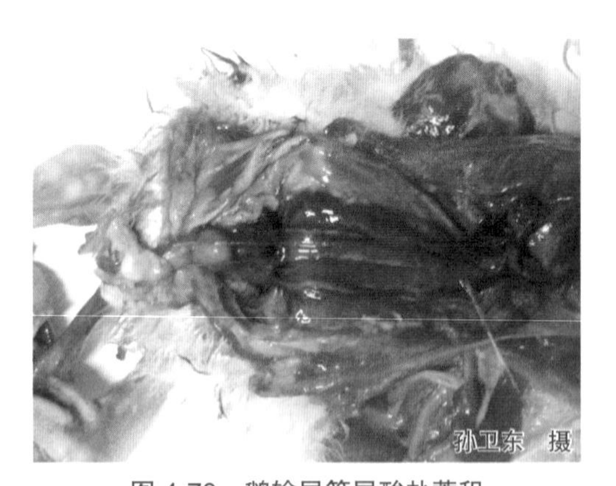

图 4-70　鹅输尿管尿酸盐蓄积

【预防】 一般成年鸭、鹅每千克饲料中含有 4000 国际单位，雏鸭、鹅每千克饲料中含有 1500 国际单位的维生素 A 即可预防本病发生。合理搭配日粮，防止饲料品种单一，平时给鸭、鹅多喂青绿饲料（如菠菜）、块根类（如胡萝卜）、谷物类（黄玉米）、中草药类（苍术，按每只鸭或鹅每次 1.5~3 克拌料）、动物类（如小鱼、虾、羊肝等）。同时要注意饲料的保管，防止发生酸败、发热和氧化，以免破坏维生素 A，日粮最好现配现用。

【临床用药指南】

（1）**增加饲料中维生素 A 的含量**　在 1 千克饲料中加入 8000~15000 国际单位的维生素 A，每天 3 次，连用 2 周。由于维生素 A 在机体内吸收很快，收效迅速。

（2）**添加鱼肝油**　1 千克日粮添加鱼肝油 2~4 毫升，与饲料充分拌匀，立即饲喂；或用浓缩鱼肝油粉 1 包（250 克 / 包），拌入 500 千克饲料中，连用 7~10 天。

（3）**肌内注射（或滴服）维生素 A 制剂**　重症病例，雏鸭、鹅按每只 0.5 毫升，成年鸭、鹅按每只 1~1.5 毫升肌内注射，或分成 3 次内服，效果很好。

（4）**眼部处理**　对眼部病变明显的鸭、鹅，用小镊子清除分泌物，再用 3% 硼酸溶液冲洗，每天 1 次，效果良好。

七、鸭阴茎脱垂

鸭阴茎脱垂俗称“掉鞭”，常因交配或外伤后未能回缩到泄殖腔而垂在体外，与地面或物体摩擦后引起破损，继而发生炎症或溃疡，致使其不能留作种用而被淘汰。

【病因】公鸭在寒冷天气配种，阴茎伸出后在外界环境停留时间过长而被冻伤，不能内缩，因而失去配种能力；因公、母比例不当，公鸭长期滥配而过早地失去配种能力；或在水里配种时，阴茎露出后被蚂蟥、鱼类咬伤，导致阴茎感染发炎而失去配种能力；或鸭群中公、母鸭在陆上交配时，其他公鸭“争风吃醋”，追逐并啄正在交配中的公鸭的阴茎而引起损伤；或因饲料营养不全，造成公鸭营养不良，降低了性欲，阴茎疲软、阳痿；或因公鸭过老，性欲自然减退所致。

【临床症状】病初表现为阴茎露出后不能缩回，严重充血、红肿，比正常肿大 2~3 倍，看不清阴茎的螺旋状精沟，在其表面可见芝麻至黄豆大的黄色干酪样结节（图 4-71）。严重病例可见阴茎呈黑色结痂状，表面有数量不等、大小不一的黄色脓性或干酪样结节，剥除结痂，可见鲜红色的溃疡；此时病鸭精神沉郁，行动缓慢，若体温升高至 43℃以上时，食欲废绝，2~3 天后死亡。若因交配频繁，则阴茎露出呈苍白色，久之变成暗红色。

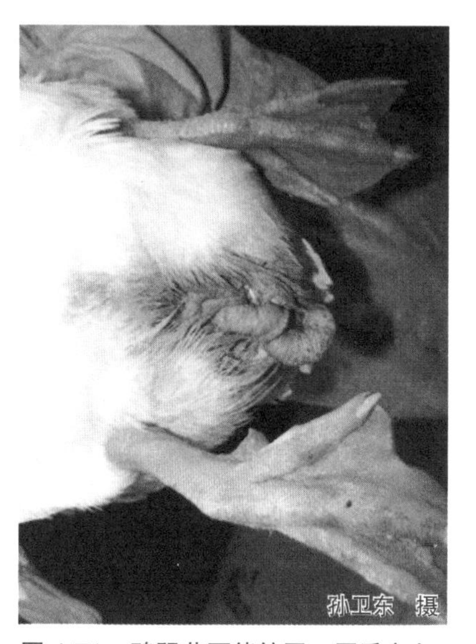

图 4-71　鸭阴茎不能缩回，严重充血、红肿，尖部表面有黄色干酪样结节

【预防】合理调整公、母鸭的配种比例，一般为 1∶(6~8)，及时淘汰阳痿公鸭。另外，在母鸭产蛋期到来之前，提早给公鸭补料。同时做好鸭场

内的清洁卫生，注意鸭群所在水域的消毒。

【临床用药指南】 若阴茎受伤不能回缩时，应及时隔离病鸭，用 0.1% 高锰酸钾溶液冲洗干净，涂以磺胺软膏，并协助将受伤的阴茎整复回去，若整复后还会反复脱出，应考虑淘汰。若阴茎因受冷不能缩回时，应及时用温水湿敷，然后用 0.1% 高锰酸钾溶液冲洗干净，涂上三磺软膏，矫正其位置。

第五章　心血管系统疾病的鉴别诊断与防治

第一节　心血管系统疾病概述及发生的因素

一、概述

鸭、鹅的心血管系统包括心脏和血管，心脏占体重的比例较大，为 0.4%~0.8%。鸭、鹅的心脏呈倒立圆锥形，外覆有心包，位于胸腔后下方，心底与第 1 和第 2 肋相对，心尖位于左右两肝叶之间，与第 5 肋相对。心脏包括 2 个心房和心室，右房室口的瓣膜不是三尖瓣，而是一片肌肉瓣，且没有腱索。血管包括动脉、静脉和毛细血管。

二、疾病发生的因素

（1）**生物性因素**　包括病毒（如腺病毒）、某些寄生虫（如丹毒丝菌）等，这些疾病除了引起贫血、血液成分和性质的变化外，还可导致造血器官和免疫功能的损伤。某些细菌的菌血症（如鸭疫里默氏杆菌、大肠杆菌等）可引起心包、心肌的损伤。

（2）**饲养管理因素**　如鸭舍、鹅舍通风不足，使鸭、鹅缺氧引起右心衰竭等。

（3）**营养因素**　如维生素 A 缺乏、饲料中动物性蛋白质含量过高、日粮中钙磷比例不合理（尤其是钙含量过高）等原因引起的高尿酸盐血症，导致心包膜、心脏表面尿酸盐沉积；硒缺乏引起的心肌变性等。

（4）**中毒性因素**　如砷中毒引起的心肌菌丝状出血等。

（5）**其他因素**　如高钾血症等。

第二节　常见疾病的鉴别诊断与防治

一、心包积液 - 肝炎综合征

心包积液 - 肝炎综合征又称为心包积液综合征、Angara 病（安卡拉病），是由禽 I 群 4 型腺病毒引起的传染性疾病。本病传染能力强，现已成为养禽业最严重的病毒性传染病之一。

【流行特点】发病鸭群、鹅群多于 3 周龄开始出现死亡，4~5 周龄达到死亡高峰，高峰期持续 4~8 天，5~6 周龄时死亡减少，整个病程为 8~15 天，死亡率为 20%~75%，最高可达 80%。本病一年四季均能发生，夏、秋季多发。本病毒主要存在于鸭或鹅的眼、上呼吸道及消化道，通过种蛋、胚垂直感染，也可通过粪便、飞沫水平传播。

【临床症状】病鸭、鹅常无明显症状，仅见精神委顿，瘫痪，头颈震颤，体温升高，排黄绿色稀便，短时间内死亡。

【病理剖检变化】多数鸭、鹅的心包积液十分明显（图 5-1），液体透明呈浅黄色（图 5-2），有的心肌出血；肝脏肿大、松软（图 5-3），并伴有出血斑点（图 5-4 和图 5-5）；肠道出血，胰腺有弥漫性出血（图 5-6）；肾脏稍微肿大、出血（图 5-7）；肺瘀血、出血、水肿（图 5-8）。

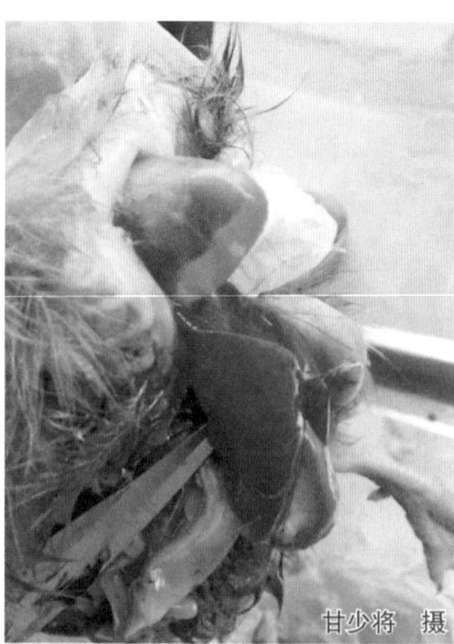

图 5-1　鸭（左）、鹅（右）心包内积有大量的液体

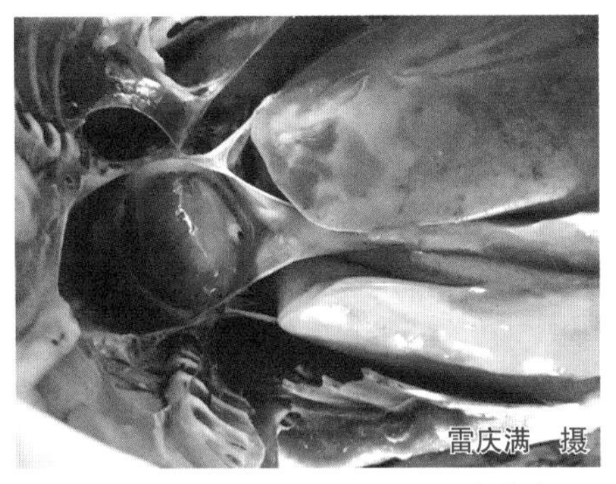

图 5-2 鹅心包内积液透明呈浅黄色

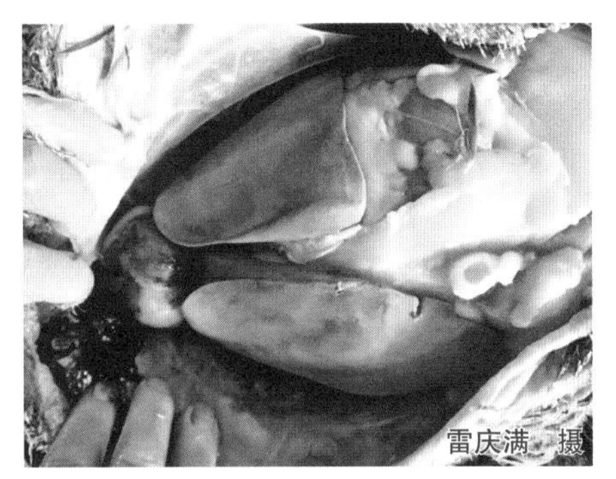

图 5-3 鹅肝脏肿大、松软

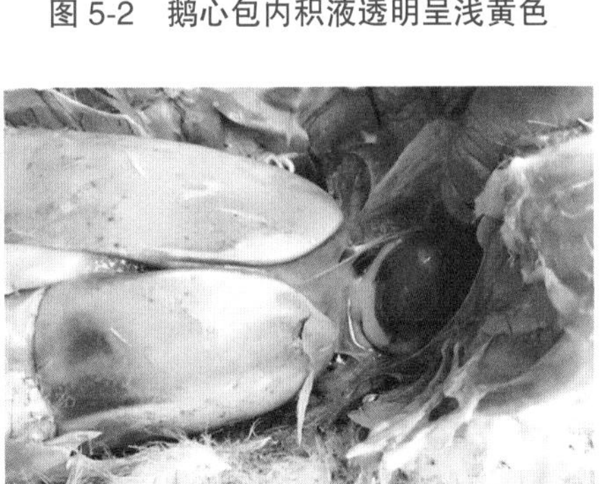

图 5-4 鹅肝脏上散在出血斑点

图 5-5 鹅肝脏上密集出血斑点

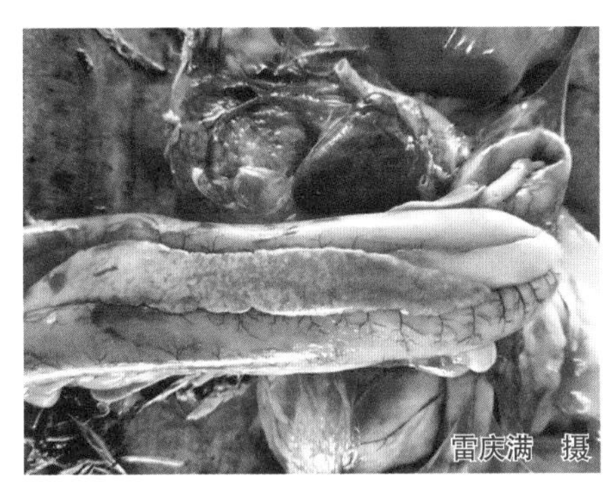

图 5-6 鹅胰腺弥漫性出血

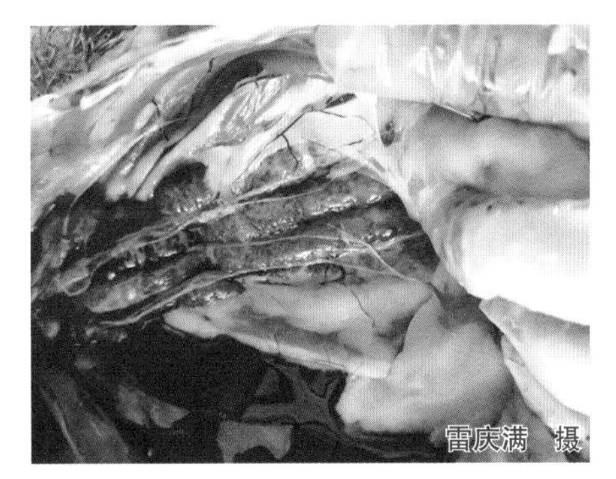

图 5-7 鹅肾脏肿胀、出血

【预防】 选择正规厂家疫苗（新流腺油佐剂疫苗）提前预防接种。加强管理，必须从非疫区引种，加强养殖场的常规消毒，注意饲料质量，保证营养均衡，防止饲料霉变，供给充足清洁的饮水，同时减少应激。

【临床用药指南】 在确诊本病的情况下，选择与发病血清型相匹配的抗体紧急注射。使用自制卵黄治疗能取得一定的效果，但存在因卵黄带菌而引起感染的可能，也不

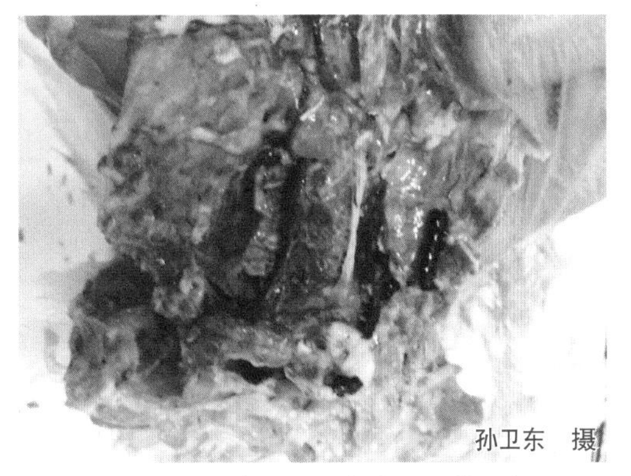

图 5-8 鸭肺瘀血、水肿，呈紫黑色

能排除复发的可能。同时用抗菌、抗病毒药物防治继发感染；在饲料中添加多种维生素和微量元素，在饮水中加入 0.07%~0.1% 碘液；将病鸭、鹅隔离饲养，用利尿药对症治疗，但治疗效果并不明显。此外，应对养殖舍加强通风、换气，每天进行 1 次环境消毒。

二、鸭丹毒丝菌病

鸭丹毒丝菌病是由红斑丹毒丝菌感染引起的一种急性败血性传染病，在我国多地均有发生，给养殖业带来很大损失。

【流行特点】 本病的发生无明显的季节性，多散发。各种日龄的鸭均可感染，但以 2~3 周龄鸭多发。成年鸭发病较少。雏鸭死亡率可达 30%。本病最主要的传染源是猪，多数鸭是因为食入被该病原污染的饲料、饮水而感染。鸭与猪等家畜接触，也可以通过黏膜或破损的皮肤而感染。

【临床症状】 病鸭精神沉郁，食欲逐渐减退，羽毛蓬乱，不爱运动，缩头、嗜睡，排黄褐绿或暗红色干粪便。急性病例体温升高到 43.5℃，呼吸急促，常于 1~2 天内死亡。病程较长的出现神经症状，成年鸭出现两脚麻痹，幼龄鸭出现结膜炎。产蛋鸭产蛋率和受精率下降。有的慢性病例可见关节炎，关节肿大、畸形。

【病理剖检变化】 剖检病死鸭可见脾脏充血，高度肿大，质地脆弱，呈黑紫色（图 5-9）。部分病例出现纤维素性气囊炎，带有分泌物。肺和小肠均有充血性病变。心外膜下有小点状出血症状，尤其在冠状沟处多见（图 5-10）。肝脏肿大，颜色发黄，瘀血，质脆呈斑驳状，有针尖大小的米黄色病变。腺胃、盲肠黏膜有坏死灶或溃疡。病程长的成年鸭可见心脏上有较大的结节（图 5-11），心脏瓣膜处有菜花样结节（图 5-12）。

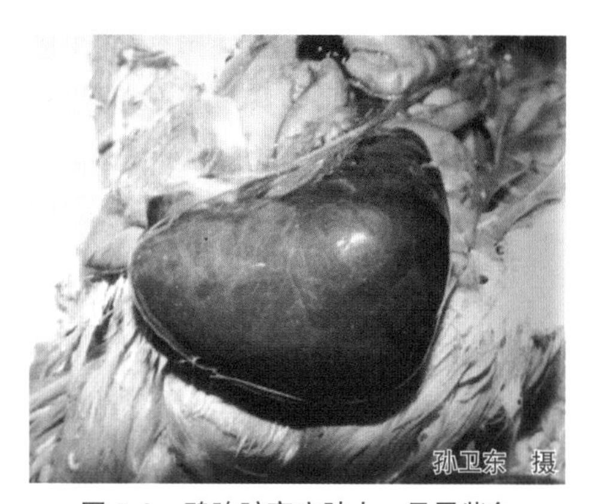

图 5-9 鸭脾脏高度肿大，呈黑紫色

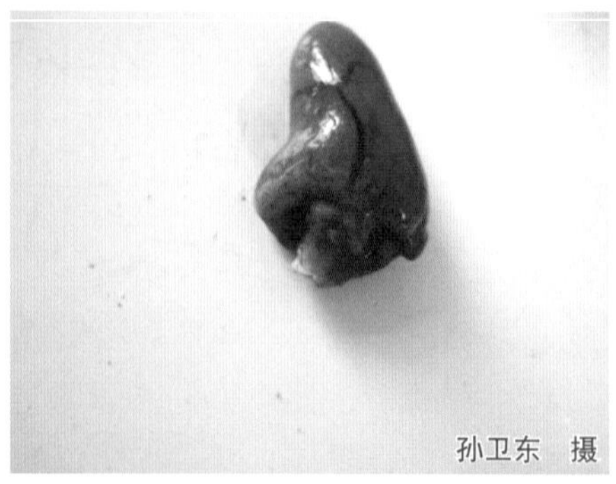

图 5-10 鸭心外膜下有小点状出血（左）和冠状沟处出血（右）

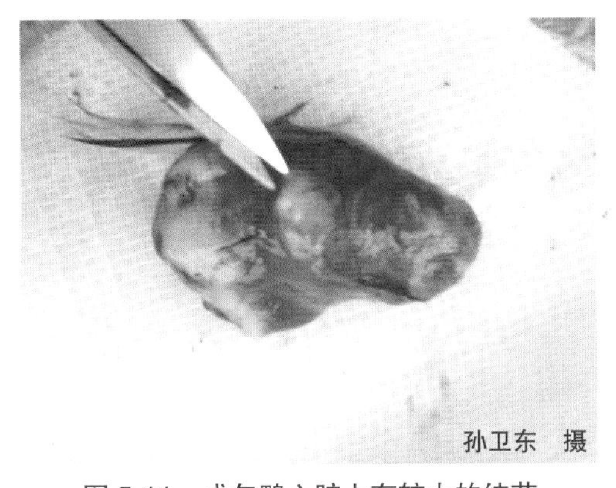

图 5-11 成年鸭心脏上有较大的结节

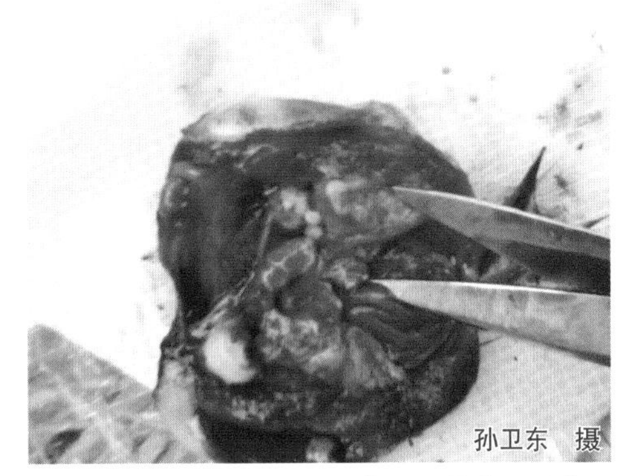

图 5-12 成年鸭心脏瓣膜处有菜花样结节

【预防】选择合理的地方建鸭舍，应远离公路、村镇、工厂和学校，尤其应避免与猪场距离太近，更要杜绝鸭和猪混养的模式。其次要改善鸭舍的环境卫生，鸭舍场地和器具要及时消毒，保持良好的卫生条件。减少微生物的滋生。同时坚持入场消毒制度，生产区与圈舍入口处设更衣室和消毒池，工作人员和饲养员进入生产区时要更换工作服。无关人员禁止入场，谢绝参观，确需进场的人员必须经消毒并更换衣服方可入场。广大养殖户在养殖过程中要仔细观察记录鸭的生长情况，一旦发现病鸭，应立即隔离，并采取有效治疗措施，以防病鸭传染其他健康鸭只。

【临床用药指南】注射青霉素，每只成年鸭每次肌内注射 20 万单位，每天注射 2 次，直到体温和食欲恢复正常，再维持治疗 1~2 天。用抗猪丹毒血清治疗本病也有较好的效果。

三、肉鸭腹水综合征

肉鸭腹水综合征是多种因素引起的一种综合征，临床上以腹腔积液、腹围下垂为特征。近年来一些肉鸭养殖场常有本病发生，发病率达 5%~25%，因其死淘率增加而造成较大的损失。

【病因】

（1）**营养因素** 高能量的日粮，使发育中的肉鸭生长过速，对氧的需求量增加，加之饲养环境缺氧，如天气寒冷、饲养密度过大、通风不良、舍内二氧化碳或一氧化碳浓度过高。此外，饮水或日粮中钠盐增加，维生素 E、硒缺乏等，均可促进本病的发生。

（2）**真菌毒素因素** 日粮中谷物发霉，肉骨粉或鱼粉霉败，产生大量真菌毒素，可促进本病的发生。

（3）**化学毒物因素** 我国某些地区在日粮中添加“油脚”以提高日粮的能量，但其中含有有害物质二联苯氯化物，可导致本病的发生。

（4）**高海拔地区饲养因素** 高海拔地区缺氧引起组胺增加，使机体组织血管扩张，肺动脉压增加，右心扩张衰竭，形成腹水。此外，遗传、某些细菌毒素（如大肠杆菌、分枝杆菌等）、淀粉样肝病或肝硬化，也可诱发本病。

【临床症状】多见于2~7周龄发育良好、生长速度较快的鸭，尤其是公鸭多发。初期症状是喜卧，不愿走动，精神委顿，羽毛蓬乱，皮肤发红，腹部膨大（图5-13），触之松软有波动感，行动迟缓、蹒跚，常蹲伏，嗜睡，呼吸困难。捕捉时易抽搐死亡。病鸭常在腹水出现后1~2天死亡。

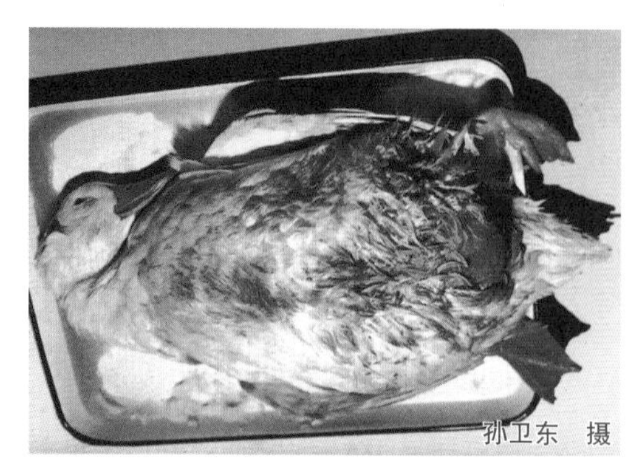

图5-13 鸭腹部膨大，皮肤发红

【病理剖检变化】可见喙、脚蹼及腹部皮肤紫绀。剪开腹部皮肤，腹腔可见大量清亮、浅黄色或啤酒样积液（图5-14）；打开腹腔可见积液积在肝脏的包膜腔中（图5-15），积液中混有纤维素性渗出物或絮状凝块；肝脏边缘钝圆，质地变硬，被膜增厚或有纤维素性渗出物（图5-16）。心脏体积增大，质地变软，右心室扩张（图5-17）、壁变薄，右心室内充满血凝块（图5-18）。肺充血、水肿（图5-19）。肠道瘀血、发红。肾脏充血、肿胀。

图5-14 鸭腹腔内有大量浅黄色腹水

图5-15 鸭肝脏包膜腔积液

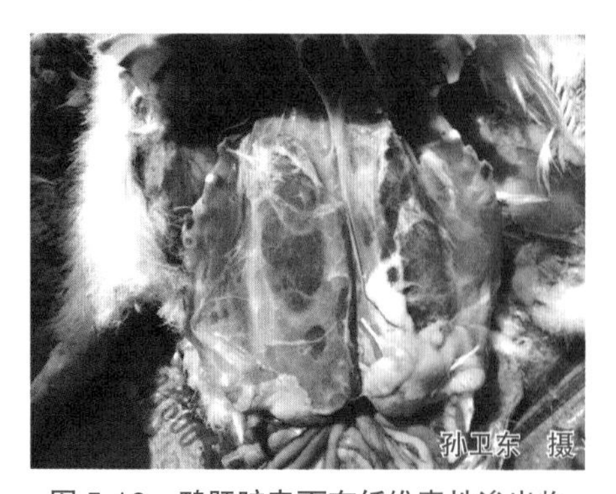

图5-16 鸭肝脏表面有纤维素性渗出物

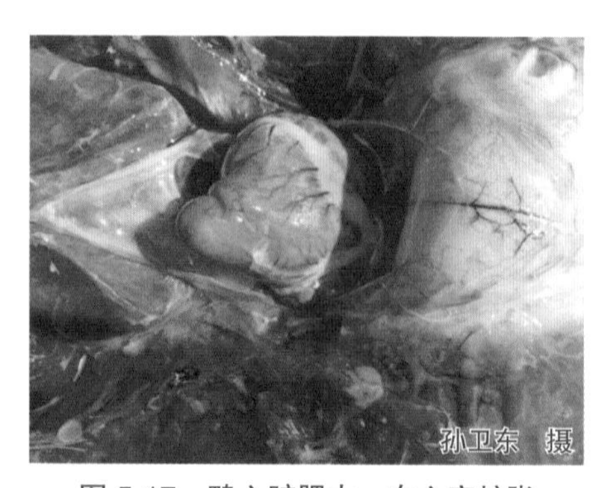

图5-17 鸭心脏肥大，右心室扩张

图 5-18 鸭右心室壁变薄，内充满血凝块

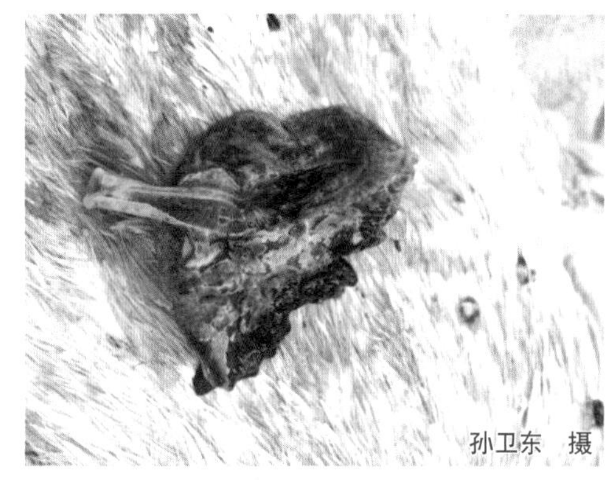

图 5-19 鸭肺充血、水肿，支气管内有大量泡沫

【预防】

（1）**加强饲养管理** 改善饲养卫生条件，控制饲养密度，保持舍内空气清新、氧气充足，在冬季要妥善处理好通风与防寒保温的关系。控制鸭早期生长速度或适当降低饲料的能量，禁止饲喂发霉的饲料。

（2）**药物预防** 在每千克饲料中添加维生素 C 500 毫克、维生素 E 2 毫克、亚硒酸钠 0.1 毫克。

【临床用药指南】一旦发病，便难以治愈，但要调查清楚可能的发病原因，并采用下列措施减少死亡及控制其继续发病。减少日粮中氯化钠的含量，口服通肾利尿药，饲料中添加 0.5%~1% 维生素 C，每千克饲料中加 10 毫克维生素 E 和 0.5 毫克亚硒酸钠。可选用一些广谱抗生素，以防止继发细菌性感染。

四、硒缺乏症

硒缺乏症是由硒缺乏引起的以渗出性素质、白肌病等为特征的一种营养代谢病。不同品种和日龄的鸭、鹅均可发生，多见于 1~6 周龄的鸭、鹅。

【病因】饲料中缺乏硒；饲料中镉、汞、铜、钼等金属元素与硒之间有拮抗作用，可干扰硒的吸收利用。

【临床症状】渗出性素质多发生于 20~30 日龄雏鸭、鹅，典型症状为颈、胸和皮下组织发生水肿。白肌病（肌营养不良）多发于 4 周龄左右的雏鸭、鹅，表现为全身衰弱，运动失调，无法站立，可造成大批雏鸭、鹅死亡。

【病理剖检变化】病死鸭、鹅剖检可见胸腹部发生浮肿（图 5-20），呈紫红色或灰绿色。发生白肌病的病例可见肌肉的色泽苍

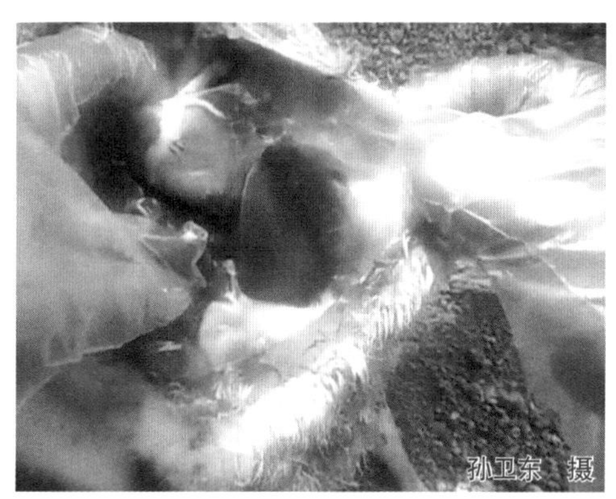

图 5-20 鸭胸腹部有紫红色浮肿

白，胸肌和腿肌也出现灰白色条纹。心包积液，心肌有条纹状变性、出血（图 5-21），肌胃的肌胃壁肌肉变性、坏死（图 5-22）。

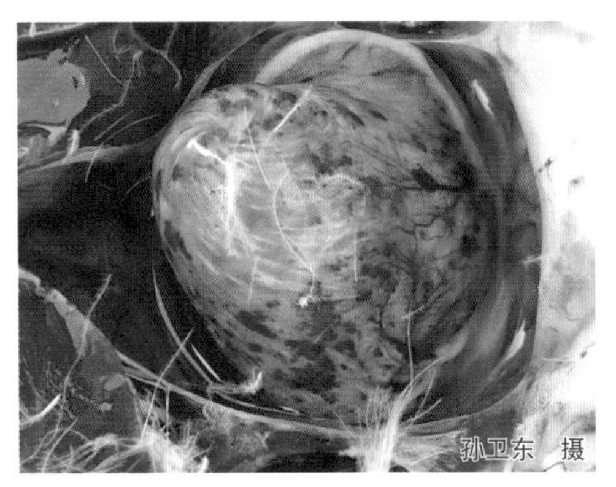

图 5-21 鸭心包积液，心肌有条纹状变性、出血

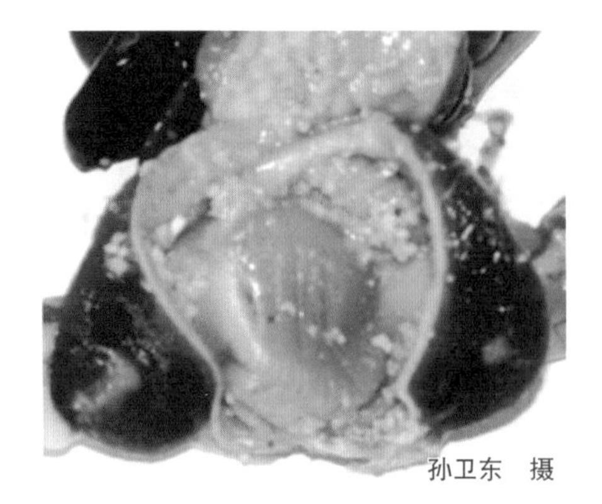

图 5-22 鸭肌胃的肌胃壁肌肉变性、坏死

【预防】应在饲料中添加足量的硒元素及含硫氨基酸。

【临床用药指南】发病后用 0.005% 亚硒酸钠溶液皮下或肌内注射，雏鸭、鹅 0.1~0.3 毫升，成年鸭、鹅 1.0 毫升。或者用饮水配成每升水含 0.1~1 毫克的亚硒酸钠溶液，给雏鸭、鹅饮用，5~7 天为 1 个疗程。

第六章　免疫抑制和肿瘤性疾病的鉴别诊断与防治

第一节　免疫抑制和肿瘤性疾病概述及发生的因素

一、概述

鸭、鹅的免疫器官分中枢免疫器官（骨髓、胸腺、法氏囊）和外周免疫器官（淋巴组织、脾脏、哈德氏腺、黏膜免疫系统等）2 大类。鸭、鹅的免疫系统是机体抵御致病菌侵犯的最重要的防御系统。性成熟前的雏鸭、鹅感染圆环病毒后会严重影响机体的细胞免疫和体液免疫，导致疫苗免疫接种失败；若骨髓受到破坏，不仅严重损害造血功能，还将导致免疫缺陷症的发生。

二、疾病发生的因素

（1）**生物性因素**　主要是病毒性因素，如鸭圆环病毒、番鸭呼肠孤病毒、鸭传染性法氏囊病病毒、网状内皮组织增殖病病毒等。病毒主要是通过破坏机体的淋巴组织或骨髓导致体液免疫或细胞免疫功能降低，从而发生免疫抑制。它们还可引起淋巴细胞或网状内皮细胞无限制地增生从而诱发肿瘤形成。

（2）**中毒因素**　如饲料霉变引起的霉菌毒素中毒，造成内脏器官的损害，从而引起免疫抑制等。

（3）**营养因素**　长期饲喂低或单一营养的日粮或过度限饲等引起营养不良或衰竭，进而发生机体的免疫抑制。

（4）**饲养管理因素**　如水槽、水壶、水线未及时清理或消毒，或料槽、料筒、料线的剩料清理不及时，造成鸭、鹅长期消化吸收不良；饲养密度过大、养殖舍潮湿、有害气体超标等引起鸭、鹅黏膜免疫的损伤。

（5）**其他因素**　某些重金属（如铅）、某些禁用药物（如氯霉素）等也可引起免疫抑制。

第二节　免疫抑制性疾病的诊断思路及鉴别诊断要点

一、诊断思路

当鸭群、鹅群出现免疫失败时，不仅应考虑免疫抑制性疾病，还要考虑其他可能导致鸭、鹅产生免疫抑制的因素，其诊断思路见图 6-1。

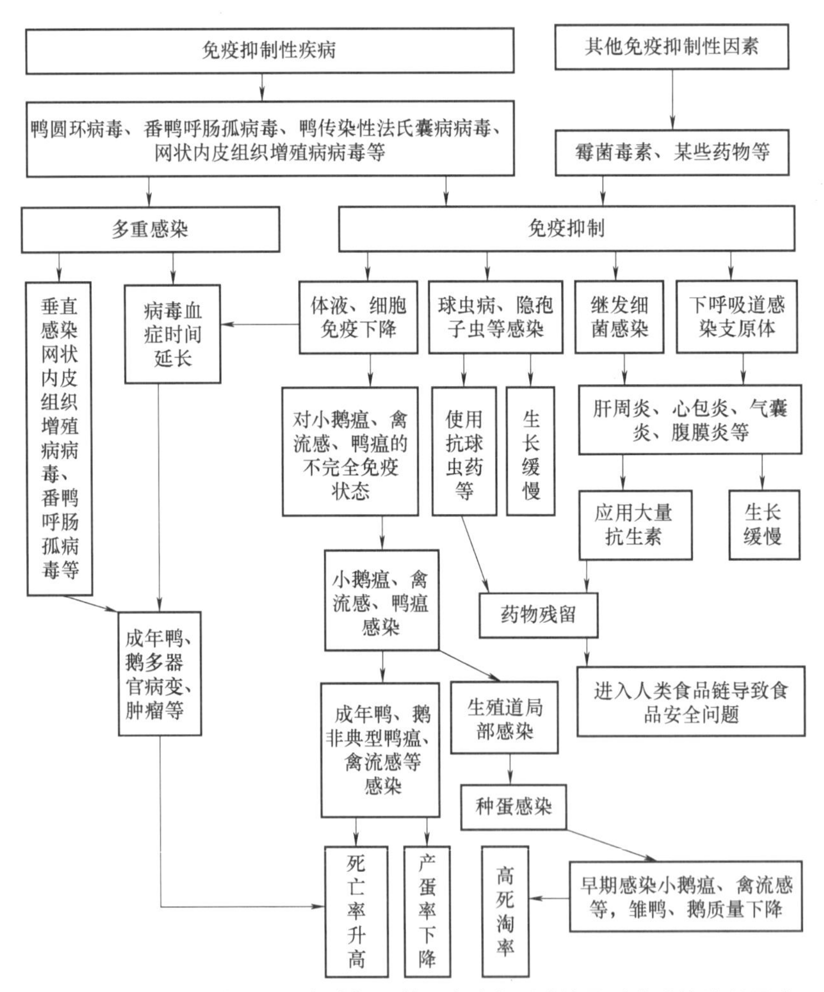

图 6-1　免疫抑制性疾病和免疫抑制性因素致多重感染及继发感染诊断思路

二、鉴别诊断要点

引起鸭、鹅免疫抑制的常见疾病的鉴别诊断要点见表 6-1。

表 6-1　引起鸭、鹅免疫抑制的常见疾病的鉴别诊断要点

病名	鉴别诊断要点										
	易感日龄	流行季节	群内传播	发病率	病死率	粪便	呼吸	运动障碍	胃肠道	心脏、肺、气管和气囊	其他脏器
鸭圆环病毒病	6~10周龄	季节交替	慢	有时较高	不定	正常	正常	有时瘫痪	变细、空虚	内脏萎缩	羽毛易脱落，羽毛囊水肿、出血
鸭呼肠孤病毒感染	10~25日龄	无	快	高	高	白色或绿色稀粪	急促	有时瘫痪	肠炎	心包积液、心外膜增厚	肝脏、脾脏出血、坏死
网状内皮组织增殖症	无	无	急性快；慢性较长	有时较高	高	白色稀粪	正常	无	有时有肿瘤	有时有肿瘤	肝脏、肾脏、性腺有时有肿瘤
传染性法氏囊病	3~6周龄	4~6月	很快	很高	较高	石灰水样稀粪	急促	无	出血	心冠出血	胸肌、腿肌、法氏囊出血
鸭瘟	大于1月龄	无	快	高	高	绿色或灰白色稀粪	困难	无	有环状出血带	心肌、气管出血	食道黏膜有灰黄色溃疡灶或伪膜
禽流感	全龄	无	快	高	高	黄褐色稀粪	困难	扭头、转圈等	严重出血	肺充血和水肿，气囊有灰黄色渗出物	腺胃乳头肿大、出血

第三节　常见疾病的鉴别诊断与防治

一、鸭圆环病毒病

鸭圆环病毒病是由鸭圆环病毒引起的一种免疫抑制性传染病，是近年来新发现的一种传染病，因本病主要侵害鸭免疫系统，导致机体免疫功能下降，易遭受其他疾病的并发或继发感染，给养鸭业造成了巨大的经济损失。

【流行特点】各个品种的鸭都能感染本病，鹅也能感染鸭圆环病毒。6~10 周龄鸭只感染可表现临床症状。若有其他疾病混合感染或继发感染，本病的发病日龄会更低。鸭圆环病毒的感染率可能随着鸭年龄的增长而下降。本病的发生常与鸭瘟病毒、鸭肝炎病毒、鸭细小病毒、鸭疫里默氏杆菌、鸭大肠杆菌等病原形成混合感染。其感染率为 1%~88.9%，其中山东、江苏、福建地区感染率较高。季节交替时更易发。

【临床症状】生长发育迟缓，羽毛凌乱易脱落（图 6-2），背上（图 6-3）、翅膀

（图 6-4）掉毛尤为严重。重症病例可见翅部羽毛囊水肿（图 6-5）或出血（图 6-6）。精神沉郁，消瘦（图 6-7），呼吸困难，贫血，呈现零星死亡。产蛋鸭的产蛋率下降，生产性能降低。

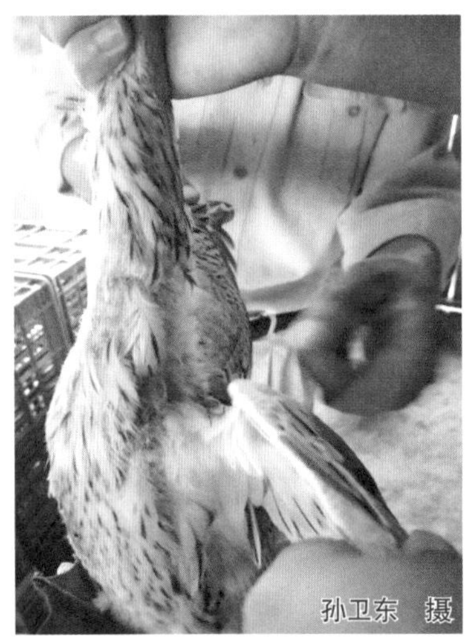

图 6-2 鸭羽毛凌乱，颈部羽毛易脱落

图 6-3 鹅背部羽毛易脱落

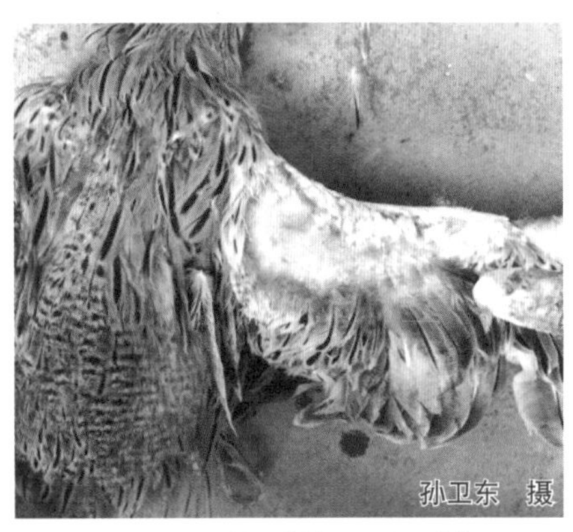

图 6-4 鸭翅膀的羽毛易脱落

图 6-5 鸭翅部羽毛囊水肿

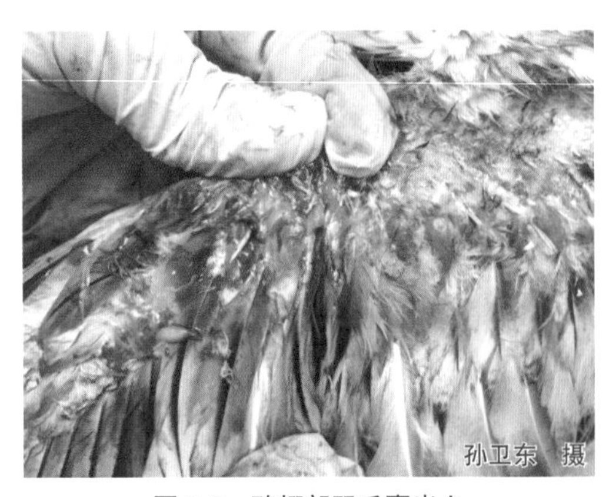

图 6-6 鸭翅部羽毛囊出血

图 6-7 鸭消瘦

【病理剖检变化】剖检病死鸭可见尸体消瘦明显，胸腺（图 6-8）、脾脏、卵巢、输卵管（图 6-9）等出现萎缩。肝脏萎缩变薄，颜色变为浅棕色，上面有片状坏死灶（图 6-10）。肠管变细、空虚（图 6-11）。其他脏器的肉眼病变不明显。

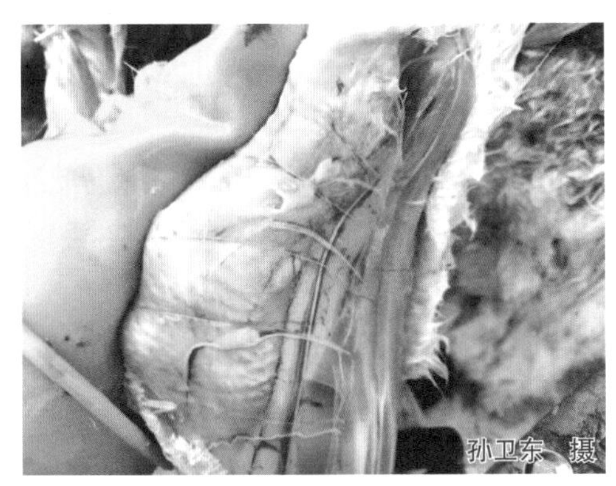

图 6-8 鸭胸腺萎缩

图 6-9 蛋鸭卵泡和输卵管萎缩

图 6-10 鸭肝脏颜色变浅，上面有片状坏死灶

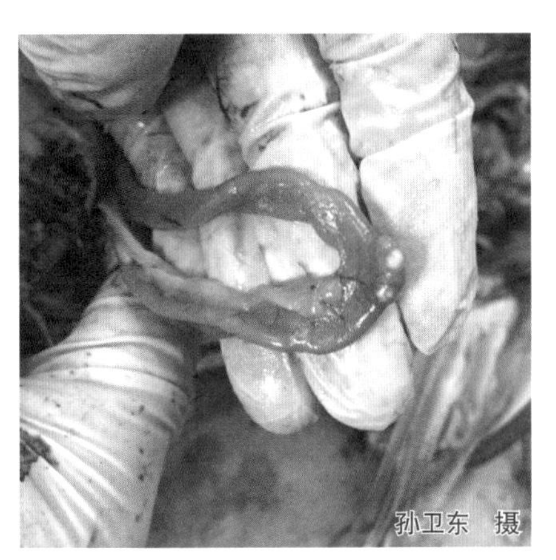

图 6-11 鸭肠管变细、空虚，卵黄蒂上有硬结节

【预防】目前尚无预防本病的疫苗。良好的饲养管理是防止本病发生的关键，增强鸭、鹅的抵抗力，饲喂营养全面的饲料，给鸭、鹅提供舒适的圈舍和活动场地。做好其他疾病（如鸭大肠杆菌病、鸭病毒性肝炎、禽流感等）的预防工作。落实养殖场的卫生与消毒工作。

【治疗】目前尚无治疗本病的药物。一旦发病，对病鸭、鹅及时隔离饲养，疑似感染的病鸭、鹅也隔离饲养，对病死鸭、鹅进行无害化处理；对养殖场严格消毒，包括饲养环境、鸭群和鹅群、器具、饮水、饲料等；加强饲养管理，改善养殖环境，增加饲料营养，提高病鸭、鹅的抵抗力。同时对鸭群、鹅群紧急注射鸭圆环病毒精制卵黄抗体 1.0 毫升 / 只，重症鸭、鹅隔日再重复注射 1 次。或同时采用中草药疗法（处方：板蓝根 10 克、黄芪 10 克、金银花 10 克、连翘 10 克、党参 5 克、苍术 5 克、当归 5 克、白术 3 克、陈皮 3 克，水煎），按每只鸭或鹅 1 克，1 天分 2 饮饮服，连用 5~7 天。

二、鸭呼肠孤病毒感染

鸭呼肠孤病毒感染又称为雏番鸭“花肝病”，是由番鸭呼肠孤病毒引起的、对雏番鸭有着较高发病率和死亡率的一种传染病。临床上以腹泻、肝脏表面形成大量灰白色小点或花斑点等为特征。自1997年底以来，本病在福建、广东、河南、广西、江苏、浙江等地相继暴发，给番鸭养殖业带来了严重的经济损失。

【流行特点】 本病可发生于雏番鸭、雏半番鸭、雏鹅，其他品种的鸭不感染。本病多发生于7~35日龄，以10~25日龄的雏番鸭为最易感鸭群，发病率为60%~90%，病死率为50%~80%。日龄越小，发病率和死亡率越高，在饲养雏番鸭的地区均有本病的发生。本病既可经水平传播，也可经垂直传播，但其发生无明显的季节性，天气骤变、卫生条件差、饲养密度高等因素易诱发本病。

【临床症状】 病鸭精神高度沉郁、不愿活动；全身乏力，软脚，多蹲伏；食欲和饮欲减退；腹泻，排白色或绿色稀粪。病程一般为2~14天，死亡高峰期在发病后的5~7天。重症鸭呼吸急促，机体脱水，迅速消瘦，最后因衰竭死亡。

【病理剖检变化】 病死鸭最典型的剖检病变为肝脏（图6-12~图6-14）、脾脏

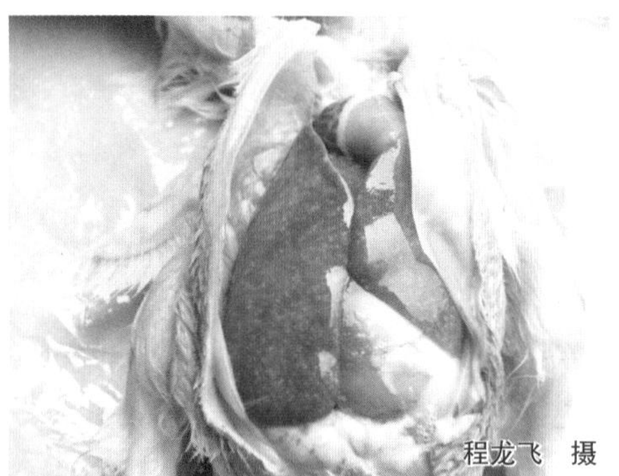

图6-12　番鸭（左）和半番鸭（右）肝脏表面有大量针尖大的白色坏死点

（图6-15和图6-16）表面密布大量小米粒或绿豆大小的坏死灶，有的病例在坏死灶周围还伴有出血，使得肝脏和脾脏呈现“花斑状”（故称“花肝病”）。此外，小肠（图6-17）、胰腺、肾脏及肠道壁均可见数量不等的白色坏死点。病程略长的病例可见心包炎，表现为心外膜增厚、与胸骨粘连及心包积液。病程1周以上的病鸭常见跗关节肿大、发热，切开可见肌腱水肿及关节液增多或干酪样渗出物。

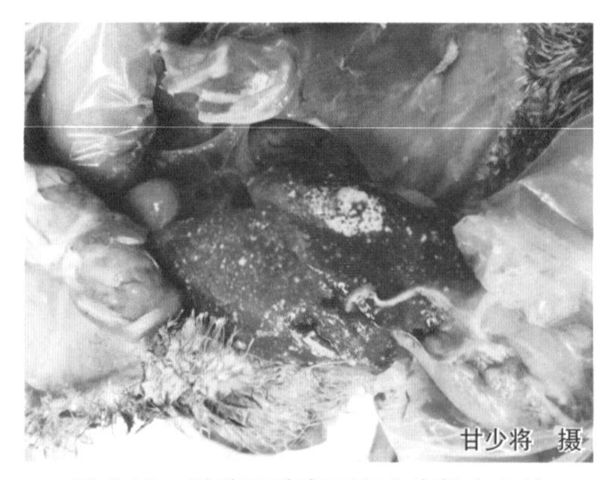

图6-13　番鸭肝脏表面有小米粒大小的白色坏死点

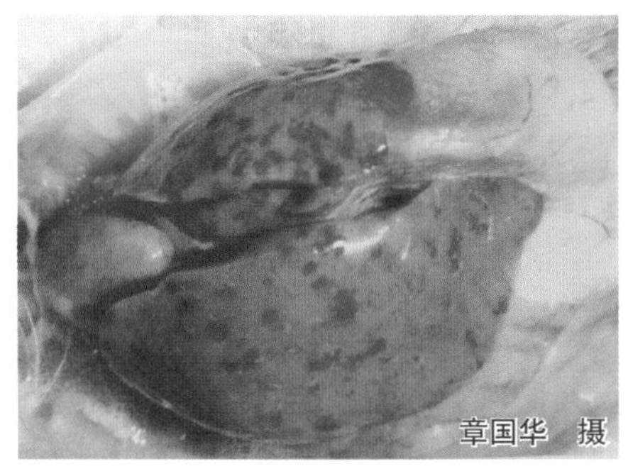

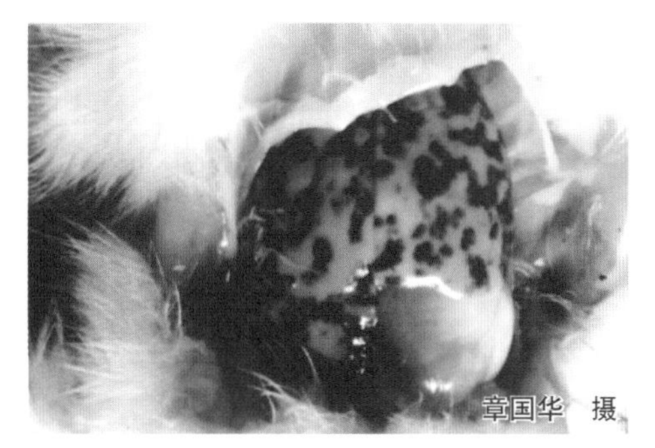

图 6-14 番鸭肝脏表面有小米粒大小的白色坏死灶，并伴有出血

图 6-15 番鸭脾脏表面有小米粒大小的白色坏死灶

图 6-16 番鸭脾脏有绿豆大小的坏死灶

【类症鉴别】临床上对本病的诊断应注意与巴氏杆菌病、沙门菌病、传染性浆膜炎、鸭衣原体病等相区别。

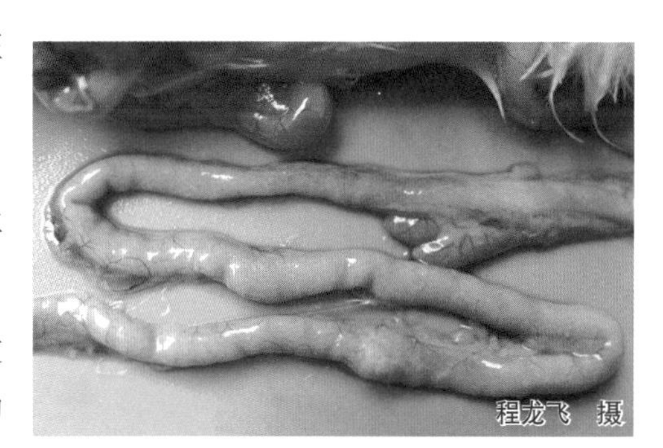

图 6-17 番鸭小肠壁有数量不等的针尖大的白色坏死点

（1）与巴氏杆菌病的鉴别 青年和成年鸭、鹅巴氏杆菌病的发病率和死亡率比雏鸭、鹅高，而鸭呼肠孤病毒感染则是雏鸭易感，发病率和死亡率高，这在流行病学上是重要的鉴别之一。巴氏杆菌病表现为肝脏肿大、有灰白色针尖大的坏死点，与鸭呼肠孤病毒感染有相似之处，但巴氏杆菌病还表现有心冠脂肪组织有出血斑、心包积液及十二指肠黏膜严重出血等病变，鸭呼肠孤病毒感染则在脾脏、胰腺及肾脏可见与肝脏相似变化，可作为鉴别之二。巴氏杆菌病病例的肝脏触片、心包液涂片，革兰染色或亚甲基蓝染色可见有许多两极染色的卵圆形小杆菌，用肝脏和心包液接种鲜血培养基能分离到巴氏杆菌，而鸭呼肠孤病毒感染肝脏触片、心包液涂片革兰染色均为阴性，可作为鉴别之三。

（2）与沙门菌病的鉴别 二者在肝脏和肠壁上有大量灰白色的坏死点，但除此外，沙门菌病病例的肝脏常呈古铜色，肠黏膜呈糠麸样坏死，而鸭呼肠孤病毒感染病鸭还表现脾脏、胰腺及肾脏有灰白色坏死点，可作为鉴别之一。用沙门菌病病例的肝脏接种麦康凯培养基平板，能长出白色菌落，而鸭呼肠孤病毒感染病鸭无细菌生长，可作为鉴别之二。

（3）与传染性浆膜炎的鉴别 鸭传染性浆膜炎的心包炎与鸭呼肠孤病毒感染有相似之处。但传染性浆膜炎还表现肝周炎和气囊炎，鸭呼肠孤病毒感染则没有肝周炎和气囊炎的变化，可作为鉴别之一。在流行病学方面，传染性浆膜炎多发生于1~8周龄各品种鸭、鹅，鸭呼肠孤病毒感染则发生于7~35日龄雏番鸭、雏半番鸭和雏鹅，可作为鉴别之二。

（4）与鸭衣原体病的鉴别 鸭衣原体病病理变化中的心包炎与鸭呼肠孤病毒感染有相似之处。但鸭衣原体病还表现肝周炎和气囊炎，鸭呼肠孤病毒感染则没有肝周炎和气囊炎的变化，可作为鉴别之一。鸭衣原体病病鸭眼结膜常发生炎症，病程长者眼球萎缩，而鸭呼肠孤病毒感染病鸭眼结膜常无病变，可作为鉴别之二。

【预防】

（1）疫苗接种 目前有些单位已研制成功预防本病的弱毒苗和油乳剂灭活疫苗。

① 种番鸭：在产蛋前2周用上述疫苗进行首免，3个月后再加强免疫1次。

② 雏番鸭：种番鸭经过免疫后所产的蛋孵出的雏番鸭，应在10日龄前后进行免疫；未经免疫的种番鸭所产的蛋孵出的雏番鸭，应在5日龄之内进行免疫。留种用的雏番鸭，在5~7日龄时用油乳剂灭活疫苗进行首免，2月龄时进行二免，产蛋前15天进行三免，3个月后再加强免疫1次。

（2）被动免疫 在本病流行区域，或已被本病病毒污染的孵化场，雏番鸭孵出后1~2天内皮下注射抗鸭呼肠孤病毒感染高免卵黄抗体0.5~1毫升。

（3）加强饲养管理和卫生消毒 加强雏番鸭的饲养管理工作，尤其是做好育雏室的保温工作，是预防本病的主要措施之一。做好种番鸭的净化工作，患过本病的番鸭群不能留作种用，加强种番鸭场、孵化室及种蛋的消毒工作。

【临床用药指南】

（1）加强隔离和消毒 封闭鸭舍，避免闲杂人员进入。进入鸭舍的设备用具要消毒；鸭舍周围环境消毒，可采用2%氢氧化钠、0.3%次氯酸钠、1%农福、复合酚消毒剂等喷洒；鸭舍内带鸭消毒可用0.3%过氧乙酸、复合酚消毒剂、氯制剂等，效果良好。

（2）治疗 发生本病时，通过注射鸭呼肠孤病毒感染高免卵黄抗体，可收到满意的效果。对于有并发感染的病例，结合应用广谱抗菌药物可明显提高疗效。

① 尽早注射鸭呼肠孤病毒感染高免卵黄抗体（1.0~2.0毫升/只）。

② 复方金刚乙胺，用于饮水（50克/250千克），每天1次，连用3~5天。

③ 对于病程较长且表现关节炎的病鸭，可添加地塞米松及安痛定（阿尼利定），

还应注意防止病鸭打堆或互相踩踏。

其他治疗方案可参考低致病性禽流感、鸭瘟、雏鸭病毒性肝炎等的治疗方案。

三、网状内皮组织增殖症

网状内皮组织增殖症是由网状内皮组织增殖病病毒群的反转录病毒引起的一群病理综合征。临床上可表现为急性网状内皮细胞肿瘤、矮小综合征，以及淋巴组织和其他组织的慢性肿瘤等。本病对种禽场和祖代禽场可造成较大的经济损失，还会导致免疫抑制，故需引起重视。

【流行特点】本病的感染率因鸭、鹅的品种、日龄和病毒的毒株不同而不同。该病毒对雏鸭、鹅特别是1日龄雏鸭、鹅最易感，低日龄雏鸭、鹅感染后会引起严重的免疫抑制或免疫耐受，较大日龄鸭、鹅感染后，不出现或仅出现一过性的病毒血症。该病毒可通过口、眼分泌物及粪便中的病毒水平传播，也可通过种蛋垂直传播。

【临床症状和剖检病变】因病毒的毒株不同而不同。

（1）**急性网状内皮细胞肿瘤病型** 潜伏期较短，一般为3~5天，死亡率高，常发生在感染后的6~12天，新生雏鸭、鹅感染后死亡率可高达100%。剖检可见肝脏、脾脏、胰腺、性腺、心脏等肿大，并伴有局灶性或弥漫性的浸润病变（图6-18）。

图6-18 鸭肝脏上的弥漫性肿瘤结节

（2）**慢性肿瘤病型** 病鸭、鹅生长发育不良，在肝脏（图6-19和图6-20）、心脏（图6-21）、肺（图6-22）、腺胃（图6-23）、小肠（图6-24）等脏器形成多种慢性肿瘤结节。

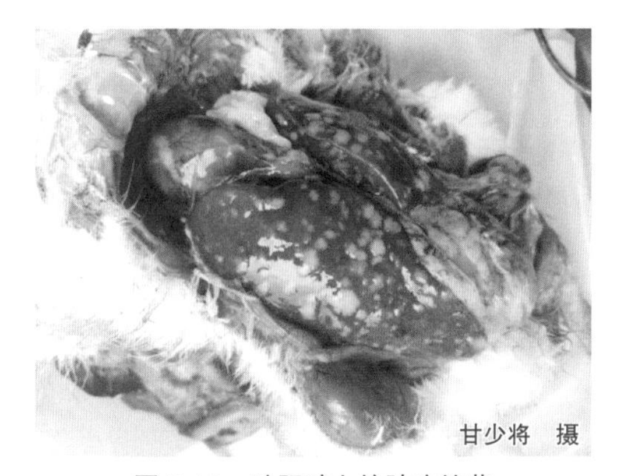

图6-19 鸭肝脏上的肿瘤结节

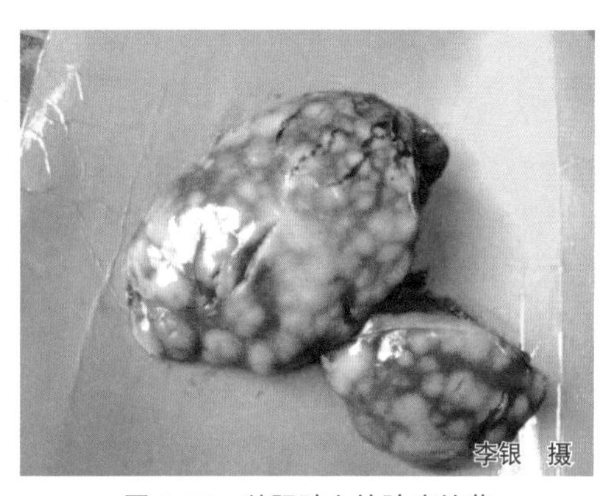

图6-20 鹅肝脏上的肿瘤结节

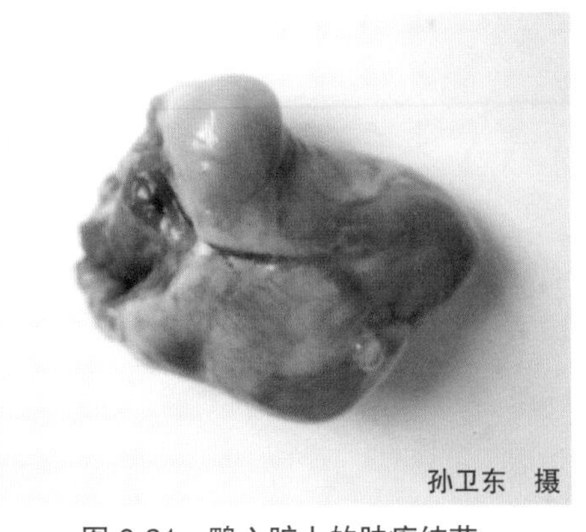

图 6-21　鸭心脏上的肿瘤结节

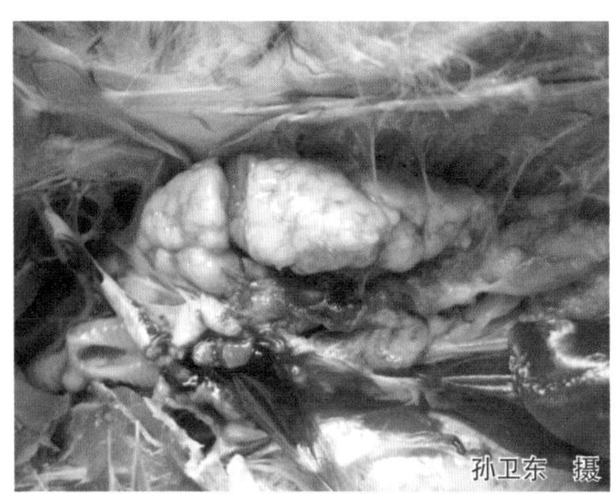

图 6-22　鸭肺上的肿瘤结节

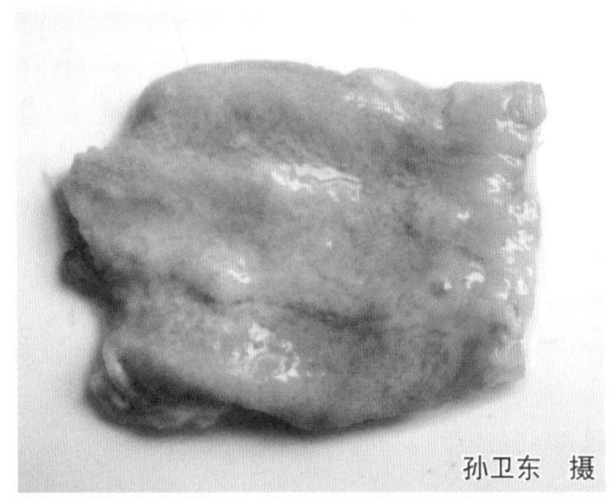

图 6-23　鸭腺胃上的肿瘤结节

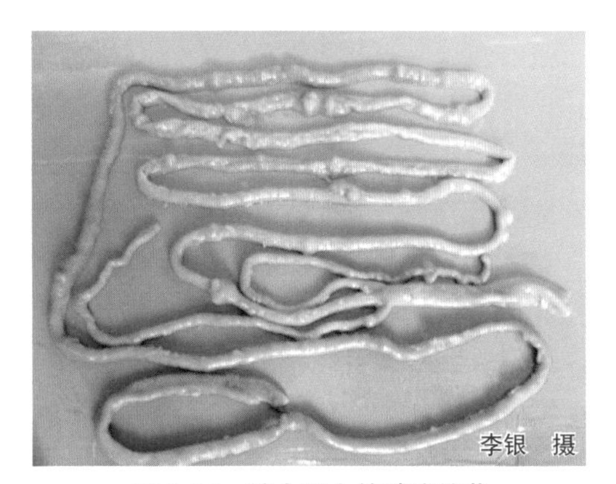

图 6-24　鸭小肠上的肿瘤结节

【预防】 目前尚无有效预防本病的疫苗。在预防上主要是采取一般性的综合措施，防止引入带毒母鸭、鹅，加强种群中本病抗体的检测，淘汰阳性鸭、鹅，同时对养殖舍进行严格消毒。平时进行相关疫苗的免疫接种时，应选择 SPF 禽胚制作的疫苗，防止疫苗的带毒污染。

【临床用药指南】 对于患本病的鸭群、鹅群，目前尚无有效的治疗方法。一旦发病，应隔离病鸭、鹅和同群鸭、鹅，对养殖舍及周围环境进行彻底消毒，对重症病例应立即扑杀，并连同病死尸体、粪便、羽毛及垫料等进行深埋或焚烧等无害化处理。

四、黄曲霉毒素中毒

黄曲霉毒素中毒是由鸭、鹅摄入含有黄曲霉毒素的饲料引起的一种中毒病。临床上以生长缓慢，脱毛，跛行，神经症状（抽搐、角弓反张），全身性出血，肝脏受损、硬化为特征。以雏鸭敏感性最高，可造成大批死亡。

【病因】 黄曲霉、寄生曲霉等在自然界中分布广泛，在温暖潮湿的环境易生长繁殖，产生毒力很强的黄曲霉毒素，主要污染玉米、花生、稻谷、饼粕、麦子、麸皮、米糠等，鸭、鹅摄入被污染的农产品或农副产品制成的饲料后可引起中毒。此外，垫料、垫草被黄曲霉毒素污染后，也可诱发本病。

【临床症状】

（1）**雏鸭、鹅：**多表现为急性中毒，1周左右的雏鸭、鹅几乎没有任何明显症状而迅速死亡，死亡率达100%；日龄稍大一点的可表现为食欲减退甚至废绝，脱毛，鸣叫，步态不稳、跛行，拱背，尾下垂，或呈"企鹅状"行走，脚蹼皮下出血、呈紫红色，腹泻，排浅绿色稀粪，有时带血，泄殖腔周围绒毛被粪便污染，数日内可死亡，死前常见有共济失调、抽搐（图6-25）、角弓反张等神经症状。

图6-25 鹅共济失调、抽搐

（2）**成年鸭、鹅：**一般呈亚急性或慢性经过，亚急性病例出现渐进性食欲减退、口渴、拉稀、便中带血、贫血、生长缓慢等症状。慢性病例出现消瘦，衰弱，贫血，呈恶病质；眼周围有黑褐色痂样附着物，有的失明；产蛋率和孵化率严重下降。

【病理剖检变化】

（1）**雏鸭、鹅：**可见肝脏肿大、色泽变浅呈土黄色（图6-26）、有出血斑点或坏死灶，胆囊扩张；肾脏苍白稍肿，胰腺有出血点，胸部皮下和肌肉常见出血斑点。有些病死鸭、鹅可见心肌出血，肝脏有网格状出血（图6-27）。

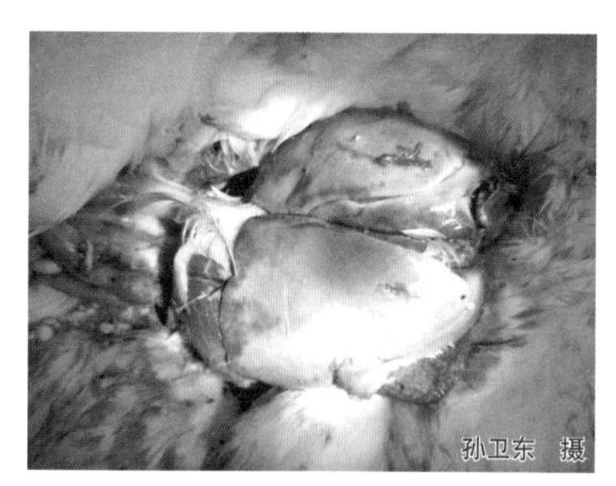

图6-26 鸭肝脏肿大、色浅呈土黄色

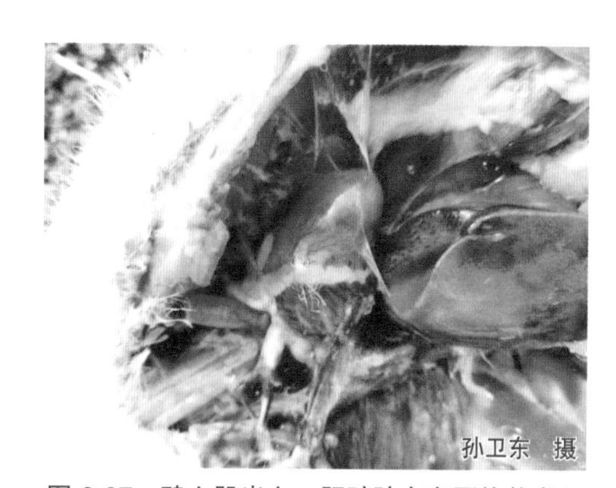

图6-27 鸭心肌出血，肝脏肿大有网格状出血

（2）**成年鸭、鹅：**肝脏由于胆管明显增生而发生硬化，中毒时间越长肝硬化越明显，肝脏颜色变黄、质地较硬且脆、表面常见有米粒至黄豆大增生或坏死病灶（图6-28）。有些病程较长的病例可见腹腔（图6-29）、心包（图6-30）常有积液，小腿和蹼的皮下有出血点。有些病鸭在肝脏的表面有紫色的血囊凸出（图6-31）。种鹅往往出现肝脏（图6-32）、肾脏（图6-33）硬化，卵泡和输卵管萎缩。黄曲霉毒素中毒

死亡的鸭、鹅，其肉尸中有一种特殊气味。

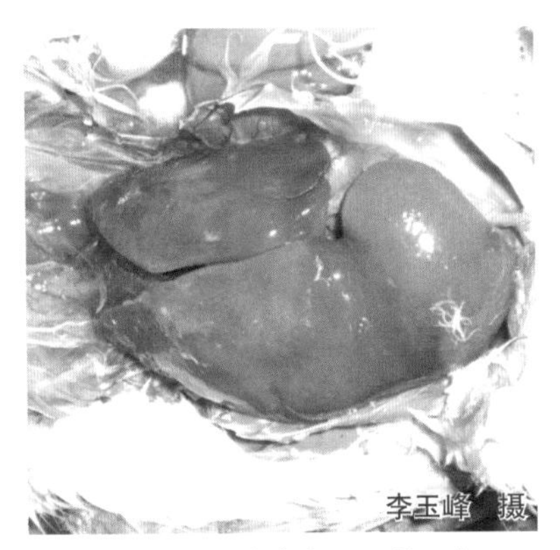

图 6-28 鸭肝脏肿大、硬化、坏死、变黄发绿

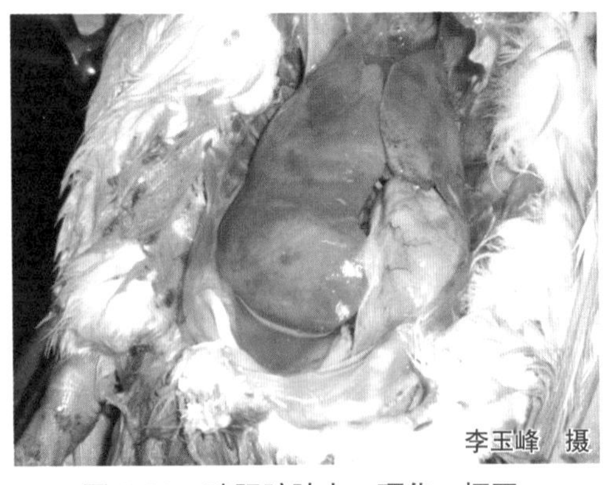

图 6-29 鸭肝脏肿大、硬化、坏死、发黄，伴有腹水

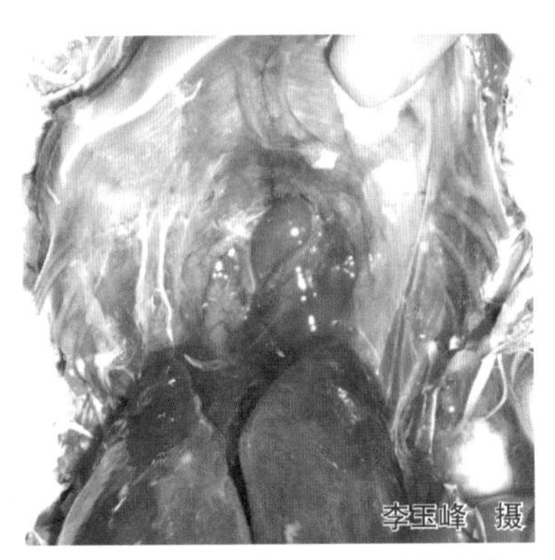

图 6-30 鸭心包积液、呈胶冻样

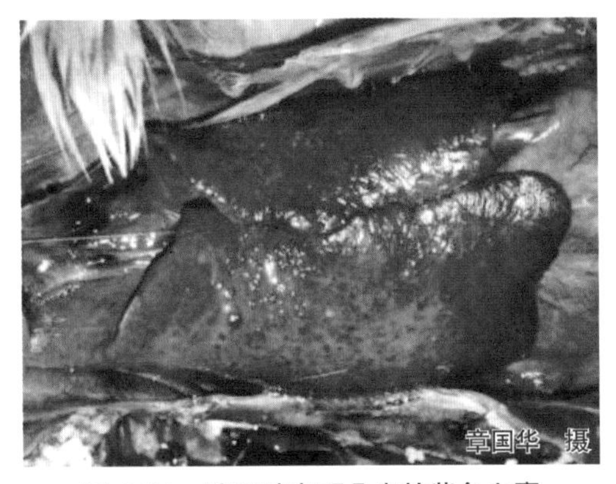

图 6-31 鸭肝脏表面凸出的紫色血囊

图 6-32 种鹅肝脏硬化

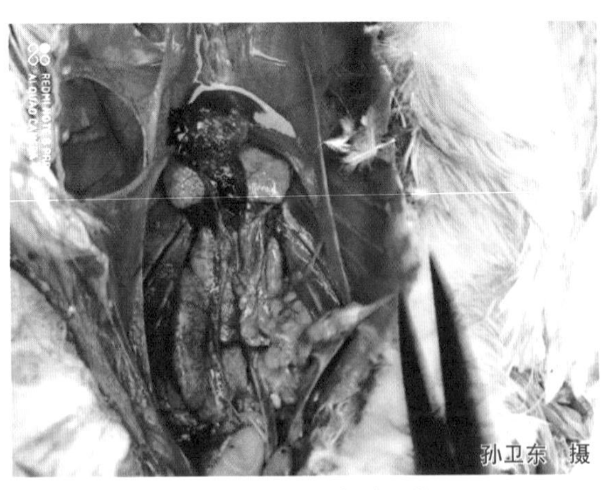

图 6-33 种鹅肾脏硬化

【预防】

（1）加强饲料保管，防止饲料、垫草霉变 注意通风干燥，尤其是温暖多雨季节，更要防止饲料潮湿霉变，在饲料中可添加 0.1% 的苯甲酸钠、硅酸铝钠钙水合物（速净）或富马酸二甲酯（DMF）等防霉剂；加强垫草的晾晒、防雨、防潮，及时剔除霉变部分。禁止使用被黄曲霉毒素污染的饲料或垫草。

（2）被黄曲霉毒素污染场地的处理 若饲料仓库被黄曲霉毒素污染，应用福尔马林加高锰酸钾熏蒸消毒或用过氧乙酸喷雾，以消灭霉菌孢子；对污染的用具、鸭舍、地面可用 20% 石灰水或 2% 次氯酸钠（漂白粉）溶液消毒。

【临床用药指南】目前尚无特效药物治疗，一般只能采取保肝、止血、促毒物排泄（盐类泻药）等支持疗法。对早期发现的中毒鸭、鹅，应立即更换含有黄曲霉毒素的饲料、饲草、垫料，投服硫酸镁、人工盐等盐类泻药，同时供给充足的青绿饲料、维生素 A 和维生素 D，也可用 5% 葡萄糖加 0.1% 维生素 C 饮水，或者灌服绿豆汤、甘草水或高锰酸钾水溶液，以缓解中毒。

附：对于用填食的方法生产肥鹅肝的朗德鹅，若填食霉变或填食器内的饲料未及时清理发霉后仍继续填食，可导致肥鹅肝出血（图 6-34），肝脏纤维化导致肝脏的脂肪沉积不良，韧性增加（图 6-35）。其病理组织学检查发现：成纤维细胞增生和炎性细胞浸润（图 6-36），这可能是朗德鹅黄曲霉毒素中毒后，机体抵抗力下降引起继发感染的结果。

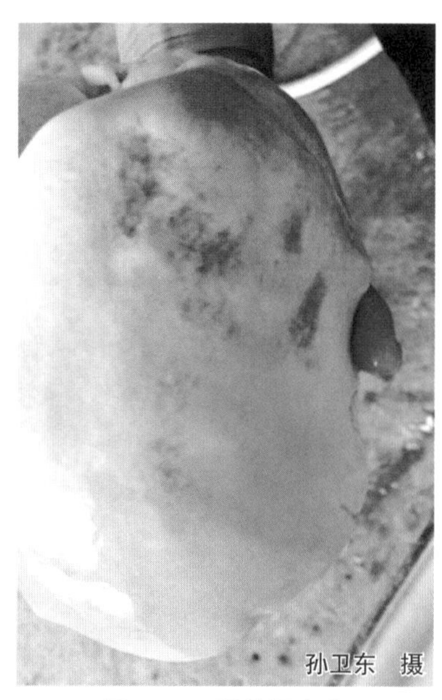

图 6-34 肥鹅肝出血

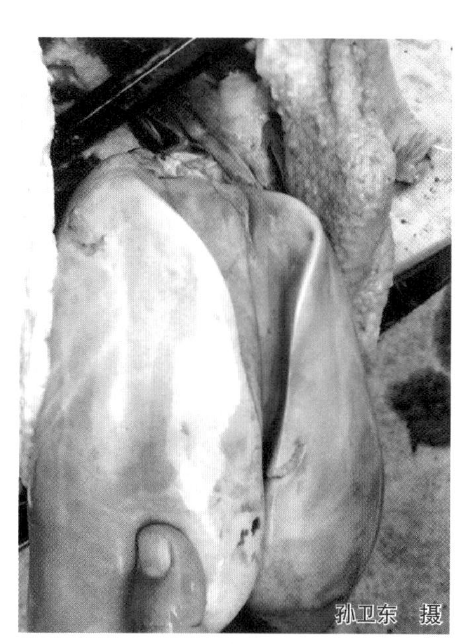

图 6-35 肥鹅肝纤维化，韧性增加

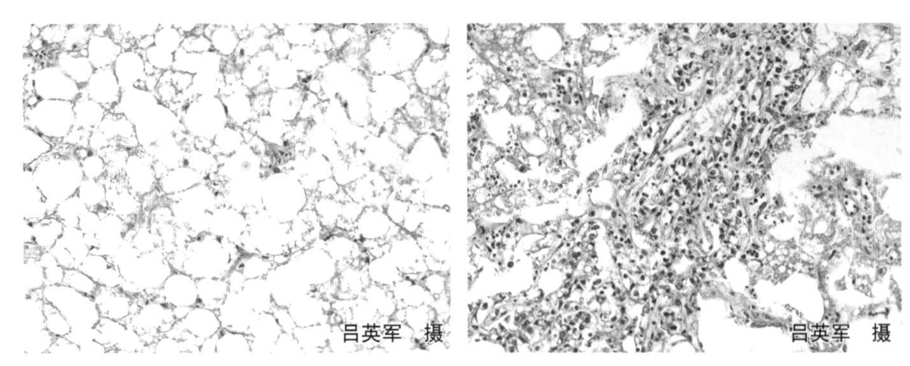

图 6-36 健康肥鹅肝细胞空泡变性，内有大量大小不等的脂滴（左）；病鹅除肝细胞空泡变性外，还可见成纤维细胞增生和炎性细胞浸润（HE 染色，200 倍）

附 录

附录A　一些较为罕见的疾病

（1）**先天性异常**　往往与种蛋的形成过程（如双黄蛋）有关，见附图A-1。

（2）**吞食异物**　往往是由于运动场地、饲料或垫料中含有异物，注射药物或疫苗时随意扔掉针头或疫苗的金属封盖等被鸭、鹅吞食，或在放牧途中误食异物等，见附图A-2~附图A-6。

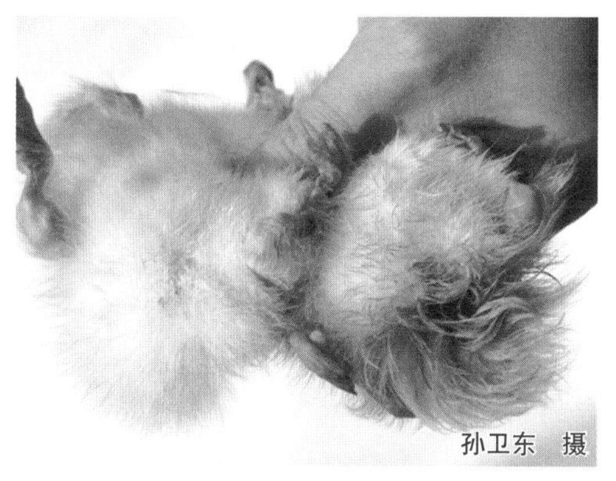

附图A-1　刚孵出的雏鸭有四条腿（右）

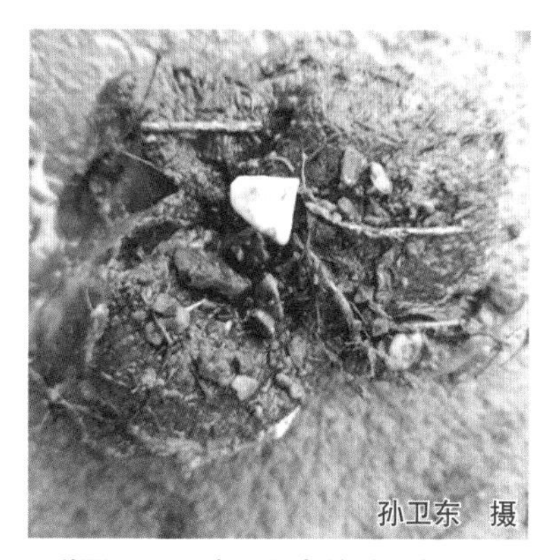

附图A-2　鸭肌胃内的碎石与树枝

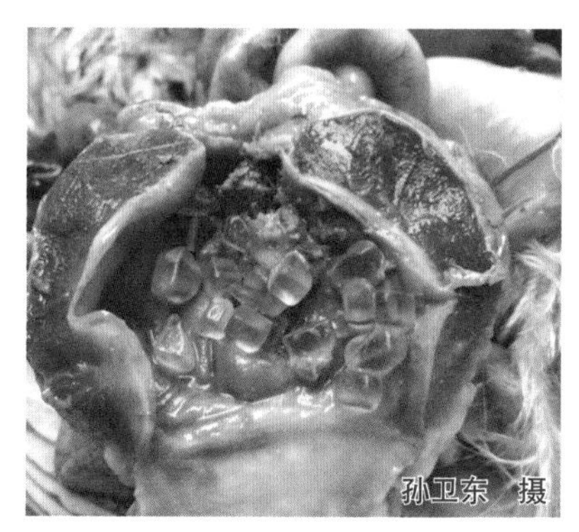

附图A-3　鸭肌胃内的玻璃碴

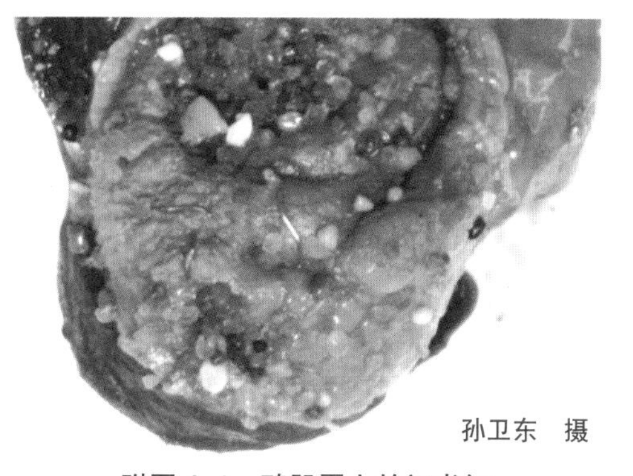

附图A-4　鸭肌胃上的订书钉

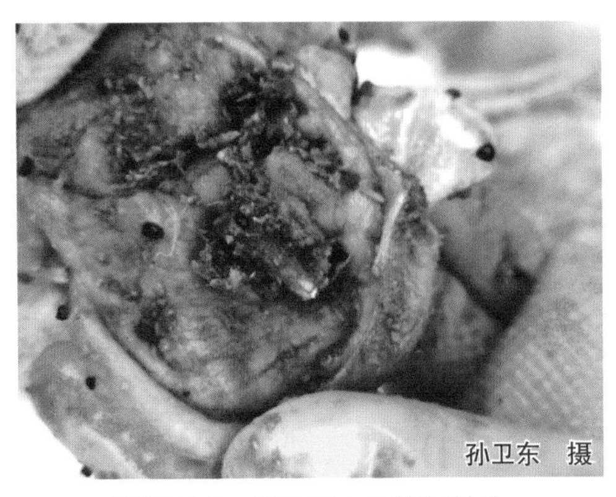

附图 A-5 鸭肌胃内的注射针头

附图 A-6 黑天鹅误食鱼钩

（3）**畸形蛋** 引起的原因较为复杂，尚待进一步深入研究，见附图 A-7 和附图 A-8。

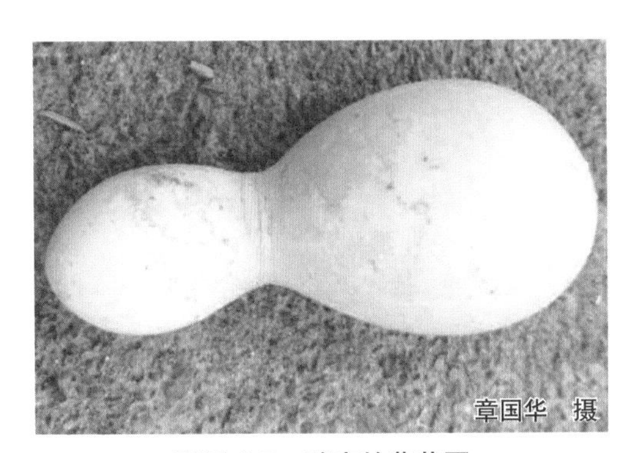

附图 A-7 鸭产的葫芦蛋

附图 A-8 鸭产的螺纹蛋
（右图为光照下蛋壳上的螺纹）

附录 B 养殖场排水、饮水管理方面需要重视的问题

（1）**鸭舍、鹅舍外无排水沟** 易引起鸭舍、鹅舍的污水渗漏到地下，造成病原在养殖场地的蓄积，见附图 B-1。

（2）**鸭舍、鹅舍外排水沟排水不畅** 易引起鸭舍、鹅舍内潮湿，或让鸭、鹅喝到脏水，见附图 B-2。

（3）**戏水池缺乏必要的排水沟** 使冲洗水池的污水流出不彻底（附图 B-3）或污水流向运动场，导致运动场潮湿（附图 B-4）。

（4）**舍内储水池、水槽缺乏遮挡设施** 雨水或其他异物直接进入，污染饮水，见附图 B-5。

（5）**舍内储水灌或水槽清洗不及时** 易导致鸭、鹅饮水的二次污染，见附图 B-6。

附图 B-1 鸭舍（左）、鹅舍（右）外缺乏排水系统

附图 B-2 鹅舍（左）、鸭舍（右）外排水沟排水不畅

附图 B-3 鸭戏水池底部缺乏排水沟使冲洗水池的污水流出不彻底

附图 B-4 鹅戏水池下缺乏漏缝式排水沟，造成污水流向运动场

附图 B-5 鸭舍内储水池缺乏遮挡（左），或水槽安装不当、雨水直接进入（右）

（6）**水壶（线）缺水或水壶的数量不足** 会造成鸭、鹅的采食量不足，见附图 B-7。

（7）**水壶未及时提高或水线压力大** 会使水淋或漏到鸭、鹅背部的羽毛上，易引起鸭、鹅的啄羽，见附图 B-8。

（8）**放牧水源不洁** 会引起鸭、鹅水源性病原微生物感染或生殖系统的感染，见附图 B-9。

（9）**放牧水域中有水草** 会引起鸭、鹅的某些寄生虫病，应引起注意，见附图 B-10。

附图 B-6 鸭舍内储水灌或水槽未及时清洗

附图 B-7 水壶缺水，会造成鹅饮水量不足

附图 B-8 水线压力大致雏鹅背部羽毛潮湿

附图 B-9 鹅放牧水域的水源不洁

附图 B-10 鹅放牧水域中有水草

附录 C 养殖场在饲料储存、原料及料槽管理方面需要重视的问题

（1）饲料储存不当 表现为饲料堆放的位置偏低、饲料下方缺乏漏空的垫板、靠墙堆放等，使堆放饲料的空间易受到地面水分、雨水等的侵袭，加之通风不良，易引起饲料的营养价值降低和饲料霉变，见附图 C-1。

附图 C-1 饲料储存不当

（2）舍内料桶与水壶之间的距离较远 使鸭、鹅采食、饮水之间来回的频次增加，造成料肉比增加，见附图 C-2。

附图 C-2 鸭舍内料桶与水壶之间的距离较远

（3）**直接将饲料洒到舍内铺设的塑料布或垫料上饲喂** 因鸭舍、鹅舍内的湿度及垫料的污染，可引起饲料霉变，鸭、鹅经消化道感染的疾病增加，见附图 C-3。

（4）**舍内料桶中的饲料碎末较多** 会影响鸭、鹅的采食，导致鸭群、鹅群均匀度差，见附图 C-4。

附图 C-3 将饲料直接洒在鸭舍内塑料布和垫料上饲喂

附图 C-4 舍内料桶内和料筒底部的饲料碎末较多

（5）**舍内料槽清理不及时** 料槽内的剩料易发生霉变，见附图 C-5。

附图 C-5　鸭舍内料槽清理不及时

附录 D　养殖场在其他管理方面需要重视的问题

（1）鸭鹅（鸡）混养　易引起家禽之间疾病的传播与病原的重组，见附图 D-1。

（2）野生鸟类或散养禽类进入鸭舍、鹅舍　易引起携带病原的鸟与鸭或鹅之间疾病的传播，见附图 D-2。

附图 D-1　鸡鸭混养

附图 D-2　鸭舍外散养鹅

（3）**注射疫苗时消毒不严** 易引起鸭、鹅疫苗注射部位的感染，见附图 D-3。

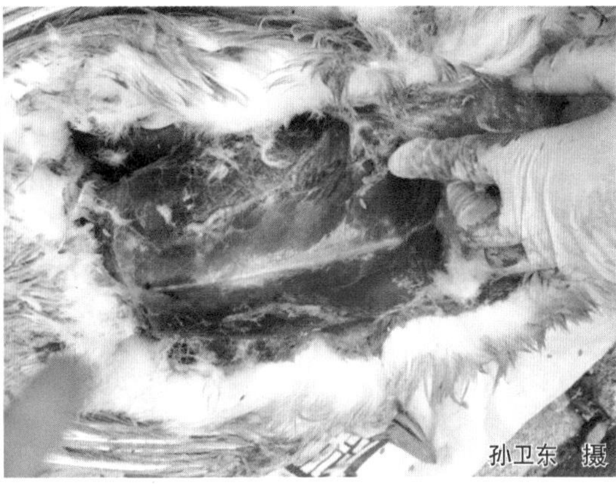

附图 D-3 鸭颈部、胸部注射疫苗时消毒不严引起的感染

（4）**舍内的地面潮湿** 鸭、鹅啄食地面后易引起消化道感染，见附图 D-4。

附图 D-4 鹅舍内地面过于潮湿

（5）**粪便清理不及时或仅进行简单的堆积处理** 易引起鸭、鹅的二次感染，见附图 D-5 和附图 D-6。

附图 D-5　鸭舍内垫网上的粪便清理不及时造成粪便堆积

附图 D-6　鸭场的粪便仅进行简单的堆积处理

参考文献

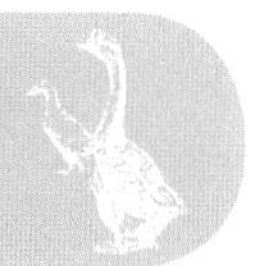

［1］ 廖明. 禽病学［M］. 3 版. 北京：中国农业出版社，2021.
［2］ 张大丙. 鸭病图鉴［M］. 北京：中国农业科学技术出版社，2020.
［3］ 刁有祥. 鹅病图鉴［M］. 北京：中国农业科学技术出版社，2019.
［4］ 孙卫东，李银. 鸭鹅病诊治原色图谱［M］. 北京：机械工业出版社，2018.
［5］ 苏敬良，黄瑜，胡薛英. 鸭病学［M］. 北京：中国农业大学出版社，2016.
［6］ 刘金华，甘孟侯. 中国禽病学［M］. 2 版. 北京：中国农业出版社，2016.
［7］ 沈建忠，冯忠武. 兽药手册［M］. 7 版. 北京：中国农业大学出版社，2016.
［8］ 崔恒敏. 鸭病诊疗原色图谱［M］. 2 版. 北京：中国农业出版社，2015.
［9］ 董永军，魏刚才. 鹅场卫生、消毒和防疫手册［M］. 北京：化学工业出版社，2015.
［10］ 孙卫东，蒋加进. 鸭鹅病快速诊断和防治技术［M］. 北京：机械工业出版社，2014.
［11］ 程安春，王继文. 鸭标准化规模养殖图册［M］. 北京：中国农业出版社，2013.
［12］ 王继文，李亮，马敏. 鹅标准化规模养殖图册［M］. 北京：中国农业出版社，2013.
［13］ SAIF Y M. 禽病学［M］. 12 版. 苏敬良，高福，索勋，译. 北京：中国农业出版社，2012.
［14］ 张秀美. 鸭鹅常见病快速诊疗图谱［M］. 济南：山东科学技术出版社，2012.
［15］ 艾地云. 鸭病［M］. 北京：中国农业出版社，2011.

书　目

书　名	定价	书　名	定价
高效养土鸡	29.80	高效养肉牛	29.80
高效养土鸡你问我答	29.80	高效养奶牛	22.80
果园林地生态养鸡	26.80	种草养牛	29.80
高效养蛋鸡	19.90	高效养淡水鱼	29.80
高效养优质肉鸡	19.90	高效池塘养鱼	29.80
果园林地生态养鸡与鸡病防治	20.00	鱼病快速诊断与防治技术	19.80
家庭科学养鸡与鸡病防治	35.00	鱼、泥鳅、蟹、蛙稻田综合种养一本通	29.80
优质鸡健康养殖技术	29.80	高效稻田养小龙虾	29.80
果园林地散养土鸡你问我答	19.80	高效养小龙虾	25.00
鸡病诊治你问我答	22.80	高效养小龙虾你问我答	20.00
鸡病快速诊断与防治技术	29.80	图说稻田养小龙虾关键技术	35.00
鸡病鉴别诊断图谱与安全用药	39.80	高效养泥鳅	16.80
鸡病临床诊断指南	39.80	高效养黄鳝	22.80
肉鸡疾病诊治彩色图谱	49.80	黄鳝高效养殖技术精解与实例	25.00
图说鸡病诊治	35.00	泥鳅高效养殖技术精解与实例	22.80
高效养鹅	29.80	高效养蟹	25.00
鸭鹅病快速诊断与防治技术	25.00	高效养水蛭	29.80
畜禽养殖污染防治新技术	25.00	高效养肉狗	35.00
图说高效养猪	39.80	高效养黄粉虫	29.80
高效养高产母猪	35.00	高效养蛇	29.80
高效养猪与猪病防治	29.80	高效养蜈蚣	16.80
快速养猪	35.00	高效养龟鳖	19.80
猪病快速诊断与防治技术	29.80	蝇蛆高效养殖技术精解与实例	15.00
猪病临床诊治彩色图谱	59.80	高效养蝇蛆你问我答	12.80
猪病诊治 160 问	25.00	高效养獭兔	25.00
猪病诊治一本通	25.00	高效养兔	29.80
猪场消毒防疫实用技术	25.00	兔病诊治原色图谱	39.80
生物发酵床养猪你问我答	25.00	高效养肉鸽	29.80
高效养猪你问我答	19.90	高效养蝎子	25.00
猪病鉴别诊断图谱与安全用药	39.80	高效养貂	26.80
猪病诊治你问我答	25.00	高效养貉	29.80
图解猪病鉴别诊断与防治	55.00	高效养豪猪	25.00
高效养羊	29.80	图说毛皮动物疾病诊治	29.80
高效养肉羊	35.00	高效养蜂	25.00
肉羊快速育肥与疾病防治	25.00	高效养中蜂	25.00
高效养肉用山羊	25.00	养蜂技术全图解	59.80
种草养羊	29.80	高效养蜂你问我答	19.90
山羊高效养殖与疾病防治	35.00	高效养山鸡	26.80
绒山羊高效养殖与疾病防治	25.00	高效养驴	29.80
羊病综合防治大全	35.00	高效养孔雀	29.80
羊病诊治你问我答	19.80	高效养鹿	35.00
羊病诊治原色图谱	35.00	高效养竹鼠	25.00
羊病临床诊治彩色图谱	59.80	青蛙养殖一本通	25.00
牛羊常见病诊治实用技术	29.80	宠物疾病鉴别诊断与防治	49.80